国家科学技术学术著作出版基金资助出版

Janus 材料

杨振忠 等 著

科学出版社

北京

内 容 简 介

Janus 材料因其独特的结构和多重性能集成及广泛的应用前景,已成为近二十年来材料领域中的一个研究热点。Janus 颗粒为设计新型颗粒乳化剂、多相催化剂、自驱动纳米马达及作为构筑单元组装形成功能超结构等交叉领域提供了理想的科研平台,在物理、化学、材料及生物等领域的交叉应用方面展现出诱人前景。本书从 Janus 材料的理论、设计与合成、特性及典型应用等方面介绍 Janus 材料的研究进展及面临的挑战,为读者全面了解 Janus 材料提供参考与指导。

本书图文并茂,内容来自原始文献和作者多年的研究积累,反映该领域的基本研究方法与最新研究成果,可作为化学、物理、材料、生物等相关专业的高年级本科生和研究生的教材或参考用书。

图书在版编目(CIP)数据

Janus 材料/杨振忠等著. —北京:科学出版社,2022.12
ISBN 978-7-03-073492-1

Ⅰ. ①J… Ⅱ. ①杨… Ⅲ. ①复合材料–研究 Ⅳ. ①TB33

中国版本图书馆 CIP 数据核字(2022)第 191846 号

责任编辑:张淑晓 孙 曼 / 责任校对:杜子昂
责任印制:肖 兴 / 封面设计:图阅盛世

科 学 出 版 社 出版
北京东黄城根北街 16 号
邮政编码:100717
http://www.sciencep.com

三河市春园印刷有限公司 印刷
科学出版社发行 各地新华书店经销
*
2022 年 12 月第 一 版 开本:720×1000 1/16
2022 年 12 月第一次印刷 印张:18 1/4
字数:360 000
定价:**180.00 元**
(如有印装质量问题,我社负责调换)

序　一

古罗马神 Janus 头部具有两张脸，一面朝过去一面向未来，充分体系了哲学的辩证统一，与中国古代哲学的"阴阳合一"思想高度一致，其典型的结构化特征给予人们无尽遐想的空间。1991 年，诺贝尔物理学奖得主 de Gennes 在其获奖辞中预言，Janus 颗粒类似双亲性分子，可高效稳定界面并具有明确取向特性，颗粒间缝隙为物质在两相间的传递提供通道，由此掀起了 Janus 材料的研究热潮。Janus 材料作为特殊的多组分多功能复合材料，为化学、物理、材料、生命等多学科交叉提供了关键材料手段。在我国，有关 Janus 材料的研究起于 2000 年左右；近十年（2012～2021 年），国家自然科学基金委员会资助的相关项目就有 130 多项，充分反映了该研究领域的活跃度，且越来越受关注。

杨振忠教授研究团队深入 Janus 材料研究近二十年，在设计和制备方法学、批量生产技术及工程应用等方面均取得了突出成绩，在国内外具有重要影响力。杨振忠教授在国内最早发起了 Janus 材料研讨会；他与国际同行发起并组织了环太平洋化学会会议的 Janus 材料分会，广泛促进了学术交流，也显著提升了我国在该领域的国际影响力。

本书由杨振忠教授组织活跃在该领域前沿的优秀学者撰写而成，涵盖了理论与模拟、合成方法学、性质及应用等方面的代表性成果和发展趋势。我相信，作为我国 Janus 材料领域的首部著作，该书将对 Janus 材料的科学研究与交叉应用具有积极的推动作用，并产生深远的影响。

周其凤

2022 年 10 月于北京大学

序 二

    1991 年诺贝尔奖得主 de Gennes 在获奖演讲中，用 "Janus" 一词描述具有非中心对称结构的颗粒，预言这类材料在调控复合体系界面方面具有独特作用。Janus 材料是一类新兴的功能材料，具有组成或性质空间分区特征，为解决复合材料的功能集成和耦合提供了新途径；Janus 材料在组装超结构、界面调控与功能化、绿色化工与环保、聚合物高性能化及高值循环利用乃至生物医用等诸多方面具有重要应用前景。

    在该领域，Granick 教授等、Lin(林志群)教授等先后组织撰写英文著作，杨振忠教授均应邀撰写相应章节。近十年来，该领域经历了快速发展，特别是在合成方法学、新特性和交叉应用等方面均取得了令人鼓舞的新成果，急需一本新的专著加以系统总结。

    杨振忠教授长期从事 Janus 材料研究，取得了突出业绩，在国内外具有重要影响力，显著推动了该领域的发展。本书的作者们活跃在高分子科学和材料科学的前沿领域，具有独到的科学见解，取得了丰硕的成果。本书高度精练，全面清晰地展现了 Janus 材料的重要研究成果和发展趋势。感谢作者们的巨大付出，也希望有更多的科研工作者从本书受益，共同推动功能材料及工程交叉的新发展。

2022 年 10 月于清华园

前　言

　　Janus 材料具有不同化学组成和功能复合空间分区特性，是一类特殊的多相多组分功能复合材料。早在 1989 年，Casagrande 等用"Janus beads"描述一侧亲水、一侧疏水的玻璃微球，称之为两亲性固体。1991 年，诺贝尔奖获得者 P. G. de Gennes 在以"Soft Matter"为题的颁奖演讲中，借用古罗马双面神"Janus"描述两面具有不同化学组成或性质的颗粒，预测 Janus 颗粒类似双亲性分子，可在液/液界面自组装并且具有明确指向，颗粒间缝隙能够为物质在两相间的传输提供通道，指明具有双重性质和特殊微结构的复合颗粒具有重要意义。然而，或许是因为缺乏高效的规模化合成手段，这方面的研究一直处于缓慢的发展状态。直到 2004 年，Janus 材料方面的研究才开始迅猛发展。

　　早在 2003 年，我们团队在中国科学院化学研究所分子科学中心项目资助下便启动了 Janus 颗粒的艰难探索研究，在领导、前辈、同事的鼓励与关怀下，坚持不懈，于 2008 年终于取得了初步成果。在科技部和中科院的支持下，尤其在国家自然科学基金委员会的持续资助下，我们团队不断将 Janus 材料的研究引向深入，在构造 Janus 颗粒非对称结构新原理新方法、特性研究和工程交叉应用等方面不断取得系统性创新成果。为进一步促进 Janus 材料研究的全面发展，我们在国内发起、组织了 Janus 材料系列学术沙龙研讨会，现已成功举办五届，带动了多领域多学科的交叉研究。此外，我们与国际著名科学家一道，倡导了 Janus 材料系列国际会议，广泛促进了国际同行的深入学术交流。

　　在 Janus 材料基础研究成果不断涌现和工程应用即将取得突破之际，我们会同 Janus 材料的优秀研究人员，结合大量文献资料及自身的研究心得和深入思考，撰写完成了这部专著，希望对相关领域的研究人员有所帮助，推动 Janus 材料科学研究与应用的快速发展。全书共分 10 章，第 1 章为 Janus 材料理论与模拟，由清华大学燕立唐教授等执笔；第 2～5 章为 Janus 材料合成，分别由南京工业大学陈苏教授、浙江大学陈东教授、华中科技大学朱锦涛教授和邓仁华研究员、清华大学杨振忠教授和梁福鑫副教授等执笔；第 6～10 章为 Janus 材料性质及应用，分别由复旦大学聂志鸿教授、北京化工大学史少伟教授和 T. P. Russell 教授、青岛科技大学贺爱华教授、山西大学杨恒权教授、哈尔滨工业大学贺强教授等执笔。

全书由杨振忠教授、梁福鑫副教授统稿，研究生李媛媛和王思画参与了材料收集和整理工作。

在本书的写作过程中，我们得到了美国科学院院士 T. P. Russell 教授的帮助。承蒙爱思唯尔、美国化学会、施普林格·自然出版集团、美国物理联合会、英国皇家化学会、约翰·威利等机构主办的诸多学术刊物的惠允，引用了大量图表。在此，我们一并表示诚挚的谢意。在本书的出版过程中，我们得到了科学出版社的大力支持和鼓励，得到国家科学技术学术著作出版基金和国家自然科学基金的资助。在此，我们表示衷心的感谢。

由于作者学识有限，书中难免存在不当之处，敬请读者批评指正。

杨振忠

2022 年 8 月于清华园

目　　录

第 1 章　DNA 功能化 Janus 颗粒

本章首先从 DNA 的结构入手引出 DNA 在颗粒自组装中的应用，介绍 DNA 功能化颗粒的可编程性、可逆性、可调控性与特异性；然后介绍各向同性颗粒在各种体系下的结晶方式与结构调控以及 DNA 功能化颗粒的结晶规则；在此基础上介绍形状各向异性颗粒及其自组装行为，区分各向异性颗粒特异性的来源。重点介绍各向异性颗粒中的 DNA 功能化 Janus 颗粒及其制备方法、自组装结构与模拟计算。

1.1　DNA 的结构与 DNA 功能化颗粒

在自然界中，DNA 广泛存在于生物体内。由于 DNA 具有独特的碱基配对相互作用(图 1-1)，可以携带大量的编码信息。在生物体内，这些编码信息作为生物的遗传信息存在，但是在 DNA 功能化颗粒中，这些信息可以指导颗粒自组装形成有序的结构。随着合成任意序列 DNA 链的化学方法的出现[1]，人们可以对 DNA 序列进行编程，并以高度特异性的方式进行组装。这种技术用到的 DNA 通常是短的、含有黏性末端的单链或者双链 DNA，也就是所谓的寡核苷酸(oligonucleotides)。

DNA 功能化颗粒能够像原子一样，在退火时发生结晶，形成多种与原子类似的超晶格结构[2]，或是形成多种簇状结构[3]，因此也被称为"可编程原子等价物"(programmable atom equivalent，PAE)[4]。这里的"可编程"指的是通过向系统添加信息(如 DNA 链的长度、序列等)，来控制自组装结果(结构或动力学响应)的能力。利用这种能力，我们可以"自下而上"地设计并合成特定有序结构。除可编程的特点外，DNA 功能化颗粒还具有可逆自组装的特点，DNA 在高温下难以杂交，经过退火才能杂交，从而形成有序结构；重新升温就会导致 DNA 解杂交，有序结构被破坏，降温后又会恢复。这种特点使得人们可以通过温度来调控体系处于无序或有序的状态，同时方便人们通过改变黏性末端的方式使 DNA 功能化颗粒在多种晶格之间转换[5]。

与原子体系不同，DNA 功能化颗粒具有可编程、可调控的晶格结构，使得我们可以在微观尺度上对材料进行精细化设计与控制。由于 DNA 的核苷酸种类是固定的，再加上碱基之间的特异性识别，寡核苷酸链上碱基数量和碱基序列对 DNA 功能化颗粒晶体结构的控制可以达到亚纳米尺度，人们可以借此来精准调控

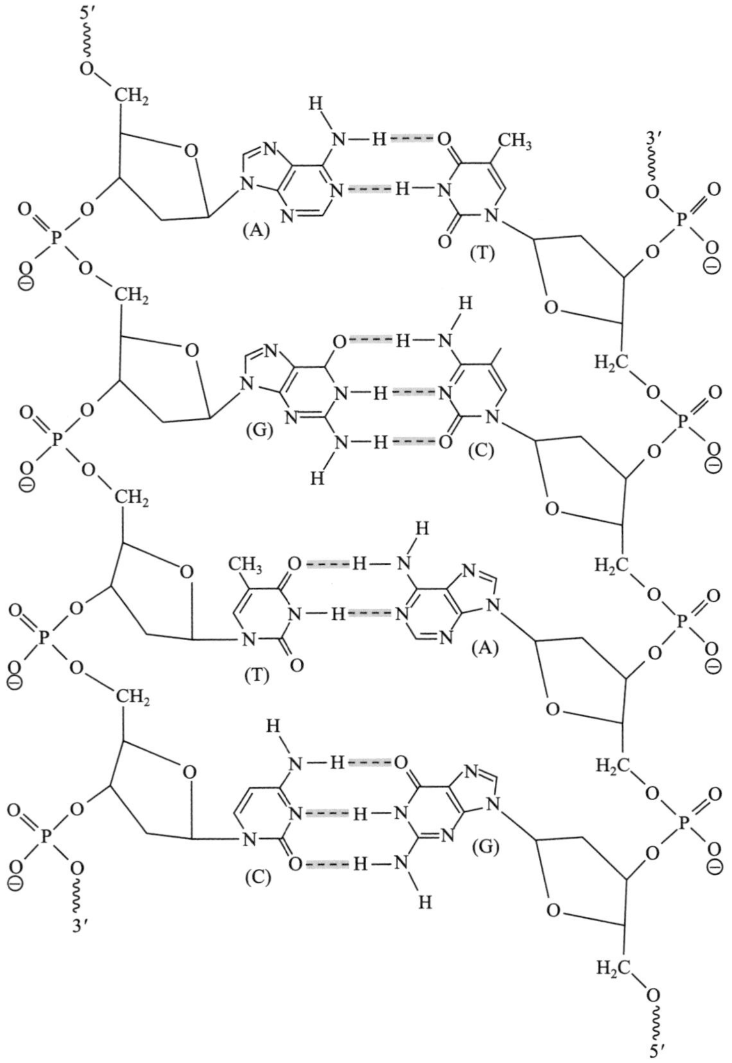

图 1-1　DNA 碱基配对与反平行结构

颗粒之间的距离，从而调控晶格参数。尽管完全可编程的自组装还没有实现，但根据许多各向同性颗粒实验与模拟结果，我们已经总结出一些 DNA 功能化颗粒自组装的规则，这些规则可以广泛用于多种体系(一元、多元)、多种颗粒(各向同性、各向异性)、多种尺度(纳米级、微米级)的自组装行为。有这些规则的帮助，我们可以设计出更多、更复杂的自组装结构的合成策略，并对每一项晶体学参数进行独立、精准的调控。

颗粒之间的特异性作用力是颗粒自组装的基础。各向同性颗粒之间作用力的特异性依赖于寡核苷酸黏性末端之间的特异性识别，而各向异性颗粒之间的特异性更为复杂。除了黏性末端的特异性识别外，也可能是因颗粒形状不同导致的几何特异性；还可能是对颗粒表面不对称功能化造成的识别位点分布特异性，就像Janus 颗粒一样。正因为特异性作用力的存在，造成了形成自组装结构的复杂性。对比各向同性颗粒与各向异性颗粒的自组装行为就会发现，颗粒之间的特异性越高，形成的自组装结构就越复杂。

1.2　各向同性颗粒的自组装行为

从 DNA 功能化颗粒出现到自组装形成长程有序结构经过了多年的实验。最初的DNA功能化是在纳米金颗粒上接枝单链,通过与一根较长的 DNA 模板(DNA template)杂交，纳米金颗粒会发生二聚或者三聚[图 1-2(a)][6]。使用盐溶液可以屏蔽 DNA 磷酸骨架之间的静电排斥作用，从而实现更加密集的接枝。但是高浓度的盐溶液同时会屏蔽纳米颗粒之间的静电排斥，导致颗粒过早发生聚集，无法形成有序结构，所以在实验中一般使用逐步提高盐浓度的方法[7]。即使实现了高密度的接枝，早期的实验也只能得到短程有序的结构。但是人们在减小黏性末端碱基的数量并使用退火程序后，实现了自组装的长程有序。使用短的黏性末端减小了寡核苷酸之间的吸引力，使得黏性末端处于不断杂交、解杂交的状态，再加上退火程序缓慢降低温度[8]，体系容易达到平衡并呈现热力学稳定状态。

图 1-2　(a)单接枝纳米金颗粒的聚集[9]；(b)寡核苷酸的结构与颗粒作用方式[2]

在金颗粒上接枝的寡核苷酸通常由四部分组成[图 1-2(b)]：①烷基-硫醇基团，连接着大约 10 个碱基的非结合区(作用是增加接枝链的柔性)，通过巯基与金原子相连，锚定在金颗粒表面；②DNA 连接子(DNA linker)[图 1-2(b)中红色和蓝色的DNA 链，作用是使颗粒表面接枝的寡核苷酸带有不同的黏性末端]特异性识别的序列；③长度可控的结合区，用于控制颗粒之间的距离；④黏性末端，可以与通过碱基配对互补序列发生特异性杂交，这是自组装形成有序结构的基础，黏性末端的长度也决定了使自组装结构形成与解聚的温度，黏性末端越长，颗粒之间的作用力越大，解聚温度就越高。

DNA 功能化颗粒之间的吸引力与黏性末端之间的吸引力对温度的响应有很大的不同。随着温度升高，黏性末端的热运动加剧，寡核苷酸发生解杂交，进一步导致 DNA 功能化颗粒之间的吸引力减弱。在此，定义使一半颗粒发生解聚集的温度为颗粒的熔化温度 T_m。通过对比 DNA 功能化颗粒聚集率和黏性末端杂交率随温度变化的曲线(图 1-3),就会发现 DNA 功能化颗粒聚集率曲线更加陡峭,意味着 DNA 功能化颗粒会在更窄的温度范围内发生熔化转变。这与 DNA 功能化颗粒的"多价性"有关,即单个颗粒上接枝多个寡核苷酸。在颗粒发生聚集时,会产生多对黏性末端的杂交,每一对黏性末端的杂交都会产生构象熵的下降,总的构象熵减被黏性末端数量放大,导致在 T_m 附近自由能随温度的变化更加剧烈,在几摄氏度的范围内就会发生从无序到聚集的转变[10]。需要注意的是,通常 DNA 双螺旋解杂交温度与 DNA 功能化颗粒的解聚集温度是不同的,图 1-3 中为了比较曲线的陡峭程度将两曲线的熔融温度 T_m 设为相同。

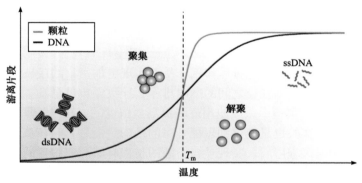

图 1-3　　温度对 DNA 功能化颗粒聚集和单链 DNA 杂交的影响[9]

在绝大多数体系中,DNA 功能化颗粒自组装形成的平衡结构由"互补接触模型"(complementary contact model,CCM)决定,即使带有互补链的颗粒接触最大的晶格就是平衡时形成的晶格。一元体系中,颗粒接枝的寡核苷酸是自互补(self-complementary)的同种颗粒上的寡核苷酸发生杂交,最终形成的平衡晶格就是同种颗粒配位数最大的面心立方(face-centered cubic,FCC)晶格[图 1-4(a)]。在二元体系中,情况就会复杂很多,我们需要考虑二元体系中两种颗粒的相对大小和黏性末端的数量比。最简单的二元体系是相同大小的两种颗粒,分别接枝了可以相互杂交的两种寡核苷酸。它们最终形成的是使异种颗粒配位数最大的 CsCl 晶格[图 1-4(b)]。当我们调整两种颗粒大小时,二元体系还会形成 AlB_2[图 1-4(c)]、Cr_3Si[图 1-4(d)]和 Cs_6C_{60}[图 1-4(e)]等多种晶格。但是,不同晶格的异种颗粒配位数是不相同的,也就是说每种颗粒需要的黏性末端数量是不同的,这时就需要通过改变加入体系中两种 DNA 连接子的比例来改变黏性末端的比例。经过大量实验,人们绘制出一张晶体结构随两种颗粒半径比和两种 DNA 连接子数量比变化的相图(图 1-5)。其中,相图(a)的三个维度分别代表颗粒的半径比、DNA 连接子数量比和特定晶格结构的 DNA 杂交率;图(b)为图(a)的俯视图。图 1-5 中颜色越深的部

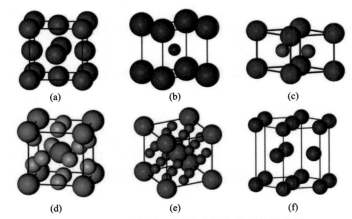

图 1-4　DNA 功能化颗粒形成的各种晶格结构[2]

(a)FCC；(b)CsCl 型；(c)AlB$_2$ 型；(d)Cr$_3$Si 型；(e)Cs$_6$C$_{60}$；(f)HCP

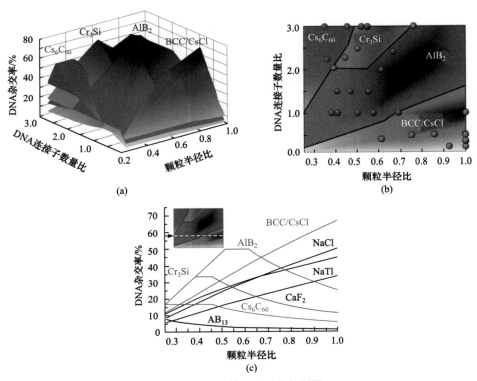

图 1-5　二元体系的平衡相图[2]

分 DNA 的杂交率越大，意味着形成的晶格在热力学上更为稳定。值得注意的是这里的半径比并不是无机颗粒的半径比，而是整个 DNA 功能化颗粒的流体力学半径比，颗粒的流体力学半径由无机颗粒的半径以及接枝寡核苷酸的长度共同决定。相图的绘制对于 DNA 功能化颗粒形成的自组装结构设计与稳定性预测具有重要的意义。对于一个任意的二元体系，只要知道两种颗粒的流体力学半径比就可以得到热力学上最稳定的晶格，并由此计算出体系需要的 DNA 连接子的数量比，而颗粒的流体力学半径可以由接枝寡核苷酸的长度进行调节。

　　相图对于 DNA 功能化颗粒的自组装有热力学上的指导意义，但是在自组装过程中因为环境条件的不同也会形成一些动力学稳定的结构。FCC 晶格与密排六方(hexagonal close-packed，HCP)晶格[图 1-4(f)]都是 12 配位的晶格结构，能量上 FCC 稍低于 HCP。一元体系中，退火早期会首先形成 HCP 晶格，然后逐渐转变为更稳定的 FCC 晶格[11]。如果直接在低温下退火，或者使用较长的黏性末端来减慢寡核苷酸杂交与解杂交的速度，就会使自组装结构保持 HCP 晶格。关于自组装环境条件对结构的影响，另一个更为显著的例子是在两种颗粒大小相同的二元体系中，如果在低于熔化温度 T_m 的条件下退火，自组装形成的是焓控制的 CsCl 晶格；如果在 T_m 附近结晶，形成的就是熵控制的 FCC 晶格，这是因为在 T_m 附近，黏性末端杂交与解杂交更加容易，熵对体系自由能的贡献增大，颗粒会自发形成空间占有率更高的晶格(FCC、HCP)，以使体系的熵更大[8]。

　　对于二元体系的研究是非常深入并且成功的，当体系扩大为三元时，体系的复杂程度更高，形成长程有序的结构更加困难。为了自组装形成长程有序结构，需要对体系进行更加精细的设计。如果直接将三种组分混合起来退火，很难得到有序的三维结构，所以人们采用了一种"插入式"的组装策略[12]。首先使前两种颗粒组装形成较大的有序晶格，称为"母晶格"(parent superlattice)，再加入体积较小的第三种纳米粒子，称为"子粒子"(daughter nanoparticles)，插入二元晶格的空隙中，形成最终结构。我们可以将这一过程与金属晶体或者离子晶体联系起来。与共价键不同，金属键、离子键没有方向性和饱和性，这一点和各向同性的 DNA 功能化颗粒非常相似。处于晶格中的 DNA 功能化颗粒虽然已经和周围的颗粒发生最大程度的 DNA 杂交，但表面仍然有很多黏性末端处于未杂交的状态，方便了子粒子与母晶格中已有颗粒进一步杂交。这要求子粒子的体积小到足够进入二元晶格的空隙，但不能过小而导致黏性末端无法与周围颗粒接触。形成三元有序结构除了对颗粒体积的要求外，还有对颗粒黏性末端的要求。为了避免出现三种组分在同温度下退火的情况，在设计时要求子粒子的黏性末端比母晶格中的两种颗粒要短，这样，子粒子的退火温度会低于母晶格。这样的设计也使得三元体系的自组装保持了可逆性。退火过程中，母晶格首先形成，继续降温，子粒子进入晶格形成最终结构。在升温过程中，首先达到子粒子的熔化温度，子粒子脱离母晶格，之后母晶格熔化(图 1-6)。

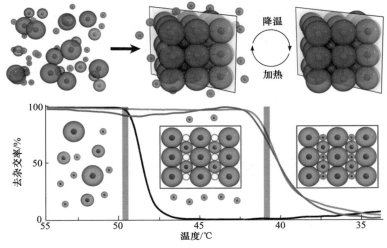

图 1-6　三元晶格的可逆自组装[12]

可调控性是 DNA 功能化颗粒的一个重要特点，不同长度的 DNA 连接子能调节晶格或簇状结构中颗粒的间距，从而调节晶格中空隙的大小以方便子粒子的进入。发卡结构是 DNA 单链自身回折与互补碱基相遇形成氢键结合而成的，利用发卡结构可以可逆改变 DNA 连接子的长度，达到调节晶格空隙大小的目的[13]。在图 1-7 中，因为 DNA 连接子有三种状态，所以颗粒间距离有长、短和中间态三种，加入不同的 DNA 单链可以使 DNA 连接子在三种状态之间变化。中间态的 DNA 连接子有一段未杂交的单链序列 D(42bp)，这段单链可以分别与两种单链 s_1、s_2 杂交，形成带有发卡结构的短距晶格 R_S 和不带发卡结构的长距晶格 R_L。但是 s_1、s_2 都带有一段无法与单链 D 杂交的序列 T_1、T_2，因此另外两种单链 u_1、u_2[被称为 fuel strands(燃料链)]可以分别与 s_1、s_2 杂交形成更稳定的双螺旋，从而使 s_1、s_2 脱离 DNA 连接子，长、短两种状态都会回到中间态。这样的方法可以在不改变 DNA 连接子序列的情况下调节晶格参数。除此之外，利用发卡结构还可以改变颗粒的流体力学半径与黏性末端的种类，可以在不改变接枝寡核苷酸的情况下改变自组装的晶格结构[5]。图 1-8(a)展示的是半径比的改变，没有单链加入时，与颗粒相连的寡核苷酸(紫色)形成发卡结构，颗粒的流体力学体积较小。加入与发卡结构互补的单链 DNA 后，发卡结构打开，颗粒的流体力学体积增大，改变了两种颗粒的半径比，形成的晶体结构由原来的 AlB_2 型变为 Cs_6C_{60} 型。图 1-8(b)展示的是黏性末端的改变，颗粒上接枝了三种寡核苷酸，用颜色区分。三种寡核苷酸在没有其他单链进入体系时都形成了发卡结构，不含有黏性末端，颗粒无法形成有序结构。每个颗粒都接枝的绿色发卡结构在打开后形成的黏性末端是自身互补的，这样相当于体系只含有同种颗粒，最终将形成 FCC 晶格。除绿色发卡结构外，部分颗粒接枝红色发卡结构，另一部分接枝蓝色发卡结构，这两种发卡结构在打开后带有互补的黏性末端，相当于二元体系，最终形成 CsCl 型晶格。这样只需控制发卡结构的开合就能控制自组装最终形成的晶体结构。

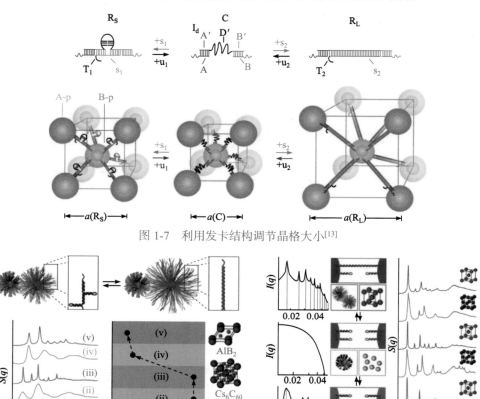

图 1-7　利用发卡结构调节晶格大小[13]

图 1-8　利用发卡结构调控颗粒的种类以形成不同晶格[5]

(a) 小角 X 射线衍射数据表明：DNA 形成发卡结构有利于 AlB₂ 晶格的形成(i)；展开这些发卡会导致颗粒间距离的增加和长程有序的丧失(ii)；退火导致颗粒重新组织成 Cs₆C₆₀晶格(iii)；在重新折叠发卡后，颗粒沿着相反的轨迹运动，颗粒间距离减小，长程有序度降低(iv)；退火后的晶格恢复了原来的 AlB₂结构(v)。(b) 红色和蓝色两种颗粒连接着带有非自互补黏性末端的 DNA，自组装形成 BCC 晶格；绿色颗粒连接着带有自互补黏性末端的 DNA，自组装形成 FCC 晶格

1.3　各向异性颗粒的自组装行为

各向异性颗粒与各向同性颗粒最大的不同在于颗粒的自组装是带有方向性

的，在原有黏性末端序列特异性的基础上增加了一重方向特异性。这种方向性可能来自颗粒本身的形状或者颗粒的接枝。各向同性自组装中使用的都是球形颗粒，如果改变颗粒的形状，自组装会呈现出很多奇异的结构。由各向同性颗粒自组装行为总结出的"互补接触模型"有时不适用于各向异性体系，但是根据能量最低原理，最终形成的结构总是使 DNA 杂交最多的结构。在相同的寡核苷酸接枝密度下，相比于球面，平面之间由于距离恒定，会产生更多的 DNA 杂交，而且不会引起寡核苷酸链的形变。根据这两条规则，我们可以合理推测，如果颗粒是棒状的，相互接触的会是颗粒的圆柱面，颗粒会密铺形成平面二维结构[图 1-9(a)]；如果颗粒是片状的，相互接触的会是颗粒的上下两个平面，颗粒会堆叠形成一维队列[图 1-9(b)]；如果颗粒是正十二面体时，就会形成与各向同性一元体系相同的FCC 晶格[图 1-9(c)]，而且比相同接枝密度的各向同性颗粒熔点更高，实验观察的结果确实如此[14]。值得注意的是正八面体颗粒形成的结构。当颗粒上接枝寡核苷酸较短时，无法自组装形成长程有序结构；寡核苷酸长度居中时，会形成八配位的体心立方(body-centered cubic，BCC)晶格；寡核苷酸较长时会形成 FCC 晶格[图 1-9(b)]。从颗粒形状来看，八配位的 BCC 晶格是优势结构，因为正八面体的每个表面都会形成平面之间的 DNA 杂交。但是从配位数来看，一元体系倾向于形成更高配位数的 FCC 晶格。两种影响产生了矛盾，使得寡核苷酸链的柔性成了最终结构的决定性参数，长的寡核苷酸可以弯曲形成更多的 DNA 杂交，减弱了颗粒形状带来的影响，使 FCC 成为优势晶格；短的寡核苷酸链难以弯曲，平行的八面体表面更有利于形成稳定的 DNA 杂交。

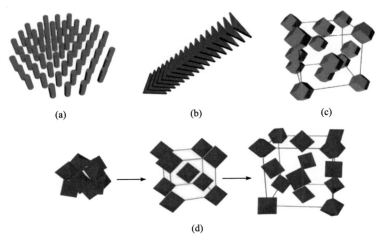

图 1-9　(a) 棒状颗粒自组装形成平面密铺结构；(b) 片状颗粒形成一维堆叠结构；(c) 正十二面体颗粒形成 FCC 晶格；(d) 正八面体颗粒自组装结构随接枝寡核苷酸长度变化而改变[14]

　　寡核苷酸链的柔性在形状各向异性颗粒的自组装中起到非常重要的作用。例如，将正方体、八面体形状的 DNA 功能化颗粒分别与球形颗粒混合进行自组装，低对称性的正方体、八面体颗粒会指导高对称性的球形颗粒形成不同的晶格。正方体形与球形颗粒会形成 NaCl 型晶格[图 1-10(a)]，八面体形与球形颗粒会形成 CsCl 型晶格[图 1-10(b)]。如果使用刚性较强的双链寡核苷酸，就会因链无法弯曲导致部分黏性末端无法接触[图 1-10(c)]，而使用柔性较强的单链寡核苷酸就可以避免这种问题[图 1-10(d)]，更有利于形成长程有序的结构。

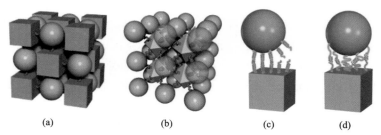

(a)　　　　　(b)　　　　　(c)　　　　　(d)

图 1-10　(a) 正方体形颗粒与球形颗粒形成 NaCl 型晶格；(b) 正八面体形颗粒与球形颗粒形成 CsCl 型晶格；(c) 双链寡核苷酸的刚性导致杂交数量减少；(d) 单链寡核苷酸因为弯曲产生更多杂交[15]

在各向异性颗粒的二元体系中，颗粒形状的匹配性也是体系能否形成有序结构的重要决定因素。通俗来说，形状匹配就是颗粒之间能形成锁钥结构，一种颗粒上凸出部分的寡核苷酸正好能与另一种颗粒上凹陷部分的相匹配。根据硬球触碰模型，球形原子的最密堆积晶格中，空间占有率只能达到 74%，但是在形状匹配的各向异性颗粒自组装形成的结构中，无机颗粒的空间占有率可以高达99%[16]。更高的空间占有率意味着更稳定的结构和更准确的自组装结果。将颗粒的形状特异性与接枝寡核苷酸的序列特异性结合，可以使颗粒的特异性最大化。这样即使在一个包含多种颗粒的体系中，两种高度特异性的颗粒也有可能相互识别并形成稳定的自组装结构。

1.4　不对称功能化与 Janus 颗粒的自组装

不对称功能化是指在球形颗粒表面接枝一种或者多种寡核苷酸，使其具有不对称的空间分布。不对称功能化使颗粒产生了另一种特异性——识别位点特异性。虽然颗粒上接枝多种寡核苷酸的情况在各向同性体系中也有应用[17,18]，但是不对称功能化强调的是不同种寡核苷酸接枝的空间分布具有特异性。例如，在Janus 颗粒[名称来源于古罗马神话中的两面神 Janus，见图 1-11(a)]中，球形颗粒一半接枝带有 A 黏性末端的寡核苷酸，另一半接枝带有 B 黏性末端的寡核苷酸[图 1-11(b)]，两半球可以产生不同种类的 DNA 杂交，会形成更为复杂的有序结构。

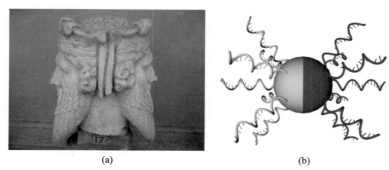

(a)　　　　　　　　　　　　　　(b)

图 1-11　(a) 古罗马神话中的两面神 Janus；(b) 接枝不同寡核苷酸的 Janus 颗粒

　　从各向同性颗粒到形状各向异性颗粒，再到不对称功能化颗粒，颗粒的特异性在不断增强，制备难度也不断提高。人们首先想到使用逐步法来制备不对称功能化颗粒。使颗粒上一部分寡核苷酸与固定在支撑面上的寡核苷酸发生杂交，然后再分两步使已经杂交的寡核苷酸和未杂交的寡核苷酸带上不同的黏性末端。支撑面可以是半径较大的二氧化硅颗粒[19]或磁性氧化铁颗粒[20,21]的表面(相比于直径十几纳米的金颗粒，微米级别的颗粒表面可以近似为平面)，也可以是镀有金原子层的载玻片[22]。图 1-12 是四种不对称功能化的流程图。图 1-12(a)中 1 为微米级别的二氧化硅颗粒，接枝单链寡核苷酸。加入与之匹配的 DNA 连接子 2，使二氧化硅颗粒形成带有黏性末端的颗粒 3。将上清液中过量的 2 除去后，再加入能与 3 的黏性末端杂交的金颗粒 4，二者形成卫星结构(satellite structures)5。这时已经发生杂交的寡核苷酸相当于被屏蔽，再加入第二种 DNA 连接子 6，就会与金颗粒上未杂交的寡核苷酸链杂交形成黏性末端。图 1-12(a)中给出了第一种 DNA 连接子的核酸序列，与金颗粒连接的一端能生成更多的碱基配对，所以在加热时与二氧化硅连接的一端会先解杂交，DNA 连接子被金颗粒带走，这样就完成了对金颗粒的不对称功能化。图 1-12(b)中，支撑面上接枝的寡核苷酸链同时与两股链杂交，一股是黏性末端(红色)，另一股是金颗粒表面接枝的寡核苷酸(蓝色)，使用 DNA 连接酶(T4 DNA ligase)可以将两股链连接在一起，这样就使金颗粒上的部分寡核苷酸带上新的黏性末端，实现了不对称功能化。图 1-12(c)中没有使用加热的方法使金颗粒脱离支撑平面，而是加入了能与支撑平面上接枝的寡核苷酸 A′ 形成更稳定杂交的 A″ 链，替代金颗粒上寡核苷酸 A 与 A′ 的杂交。与前三种方法不同，图 1-12(d)中的颗粒是微米级别的，支撑平面是镀金的载玻片。先在镀金层上接枝硫醇化的寡核苷酸，然后加入末端生物素化(链末端的红点)的寡核苷酸与其杂交。将过量的寡核苷酸除去以后，加入表面被链霉亲和素(颗粒表面的灰色凹槽)包覆的微米颗粒，链霉亲和素可以高度特异性地与生物素结合，二者之间的亲和力极为强烈。再加入过量末端生物素化的惰性寡核苷酸(灰色链，核酸序列为 TTTTT TTTTTT，因没有与之匹配的黏性末端而被视为惰性)以占据颗粒表面的其他链霉亲和素，最后加热使颗粒脱离支撑平面。使用链霉亲和素的优势在于可以通过荧光直观地看到颗粒表面的不对称功能化情况。

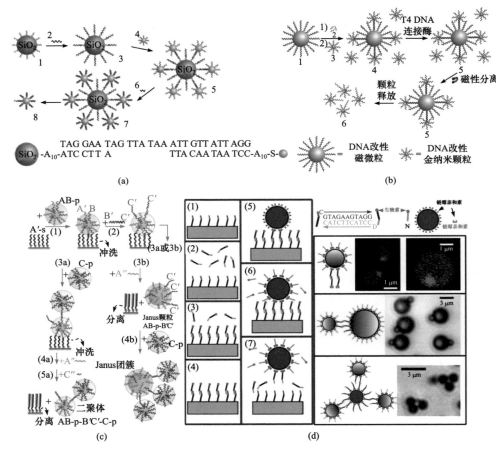

图 1-12 四种不对称功能化方法[19-22]

在不对称功能化的过程中，防止颗粒与过量 DNA 连接子杂交是非常重要的。只有颗粒与支撑平面上的寡核苷酸杂交才能形成预期的不对称功能化结构。在每种方法中都要将前一步中过量添加的 DNA 连接子除去才能进行后续步骤，第四种方法中使用惰性寡核苷酸将颗粒表面其他链霉亲和素占据的目的也是防止在加热过程中从镀金层上脱离的寡核苷酸与颗粒发生过量杂交而导致不对称功能化失败。

　　完成不对称功能化后就需要考虑如何将颗粒分离出来。如果使用镀金载玻片作为支撑平面，颗粒脱离平面之后会自然地进入上层溶液中；如果使用的是微米级别的颗粒表面作为支撑面，纳米颗粒脱离后会和微米颗粒共存于溶液中，需要进一步分离。图 1-12(b) 和图 1-12(c) 中使用磁性颗粒作为支撑面，添加磁场后磁性颗粒会聚沉在溶液底层，不对称功能化的纳米颗粒存在于上清液中。对于二氧化硅颗粒作为支撑面的情况，可以通过密度梯度离心来分离两种颗粒。

　　除了逐步添加黏性末端的方法外，还可以通过镀金的方法使颗粒的两个半球表面有不同的材质，再使用带有相应官能团的寡核苷酸分别对两半球表面进行功能化。如在聚苯乙烯(PS)颗粒表面镀金，使半球面被金覆盖，这样可以在 PS 半球接枝酰胺基团功能化的寡核苷酸，在金半球接枝硫醇基团功能化的寡核苷酸[图 1-13(a)]。要精准地在半球面上镀金需要用到等离子刻蚀的方法[图 1-13(b)][23]，首先将 PS 颗粒单层堆积在表面被 3-氨基丙基三乙氧基硅烷(APTMS)覆盖的载玻片上[24]，然后使用氧等离子体对 PS 表面进行刻蚀，使颗粒上半球产生凹凸不平的结构，通过控制刻蚀时间的长短可以控制 PS 颗粒的大小。这时使用电子束沉积的方法在 PS 颗粒的上半球表面镀金。完成镀金后对体系进行超声处理可以使颗粒脱离载玻片。

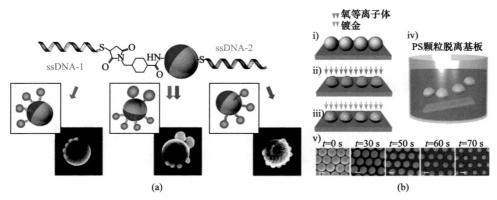

图 1-13　(a) 半 Au 半 PS 的 Janus 颗粒，红色半球为 PS，黄色半球镀金，对两半球面选择性功能化能形成多种簇状结构[24]；(b) 表面刻蚀法制备 Janus 颗粒，图中展示了刻蚀时间长短对颗粒大小的影响[25]

　　通过荧光我们可以观察到上述两种方法对颗粒表面进行不对称功能化的情况。逐步法中实现的不对称功能化仅限于与支撑面接触的一小块颗粒表面[图 1-12(d)]中颗粒表面的绿色亮斑，而表面刻蚀法只能固定地对半球面进行不对称功能化。两种方法都不能改变两块不对称区域的面积比，也就是所谓的 "Janus

覆盖率"(Janus balance)。下面介绍的这种非均相成核的方法可以实现对 Janus 覆盖率的调节(图 1-14)[26]。在水溶液中，PS 颗粒类似于晶种，油相液滴会聚集在 PS 颗粒表面，这个过程类似于非均相成核。油滴由甲基丙烯酸-3-(三甲氧基甲硅烷基)丙酯(TPM)和带有叠氮基团的 APTMS 的低聚物组成(图 1-14 中白色部分)。通过调节 PS 颗粒表面的电荷可以使颗粒不被油滴包覆，而是截留在油-水界面。此时加入甲苯可以溶胀形成 PS、TPM/APTMS(TPMA)、甲苯共存的油相均质液滴。然后通过蒸发使甲苯逐渐从液滴中移除，不相容的 PS 和 TPMA 低聚物就会发生相分离，同时表面张力的作用会使相分离后的形状呈现球形，这样就形成了一边是 PS 一边是带有叠氮基团的 TPMA 的 Janus 颗粒。通过改变 PS 颗粒的大小和加入低聚物的量可以改变 Janus 覆盖率。

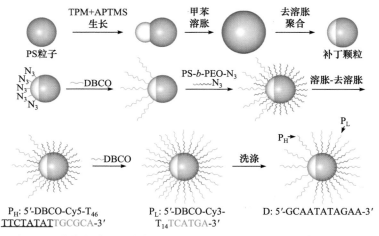

图 1-14 非均相成核法制备 Janus 颗粒与颗粒接枝寡核苷酸的序列[29]

接下来需要逐步对颗粒的两部分进行 DNA 功能化。这里用到的是叠氮基团与炔烃发生的"应变促进的叠氮化物-炔烃环加成反应"(strain-promoted azide-alkyne cycloaddition reaction，SPAAC)，寡核苷酸(图 1-14 中的红色链 P_H)的一端带有二苄基环辛炔(dibenzyl cyclooctyne，DBCO)，可以与 Janus 颗粒 TPMA 半球的叠氮基团发生环加成反应而连接在一起，完成 TPMA 半球上的 DNA 功能化后，可以使用溶胀-去溶胀法(swelling-deswelling method)[27]，使 PS 半球上也带上叠氮基团，然后用第二种寡核苷酸(图 1-14 中的蓝色链 P_L)进行功能化。值得一提的是，使用 SPAAC 反应可以大大扩展能被 DNA 功能化的颗粒种类[28]，除了金颗粒外，PS 颗粒、聚甲基丙烯酸(PMMA)颗粒、二氧化钛颗粒、二氧化硅颗粒等都可以通过表面包覆 TPMA 来接枝 DNA。

经过不对称功能化得到的 Janus 颗粒，虽然形状上是球形颗粒，但是自组装形成的结构与之前介绍的各向同性颗粒有很大不同，这是因为特异性识别位点是不对称的。通过逐步法制备的 Janus 颗粒，不对称的识别位点只占球面上很小的部分(在纳米级的颗粒上甚至只有几根寡核苷酸链是不对称的)，所以在自组装时会形成簇状结构而不是各向同性颗粒中常见的晶格结构或其他长程有序结构。这些簇状结构的颗粒个数、大小都是可控的。颗粒簇的直径由颗粒半径、寡核苷酸链长加和得到，而且分布接近单分散[图 1-15(a)]。在体系内加入预先设计好黏性末端的两种 Janus 颗粒和一种各向同性颗粒，可以形成一种类似于树枝状聚合物的结构[图 1-15(b)]。而表面刻蚀法得到的 Janus 颗粒由于不对称的两区域面积较大，可以在颗粒表面连接两种不同的颗粒，形成不对称的卫星结构[图 1-15(c)]。

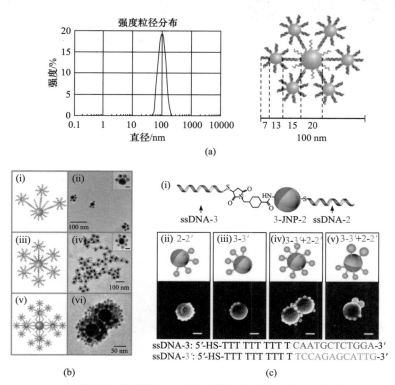

图 1-15　(a) 各向同性颗粒周围组装各向异性颗粒形成直径接近单分散卫星结构[19]；
(b) Janus 颗粒的多元体系中可以形成类似树枝状聚合物的结构(插图中比例尺为 20 nm)[20]；
(c) 表面刻蚀法得到的 Janus 颗粒形成不对称的卫星结构(比例尺为 100 nm)[24]

　　如果在 Janus 颗粒的一个表面接枝自互补的寡核苷酸，就可自组装形成有序的结构，而且这种有序结构还会随着 Janus 颗粒的 Janus 覆盖率值的不同而变化。各向同性颗粒如果接枝自互补的寡核苷酸就会形成 FCC 晶格，但是在 Janus 颗粒体系中, 自互补的区域较小, 不会形成 FCC 晶格。补丁率(patch ratio)定义为 Janus 颗粒上接枝寡核苷酸区域的面积大小, 调整补丁率就可以改变自组装形成的结构(图 1-16)[30]。补丁率较小时, Janus 颗粒不会形成最紧密的 FCC 或 HCP 式堆积, 而是形成了较为松散的双链结构(dimer chain); 随着补丁率增大, Janus 颗粒堆积变得更加紧密, 形成三链结构(trimer chain); 补丁率继续增大时, 可以形成 DNA 杂交的区域越来越大, 就会形成二维有序的双层结构(bilayer)。

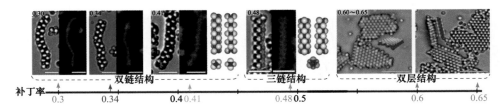

图 1-16　　自互补的 Janus 颗粒自组装结构随补丁率的变化[30]

颗粒上蓝色的部分表示表面有自互补的寡核苷酸, 白色表面没有接枝。图中比例尺为 10 μm

通过补丁率对自组装结构的影响不难看出, 补丁率的大小决定了能够形成 DNA 杂交的区域的大小。区域小时, 颗粒只能与少数颗粒发生 DNA 杂交, 因而只能形成链状结构; 区域大时则倾向于形成二维有序的双层结构。如果将 Janus 颗粒的两面分别接枝不同的自互补寡核苷酸, 补丁率一面大一面小, 自组装形成的结构就会受到温度、补丁率等多种因素的影响。根据能量最低原理, 热力学稳定的结构应该是能形成最多 DNA 杂交的结构, 在此基础上, 形成的 DNA 杂交越稳定, 结构整体的自由能就越低。图 1-14 中展示了三种寡核苷酸链的序列, P_H(红色)、P_L(蓝色)两种链分别接枝在 Janus 颗粒的两个表面上, D 链与 Janus 颗粒共存于溶液中。P_H 和 P_L 链有着自互补的黏性末端, P_H 链因为含有更多的 CG 碱基对, 所以熔化温度更高。D 链可以与 P_H 链形成更长的杂交。发生 DNA 杂交时, 由于黏性末端更短, P_H-P_H 杂交时的熵减小于 P_H-D 杂交的熵减, 这就使得在较高温度下, P_H-P_H 杂交的自由能更低, 体系也更倾向于形成这种杂交。因为 P_H 链的补丁率较小, 这时 Janus 颗粒形成的自组装结构是链状的。温度下降时, P_H-D 杂交因为熵减大, 自由能降低更快, P_H-P_H 杂交会逐渐被 P_H-D 杂交代替, 原来的链状结构解离。温度继续下降, 直到 P_L 链之间可以形成杂交, Janus 颗粒的另一端会聚集在一起, 因为 P_L 链的补丁率较大, Janus 颗粒会自组装形成双层结构(图 1-17)。

通过自组装行为可以看出, Janus 颗粒之间的作用力与共价键非常类似, 这是因为两种作用力都有着方向性与饱和性。Janus 颗粒形成的簇状结构可以类比为原子通过共价键形成分子。与 Janus 颗粒相比, DNA 补丁(DNA patch)颗粒体现出的共价键性质更为明显。DNA 补丁是指在颗粒表面多块区域进行 DNA 功能化，各区域就像补丁一样分布在颗粒表面，形成相互分离的识别位点。根据识别位点的数量、分布可以将颗粒类比为具有各种杂化轨道的原子[31]。不对称功能化赋予 Janus 颗粒和 DNA 补丁颗粒非常强的特异性，但是这种特异性也限制了颗粒形成长程有序结构。

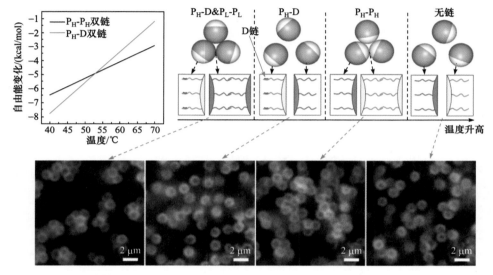

图 1-17　接枝两种自互补寡核苷酸的 Janus 颗粒自组装结构随温度变化而改变[29]

在这一节展示的各种 Janus 颗粒形成的有序结构中，规模最大的是自互补颗粒形成的双层结构，这样的有序程度还是远远不如各向同性颗粒形成的晶格结构。在现有的实验水平下，很难实现 Janus 颗粒的自组装长程有序结构，但是我们可以通过模拟计算的方法来构建这样的结构，再从中探究更多 Janus 颗粒自组装时的现象。

1.5　Janus 颗粒自组装的理论模型与模拟计算

在 DNA 功能化 Janus 颗粒的研究中，模拟计算是非常重要的部分。考虑到制备 DNA 功能化颗粒高昂的花费，以及复杂的纯化过程造成的低产率，再加上 Janus 颗粒高特异性导致其自组装的复杂性，通过模拟计算的方式来指导和补充实验非常有必要。在模拟计算中最重要的是理论模型的建立，不同的理论模型对应着不同的实验体系，也会造成模拟结果的差异。

早期的理论模型简单地将颗粒与表面接枝的寡核苷酸视为一个整体，用一个硬球来表示[32]。同种硬球之间相互排斥，排斥势为 $U(r)$，拥有互补黏性末端的硬球之间相互吸引，两种硬球之间的结合能为 E。这样，体系中的整体能量可以用式(1-1)求出：

$$\mu = \frac{1}{2}\left(-ZE + \sum_{k=2}^{\infty} Z_k U(r_k)\right) \approx \frac{1}{2}\left[-ZE + Z_2 U(r_2)\right] \tag{1-1}$$

其中，Z 为异种颗粒配位数；r_k 为同种颗粒之间的距离；Z_k 为距离为 r_k 的同种颗粒配位数。此模型中 $k=1$ 时表示同种颗粒直接接触，这种情况在实际模拟中并不会出现，所以从 $k=2$ 开始计算同种颗粒的排斥作用，而 $k>2$ 时排斥作用对体系能量的贡献太小，可以忽略，近似计算时只需考虑 $k=2$ 的情况[故式(1-1)采用符号"$\approx$"]。排斥势有两种具体形式，指数型 $U(r)=U_0\exp[-(r-d)/\xi]$ 和高斯型 $U(r)=U_0\exp[-(r-d)^2/2\xi^2]$。排斥势形式的变化会对模拟结果产生影响。根据模拟结果使用互补颗粒结合能的相对强度 E/U_0 和颗粒大小的相对值 d/ξ 两个组合参数作为变量绘制相图，可以得到颗粒大小和黏性末端结合能对自组装结构的影响。

　　这个理论模型没有考虑熵对体系势能的影响。模拟结果只反映了两种有吸引作用的颗粒在不同引力大小和颗粒尺寸下的堆积情况，对真实的 DNA 功能化颗粒之间的作用力描述不够细致。值得一提的是，这个理论模型提出了一种将颗粒之间的 DNA 连接子视为受限于两个分离墙壁之间的高斯链的构想，并通过高分子物理的推导得到在 DNA 连接子存在时颗粒之间的吸引势与排斥势的表达式。之后建立的理论模型都回避了 DNA 连接子的加入，直接使用带有黏性末端的单链寡核苷酸接枝的颗粒，并由此简化了理论模型。

　　随后出现的分子动力学模拟首先被应用在有四条互补寡核苷酸链接枝的颗粒上[33]。在分子动力学模拟中，不再将颗粒与接枝链视为整体，而是将接枝链进行"粗粒化"(coarse graining)处理，将一小段链段视为一个"珠子"。珠子之间的作用力需要用多个势能函数来表示。早期的分子动力学模拟中，使用有限可拓展非线性弹性(finitely extensible, nonlinear elastic，FENE)势将珠子连在一起，FENE 势的表达式如下：

$$V_{\text{FENE}} = -\frac{kR_0^2}{2}\ln\left[1-\left(r/R_0\right)^2\right] \tag{1-2}$$

其中，$k=30\varepsilon/\sigma^2$[ε 为能量单位，σ 为距离单位，两者都是 Lennard-Jones(LJ)势表达式中的参数]，代表珠子之间键连强度；$R_0=1.5\sigma$，代表相邻两珠子之间的最大距离。但是 FENE 势只有吸引作用，而实际上珠子相互靠近时会产生很强的排斥作用，所以还需要引入 WCA 势[34]来表示珠子之间的排斥作用：

$$V_{\mathrm{WCA}}(r) = V_{\mathrm{LJ}}(r) - V_{\mathrm{LJ}}(r_{\mathrm{c}}) - (r - r_{\mathrm{c}})\frac{\mathrm{d}V_{\mathrm{LJ}}(r)}{\mathrm{d}r}\bigg|_{r=r_{\mathrm{c}}} \qquad (1\text{-}3)$$

其中，$V_{\mathrm{LJ}}(r)$ 为 LJ 势[式(1-5)]；r_{c} 为势函数的截断距离，在 WCA 势中，$r_{\mathrm{c}} = 2^{1/6}\sigma$。
式(1-3)在 WCA 势的基础上添加了最后一项，是为了确保在 r_{c} 处势能和力是连续
的。WCA 势存在于所有珠子之间，也就是说不同寡核苷酸链之间是相互排斥的。
为了使寡核苷酸链呈现一定的刚性，在连续的三个珠子之间引入角势：

$$V_{\mathrm{lin}} = k_{\mathrm{lin}}(1 - \cos\theta) \qquad (1\text{-}4)$$

其中，$k_{\mathrm{lin}} = 5\varepsilon$，为调整寡核苷酸刚度的参数；$\theta$ 为三个连续珠子球心连线形成的角
的补角。在三个球心连成一条直线时角势有最小值。通过式(1-2)、式(1-3)、式(1-4)
三个势能的结合，我们得到相互排斥的半刚性寡核苷酸链的粗粒化描述。寡核
酸上碱基可以用珠子上的黏性位点(sticky spot)来表示。互补的碱基之间的吸引力
用 LJ 势来描述：

$$V_{\mathrm{LJ}} = 4\varepsilon\left[\left(\frac{\sigma}{r}\right)^{12} - \left(\frac{\sigma}{r}\right)^{6}\right] \qquad (1\text{-}5)$$

与 WCA 势不同，描述吸引力的 LJ 势中，截断距离 $r_{\mathrm{c}} = 2.5\sigma$。LJ 势与 FENE
势的结合导致黏性斑点的中心实际上是处于与之相连的珠子内部，只有边缘的位
置凸出，便于互补对之间杂交(图 1-18)。这样的形式防止了同一个黏性斑点与多
个位点发生杂交的情况。

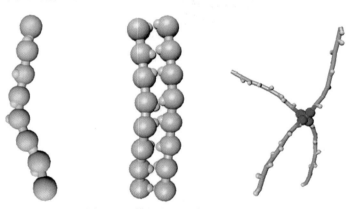

图 1-18　模拟得到的寡核苷酸链[35]

这种模型通过粗粒化的方式，将寡核苷酸链之间的作用力细化的同时忽略了
寡核苷酸链上每一个单体的细节，成功地模拟出四接枝颗粒自组装的过程与结果。
但是模型对寡核苷酸上碱基的描述还是存在一些不足。通过图 1-18 可以看出，杂
交前黏性斑点无规分布于珠子表面，杂交后形成的氢键也不像真实的 DNA 双螺

旋中那样具有方向性。图 1-18 中红色珠子代表无机颗粒，蓝色珠子为粗粒化的寡核苷酸链，珠子上的绿色凸起为代表碱基的黏性斑点。

随后出现的模型通过引入中心珠(central bead，CT)和侧翼珠(flanking bead，FL)的方式(图 1-19)模拟出带有黏性末端的双链寡核苷酸[36,37]，同时将黏性末端杂交产生的氢键固定在垂直于寡核苷酸链的方向。为了区别双链与单链，双链寡核苷酸珠子的直径较大。CT 珠表示碱基，互补的 CT 珠之间有表示吸引的 LJ 势作用，FL 珠与 CT 珠之间以弹簧势相连，FL 珠之间只有排斥作用，起到提供位阻的作用。CT 被两个 FL 珠夹在中间，这种模型中，粗粒化的珠子之间通过弹簧势相连。

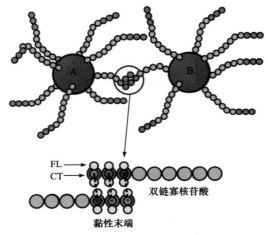

图 1-19　CT 珠与 FL 珠的示意图[37]

$$V(r) = \frac{1}{2}k\left(r - r_0\right)^2 \tag{1-6}$$

其中，$k=330\varepsilon/\sigma^2$，为弹簧势的强度；$r_0=0.84\sigma$，为弹簧势的平衡距离。同种珠子之间的排斥仍然用 WCA 势或与 LJ 势类似的形式来描述，但是角势的形式变为

$$V(r) = \frac{1}{2}k\left(\theta - \theta_0\right)^2 \tag{1-7}$$

其中，$k=10\varepsilon$；$\theta_0=\pi$。两参数的取值满足实验测得的"每增加一个碱基，寡核苷酸链就增长 0.255 nm"的结果。将式(1-4)在 $\theta=0$ 处泰勒展开并忽略高阶小项就能得到式(1-7)，所以两种角势的形式在珠子接近直线排列时差别不大，但是在参数的取值上式(1-7)更符合寡核苷酸链的实际情况。

除了寡核苷酸链上的珠子之间存在角势外，FL-CT-FL 三个连续珠子之间也存在角势。这样可以确保三个珠子呈直线排列，FL 珠将 CT 珠夹在中间，FL 珠的位阻防止 CT 珠从其他方向形成氢键, 因此 CT 珠形成的氢键会垂直于寡核苷酸链。同时, 为了区分双螺旋的寡核苷酸和单链黏性末端, CT 珠和 FL 珠的直径小于寡核苷酸链上其他珠子, 与真实情况更加接近。

利用这种模型, 人们模拟得到了各向同性颗粒形成的各种晶体结构以及形成时的动力学与热力学过程。改变链上珠子的个数就可以调整寡核苷酸链长, 通过这种方式可以轻而易举地得到不对称功能化的 Janus 颗粒。此外, 颗粒的大小、接枝密度、黏性末端种类等特征都可以通过调整参数来改变。使用这种模型模拟的结果与实验结果相符合, 同时也大大补充了实验结果。

DNA 双螺旋的稳定性来源于杂交形成的氢键和碱基堆积两种效应。前面介绍的两种模型中同一条链上的碱基之间只有排斥作用, 但实际上同一条链上碱基之间的吸引是稳定双螺旋结构的重要因素。因为碱基堆积效应的缺失, 这两种模型中的 DNA 杂交没有形成双螺旋结构。在图 1-20 的模型中, 用三个相对位置固定的小球作为一个刚性整体, 代表一个完整的脱氧核糖核苷酸[38]。碱基的作用位点与真实情况相同, 和磷酸骨架之间有一段距离。同一条链上碱基(紫色珠)之间通过 Morse 势产生碱基堆积效应:

$$V_{\mathrm{Morse}} = \varepsilon \left(1 - \exp\left(-a\left(r - r_0\right)\right)\right)^2 \tag{1-8}$$

其中, r_0=0.34 nm, 与真实情况下 DNA 中相邻碱基之间的距离相同。寡核苷酸链上单体的磷酸骨架(蓝色珠)之间用 FENE 势连接:

$$V_{\mathrm{FENE}} = -\frac{\varepsilon}{2} \ln \left(1 - \left(\frac{r - r_0}{\Delta^2}\right)^2\right) \tag{1-9}$$

其中, r_0=0.64 nm, 与真实情况下 DNA 中相邻磷酸骨架之间的距离相同。每一个磷酸骨架都连接着一个碱基, 但是相邻碱基之间的平衡距离小于相邻磷酸骨架之间的平衡距离, 所以为了产生碱基堆积作用, 磷酸骨架会发生扭转, 在长距离上就会形成双螺旋结构。碱基之间杂交形成氢键的位点在图 1-20 中用青色珠表示, 互补的青色珠之间的吸引作用用 LJ 势描述。

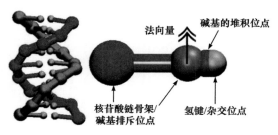

图 1-20　双螺旋模型[38]

以上的三种模型从简单到复杂，对 DNA 功能化颗粒的描述从简略到详细。每种模型都有各自的优点，又有一定的局限性，所以对于不同的体系应选择合适的模型进行模拟。在 Janus 颗粒的模拟计算中，为同时满足结果准确和理论模型简单两种要求，一般采用第二种粗粒化的模型。前文中介绍的 DNA 功能化 Janus 颗粒自组装形成的结构只有链状、簇状、双层结构，但是在模拟计算中实现了 Janus 颗粒的晶格结构[39]。模拟中设计了一种 Janus 颗粒，在直径 10 nm 的金颗粒上不对称接枝两种不同长度的寡核苷酸链，两种寡核苷酸链都带有自互补的黏性末端 (图 1-21)。与自互补的各向同性颗粒一样[2]，模拟结果显示 Janus 颗粒自组装形成了 FCC 晶格结构。但是进一步观察发现晶格中的 Janus 颗粒具有方向性，每四个 Janus 颗粒以接枝 A-DNA 的球面向内，接枝 B-DNA 的球面向外的方式形成了四面体的颗粒簇。如果将这些颗粒簇视为结构单元，整个晶格就会呈现出与 FCC 晶格不同的二级结构，同时，这些二级结构会随着 Janus 覆盖率的变化而变化(图 1-22)。

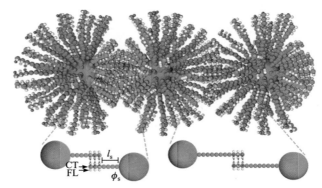

图 1-21　接枝自互补寡核苷酸链的 Janus 颗粒[39]

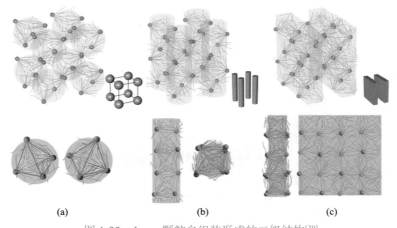

图 1-22　Janus 颗粒自组装形成的二级结构[39]

(a) ϕ_s=0.25，简单立方(SC)；(b) ϕ_s=0.33，四方柱面(P4)；(c) ϕ_s=0.5，片层状(L)。ϕ_s 为 A-DNA 的接枝分数

与实验一样，模拟中同样有许多方法对体系进行表征。均方位移(mean square displacement, MSD)用来表征颗粒在体系中的移动，$MSD(t) = \left\langle [\boldsymbol{r}(t) - \boldsymbol{r}(0)]^2 \right\rangle$，其中，$\boldsymbol{r}$ 表示粒子在某一时刻的坐标向量；取向角标准偏差 SD_θ 用来表征颗粒的转动，$SD_\theta = \sum_{i=1}^{N} \theta_i^2 / N$，其中，$\theta_i = \arccos\left(\left|\left\langle \vec{e}_i, \vec{e}_0 \right\rangle\right|\right)$，为取向角，$\vec{e}_i$ 为 Janus 颗粒的方向向量，即垂直于 Janus 颗粒分界面的向量；$\vec{e}_0$ 为所有 Janus 颗粒方向向量的平均值。径向分布函数的第一个峰值 $g(r_1)$ 可以表征体系的有序程度。DNA 杂交率 p_H 可以表征体系的热力学稳定程度。MSD、SD_θ、$g(r_1)$、p_H 都是关于模拟时间步长和体系温度的函数。模拟中选择 ϕ_s=0.5 的 Janus 颗粒来研究自组装过程。通过模拟过程中得到的体系快照(图 1-23)发现，在退火时颗粒首先由完全无序自组装形成没有二级结构的 FCC 晶格，继续退火形成二级有序的片层结构。发生两次转变的温度分别为 T=1.6 和 T=1.1(计算模拟中使用的是无量纲温度)。使温度随时间线性变化，得到 MSD 和 SD_θ 随温度变化的图像。在颗粒形成二级无序 FCC 晶格的过程中，MSD 随温度下降有明显的上升，而 SD_θ 没有明显变化，说明形成 FCC 晶

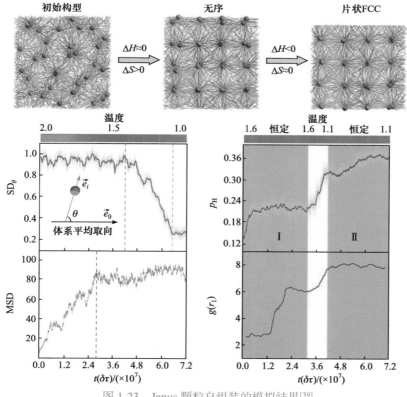

图 1-23　Janus 颗粒自组装的模拟结果[39]

格只是颗粒位置移动产生堆积的结果，与颗粒的取向无关。因为颗粒没有发生取向,这个过程中的 DNA 杂交水平较低,焓对自由能的贡献较少。继续降温至 $T=1.1$ 时,产生二级有序结构,此后 MSD 没有明显的变化,而 SD_θ 随温度下降而快速减小,说明 Janus 颗粒在形成二级有序结构时固定在晶格中,位置没有变化,但是通过旋转发生了明显的取向,使体系的有序程度增加。将温度维持在 $T=1.6$ 和 $T=1.1$,得到 $g(r_1)$ 和 p_H 随时间变化的图像。形成无序 FCC 晶格时,$g(r_1)$ 的值随时间增加,但是 p_H 没有明显变化,进一步说明该过程的自由能降只是颗粒发生密堆积导致体系熵增的结果,而非 DNA 杂交的焓变导致的。相反,在 $T=1.1$ 时,p_H 明显上升,说明颗粒转动导致更多的 DNA 杂交,由此产生的焓变导致自由能下降。

模拟结果充分说明,在 Janus 颗粒自组装形成两级有序结构的过程中,颗粒密堆积形成 FCC 晶格的过程是熵主导的,而颗粒转动形成四面体簇从而产生二级有序结构的过程是焓主导的。上述 Janus 颗粒模拟的模型与结果表明,模拟计算与实验结果相吻合,同时又可以对实验结果进行补充,展现出目前实验水平下无法达到的现象,从而对未来实验的进行起到指导作用,如果未来关于 Janus 颗粒自组装的实验朝着当前理论模拟预测过的自组装形式进行,将会产生更为复杂且新颖的三维纳米颗粒组装体。

参 考 文 献

[1] Jones M R, Seeman N C, Mirkin C A. Programmable materials and the nature of the DNA bond[J]. Science, 2015, 347: 1260901.

[2] Macfarlane R J, Lee B, Jones M R, et al. Nanoparticle superlattice engineering with DNA[J]. Science, 2011, 334: 204-208.

[3] Xu L, Kuang H, Xu C, et al. Regiospecific plasmonic assemblies for *in situ* Raman spectroscopy in live cells[J]. Journal of the American Chemical Society, 2012, 134(3): 1699-1709.

[4] Gabrys P A, Zornberg L Z, Macfarlane R J. Programmable atom equivalents: atomic crystallization as a framework for synthesizing nanoparticle superlattices[J]. Small, 2019, 15(26): 1805424.

[5] Kim Y, Macfarlane R J, Jones M R, et al. Transmutable nanoparticles with reconfigurable surface ligands[J]. Science, 2016, 351(6273): 579-582.

[6] Alivisatos A P, Johnsson K P, Peng X G, et al. Organization of 'nanocrystal molecules' using DNA[J]. Nature, 1996, 382: 609-611.

[7] Hurst S J, Lytton-Jean A K R, Mirkin C A. Maximizing DNA loading on a range of gold nanoparticle sizes[J]. Analytical Chemistry, 2006, 78(24): 8313-8318.

[8] Park S Y, Lytton-Jean A K, Lee B, et al. DNA-programmable nanoparticle crystallization[J]. Nature, 2008, 451: 553-556.

[9] Rogers W B, Shih W M, Manoharan V N. Using DNA to program the self-assembly of colloidal

nanoparticles and microparticles[J]. Nature Reviews Materials, 2016, 1(3): 1-14.

[10] Dreyfus R, Leunissen M E, Sha R, et al. Simple quantitative model for the reversible association of DNA coated colloids[J]. Physical Review Letters, 2009, 102(4): 048301.

[11] Macfarlane R J, Lee B, Hill H D, et al. Assembly and organization processes in DNA-directed colloidal crystallization[J]. Proceedings of the National Academy of Sciences, 2009, 106(26): 10493-10498.

[12] Macfarlane R J, Jones M R, Lee B, et al. Topotactic interconversion of nanoparticle superlattices[J]. Science, 2013, 341: 1222-1225.

[13] Maye M M, Kumara M T, Nykypanchuk D, et al. Switching binary states of nanoparticle superlattices and dimer clusters by DNA strands[J]. Nature Nanotechnology, 2010, 5(2): 116-120.

[14] Jones M R, Macfarlane R J, Lee B, et al. DNA-nanoparticle superlattices formed from anisotropic building blocks[J]. Nature Materials, 2010, 9(11): 913-917.

[15] Lu F, Yager K G, Zhang Y, et al. Superlattices assembled through shape-induced directional binding[J]. Nature Communications, 2015, 6(1): 1-10.

[16] O'Brien M N, Jones M R, Lee B, et al. Anisotropic nanoparticle complementarity in DNA-mediated co-crystallization[J]. Nature Materials, 2015, 14(8): 833-839.

[17] Angioletti-Uberti S, Mognetti B M, Frenkel D. Re-entrant melting as a design principle for DNA-coated colloids[J]. Nature Materials, 2012, 11(6): 518-522.

[18] Kim Y, Macfarlane R J, Jones M R, et al. Transmutable nanoparticles with reconfigurable surface ligands[J]. Science, 2016, 351(6273): 579-582.

[19] Huo F, Lytton‐Jean A K R, Mirkin C A. Asymmetric functionalization of nanoparticles based on thermally addressable DNA interconnects[J]. Advanced Materials, 2006, 18(17): 2304-2306.

[20] Xu X, Rosi N L, Wang Y, et al. Asymmetric functionalization of gold nanoparticles with oligonucleotides[J]. Journal of the American Chemical Society, 2006, 128(29): 9286-9287.

[21] Maye M M, Nykypanchuk D, Cuisinier M, et al. Stepwise surface encoding for high-throughput assembly of nanoclusters[J]. Nature Materials, 2009, 8(5): 388-391.

[22] Feng L, Dreyfus R, Sha R, et al. DNA patchy particles[J]. Advanced Materials, 2013, 25(20): 2779-2783.

[23] Haynes C L, Van Duyne R P. Nanosphere lithography: a versatile nanofabrication tool for studies of size-dependent nanoparticle optics[J]. The Journal of Physical Chemistry B, 2001, 105(24): 5599-5611.

[24] Xing H, Wang Z, Xu Z, et al. DNA-directed assembly of asymmetric nanoclusters using Janus nanoparticles[J]. ACS Nano, 2012, 6(1): 802-809.

[25] Wu L Y, Ross B M, Hong S G, et al. Bioinspired nanocorals with decoupled cellular targeting and sensing functionality[J]. Small, 2010, 6(4): 503-507.

[26] Sacanna S, Korpics M, Rodriguez K, et al. Shaping colloids for self-assembly[J]. Nature Communications, 2013, 4(1): 1-6.

[27] Oh J S, Wang Y, Pine D J, et al. High-density PEO-b-DNA brushes on polymer particles for colloidal superstructures[J]. Chemistry of Materials, 2015, 27(24): 8337-8344.

[28] Wang Y, Wang Y, Zheng X, et al. Synthetic strategies toward DNA-coated colloids that crystallize[J]. Journal of the American Chemical Society, 2015, 137(33): 10760-10766.

[29] Oh J S, Yi G R, Pine D J. Reconfigurable Transitions between one-and two-dimensional structures with bifunctional DNA-coated Janus colloids[J]. ACS Nano, 2020, 14(11): 15786-15792.

[30] Oh J S, Lee S, Glotzer S C, et al. Colloidal fibers and rings by cooperative assembly[J]. Nature Communications, 2019, 10(1): 1-10.

[31] Wang Y, Wang Y, Breed D R, et al. Colloids with valence and specific directional bonding[J]. Nature, 2012, 491: 51-55.

[32] Tkachenko A V. Morphological diversity of DNA-colloidal self-assembly[J]. Physical Review Letters, 2002, 89(14): 148303.

[33] Starr F W, Sciortino F. Model for assembly and gelation of four-armed DNA dendrimers[J]. Journal of Physics: Condensed Matter, 2006, 18(26): L347-L353.

[34] Weeks J D, Chandler D, Andersen H C. Role of repulsive forces in determining the equilibrium structure of simple liquids[J]. The Journal of chemical physics, 1971, 54(12): 5237-5247.

[35] Largo J, Starr F W, Sciortino F. Self-assembling DNA dendrimers: a numerical study[J]. Langmuir, 2007, 23(11): 5896-5905.

[36] Li T I N G, Sknepnek R, Macfarlane R J, et al. Modeling the crystallization of spherical nucleic acid nanoparticle conjugates with molecular dynamics simulations[J]. Nano Letters, 2012, 12(5): 2509-2514.

[37] Knorowski C, Burleigh S, Travesset A. Dynamics and statics of DNA-programmable nanoparticle self-assembly and crystallization[J]. Physical Review Letters, 2011, 106(21): 215501.

[38] Ouldridge T E, Louis A A, Doye J P K. DNA nanotweezers studied with a coarse-grained model of DNA[J]. Physical Review Letters, 2010, 104(17): 178101.

[39] Zhu G, Xu Z, Yang Y, et al. Hierarchical crystals formed from DNA-functionalized Janus nanoparticles[J]. ACS Nano, 2018, 12(9): 9467-9475.

(王玉明，朱国龙，燕立唐)

第 2 章　微流控可控构建 Janus 颗粒及其应用

2.1　引　　言

随着科技的进步及科学探知的深入，传统的组分单一、结构对称的各向同性功能材料逐渐无法满足社会发展的需要。具有特殊结构、功能多样的各向异性材料越来越受到科学界的重视。其中，Janus 颗粒以其独特的不对称的物理化学性质在界面稳定、显示、催化等领域展现出了广阔的应用前景[1-4]。

Janus 颗粒最初是指一端亲水、另一端疏水的表面物理化学性质不对称的颗粒[5]。随着研究的深入，Janus 颗粒的形态逐渐多样化，扩展到形貌、结构、组分等方面的不对称和力学、热学、光学、电学、磁学等性质的各向异性。制备 Janus 颗粒的方法多种多样，主要包括表面改性法、相分离法、自组装法、表面成核法和微流控法。

表面改性法是利用界面将各向同性颗粒进行分区，然后对颗粒部分表面进行物理化学改性。相分离法是利用不同组分间的不相容性，通过溶剂蒸发、聚合诱导等手段，使不同组分发生相分离。自组装法是利用基本结构单元，如嵌段共聚物，在非共价键作用力的驱动下，自组装形成非对称结构。表面成核法通过控制新颗粒在原有颗粒表面成核生长。微流控法是在微通道中，对流体进行精确操控，从而制备 Janus 颗粒。与其他技术相比，微流控技术为 Janus 颗粒的可控制备提供了一个较为理想的平台。微流控技术制备的 Janus 颗粒一般具有大小均一、尺寸可控、组分可变、结构可调等优点[6-15]。

Janus 颗粒特殊的化学组成和形貌结构使其拥有许多独特的性能，具有广泛的应用前景。例如，两亲性的 Janus 颗粒的结构与两亲性的分子表面活性剂十分相似，其在界面上的行为也与分子表面活性剂相仿，亲水半球浸没在水中，疏水半球浸没在油中，可以很好地稳定界面，是理想的颗粒表面活性剂[16-18]。Janus 颗粒的另一个重要应用是显示技术。具有电、磁响应特性的每个双色 Janus 颗粒可以作为一个独立的像素点，应用于彩色显示等领域[19, 20]。近年来，磁响应 Janus 颗粒也开始应用于生物医学、传感分析等方面的研究[21-24]。

本章节主要介绍微流控可控制备 Janus 颗粒及其应用，所包含的内容如图 2-1 所示。微流控制备 Janus 颗粒的方法主要可以分为两类：一类是利用微流控的可控性，以液滴为模板，液滴包括单乳和双乳，结合三相界面张力调控，制备 Janus

颗粒；另一类是利用微流控的快速混合，两相共同沉淀析出，结合三相界面张力调控，制备 Janus 颗粒。Janus 颗粒的应用则主要聚焦在界面稳定、显示技术和检测技术。

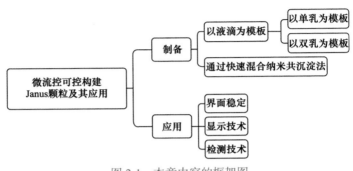

图 2-1　本章内容的框架图

2.2　微流控可控制备 Janus 颗粒

微流控技术是在微米级结构中操控纳升至皮升体积流体的一种技术，在 2003 年被评为影响人类未来最重要的 15 个发明之一。微流控技术有两个主要优点，一是可以在微通道中精确地操控流体的流动，从而可以精确地控制两相不互溶液体间的乳化过程，制备大小均一、尺寸可控的微液滴；二是微通道尺寸小，两相互溶液体可以在微通道中快速混合，从而可以使溶解于溶剂中的两种聚合物共同沉淀析出。微流控技术的这两个优势均已被开发用来制备 Janus 颗粒，对应以液滴为模板(即"自上而下"法)和通过快速混合纳米共沉淀法(即"自下而上"法)，这两类方法。

2.2.1　以液滴为模板制备 Janus 颗粒

微流控制备 Janus 颗粒的其中一个主要方法是以液滴为模板。微流控技术可以在微米尺寸对流体进行精确的操控。首先，在微通道中，内相流体可以在另一种不互溶的外相流体的剪切作用下，形成大小均一、尺寸可控的微液滴。然后，以微液滴为模板，通过溶剂挥发诱导相分离、自组装等方法，形成两端具有不同物理化学性质的 Janus 颗粒。最后，通过紫外光聚合、热聚合、离子交联等方法，得到稳定的 Janus 颗粒。以液滴为模板制备得到的 Janus 颗粒一般具有大小均一、尺寸可控、组分可变、结构可调等优点，并且通过平行放大可以实现量产，但颗粒尺寸一般在微米级。以液滴为模板制备 Janus 颗粒的研究，可以进一步分为两类：一类是以水包油(O/W)或油包水(W/O)的单乳液滴为模板，另一类是以水包油包水(W/O/W)或油包水包油(O/W/O)的双乳液滴作为模板。

1. 以单乳为模板

单乳是指一种液体以液滴的形式分散在另一种不互溶的液体中。制备单乳液滴常用的微流控方法有 T 型结、聚焦流、同轴流和阶梯式乳化法,如图 2-2 所示。单乳液滴的乳化主要通过在微通道中外相流体剪切内相流体,形成大小均一、尺寸可控的微液滴。为了得到两边物理化学性质不同的 Janus 颗粒,通常有两种策略:一种是将两种不同材料共同溶解/分散在单一内相中,在内相乳化形成液滴后,通过外加磁场、改变 pH 等外界条件,促使两种不同材料在单乳液滴中不均匀分布,形成 Janus 颗粒;另一种是采用双重内相,即内相进口包含两个并排的通道,在制备过程中两个通道分别通入两种不同的液体,乳化后得到双重内相的单乳液滴,通过调节三相界面张力,进一步调控液滴形貌,得到 Janus 颗粒。

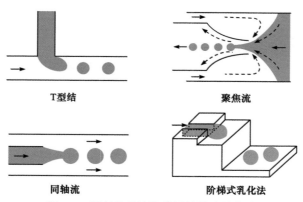

图 2-2　制备单乳液滴常用的微流控方法

以单一内相为例,单一内相的单乳液滴本身是各向同性的,需要通过外加磁场、改变 pH 等手段,诱导两种不同材料在单乳液滴中不均匀分布,从而形成 Janus 颗粒[25, 26]。浙江大学陈东课题组与哈佛大学 David Weitz 课题组合作利用紫胶溶于碱性水溶液但不溶于酸性水溶液的特性,以单一内相的单乳液滴为模板,通过 pH 诱导相分离,制备水凝胶-固体 Janus 颗粒,如图 2-3 所示。首先,利用流动聚焦流微流控器件,将含有海藻酸钠水凝胶和紫胶的内相溶液在外相氟化油的剪切下,形成单分散单乳液滴。当液滴收集在含乙酸的氟化油时,液滴 pH 下降,溶解于液滴的紫胶沉淀析出,形成固体半球。最后,通过钙离子交联海藻酸钠水凝胶半球,从而获得稳定的 Janus 颗粒。该 Janus 颗粒由两个相连的半球组成:一端为海藻酸钠水凝胶半球,另一端为紫胶固体半球。此类颗粒一端亲水(水凝胶半球),一端疏水(固体半球),是性能优异的颗粒表面活性剂。

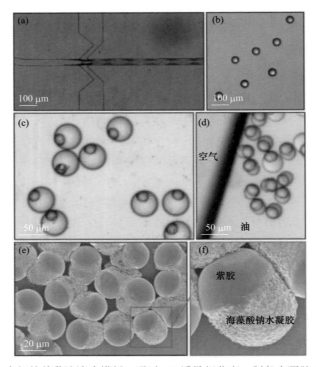

图 2-3　以单一内相的单乳液滴为模板，通过 pH 诱导相分离，制备水凝胶-固体 Janus 颗粒
(a) 聚焦流微流控器件制备单乳液滴，内相为含海藻酸钠水凝胶和紫胶的混合液，外相为含非离子表面活性剂的氟化油；(b) 单分散内相液滴的光学图像；(c)在外加乙酸的作用下，紫胶从液滴中沉淀析出，形成固体半球；(d) 在空气/氟化油界面附近，随着水分的缓慢蒸发，水凝胶半球逐渐收缩；(e)(f)水凝胶-固体 Janus 颗粒的扫描电子显微镜(SEM)照片，紫胶固体半球呈现光滑外貌，而海藻酸钠水凝胶半球呈现粗糙多孔形貌

　　哈佛大学 David Weitz 课题组同样以单一内相的单乳液滴为模板，通过温度诱导相分离，制备了一端富含聚 N-异丙基丙烯酰胺(PNIPAM)，另一端富含聚丙烯酰胺(PAM)的水凝胶 Janus 颗粒。首先，内相由 PNIPAM、聚丙烯酸(PAA)、丙烯酰胺(AM)单体、交联剂和光引发剂共同溶解于水中组成。然后，通过微流控器件，将内相乳化，形成单分散的单乳液滴。当液滴被加热至约 65℃时，热敏性的 PNIPAM 变得疏水，同时与带负电的 PAA 相互作用，一起在液滴的一端聚集，将 AM 单体挤压到液滴另一端，形成相分离的 Janus 液滴。最后，AM 单体在紫外光照射下聚合交联，形成稳定的 Janus 颗粒。采用相同的策略，还可以制备磁性各向异性的水凝胶 Janus 颗粒[27]。

　　韩国科学技术院 Shin-Hyun Kim 课题组则通过溶剂挥发诱导相分离，成功制备了光学各向异性的 Janus 颗粒。首先，将聚苯乙烯(PS)、聚乙酸乙烯(PVAc)和染料分子共同溶解于有机溶剂甲苯中，作为内相油相，通过毛细玻璃管微流控器件，在连续相水相中形成单分散液滴。随着有机溶剂甲苯逐渐挥发，PS 和 PVAc 两者不互溶，发生相分离，形成一端是 PS 半球、另一端是 PVAc 半球的 Janus 颗粒。由于染料分子苏丹黑 B 对 PVAc 的亲和力高于 PS，染料分子苏丹黑 B 会选择性地富集在 PVAc 半球，从而形成光学各向异性的 Janus 颗粒。此类光学各向异性的 Janus 微粒可以进一步功能化，得到磁性各向异性的 Janus 颗粒，即将氧化铁磁性纳米颗粒分散在内相油相中，在溶剂挥发、相分离的过程中，利用磁场诱导磁性纳米颗粒在 PVAc 半球富集[28]。

　　当采用双重内相时，内相进口包含两个并排的通道，在制备过程中两个通道分别通入两种不同液体。乳化后得到的双重内相的单乳液滴本身是各向异性的，有利于制备 Janus 颗粒，并且可以通过调节三相界面张力，进一步调控 Janus 颗粒的形貌。南京工业大学陈苏课题组设计了一种内相进口包含两个并排通道的微流体器件，可分别通入两种不同液体，制备双重内相的单乳液滴，如图 2-4 所示[29]。当其中一个通道通入含有量子点(QD)和聚合物的油相，另一个通道通入含有 Fe_3O_4 纳米颗粒和聚合物的油相时，两种油相在外相水相的剪切作用下，乳化形成双重内相的单乳液滴。随着油相中有机溶剂二氯甲烷(DCM)的挥发，聚合物逐渐沉淀析出，形成一端具有荧光功能、另一端具有磁性功能的双功能 Janus 颗粒。因为内相两种油相是在平流条件下被外相水相剪切，形成双重内相的单乳液滴，所以两种油相在液滴内不会混合，QD 和磁性纳米颗粒可以分别在液滴两端保持较好的分布。由于 Janus 颗粒同时具有荧光功能和磁性功能，可进一步开发得到磁驱动荧光开关，实现在磁场下的自由书写。

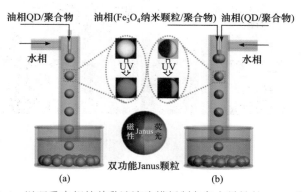

图 2-4　以双重内相的单乳液滴为模板制备各向异性的 Janus 颗粒

(a) 以单一内相的单乳液滴为模板制备各向同性的颗粒; (b) 以双重内相的单乳液滴为模板制备一端含磁性纳米颗粒、另一端含量子点的各向异性 Janus 颗粒

　　以双重内相的单乳液滴为模板制备 Janus 颗粒的另一个优点是，可以通过调节三相界面张力，进一步调控 Janus 颗粒的形貌。南京工业大学陈苏课题组通过选择三种不互溶的液体作为研究体系：第一种是含单分散聚苯乙烯(PS)微球的水

溶液，第二种是可光聚合单体三甲基丙烷乙氧基酯三丙烯酸酯(EO₃-TMPTA)，第三种是甲基硅油，如图 2-5 所示[30]。甲基硅油作为连续相，剪切其他两相，得到一端是含 PS 微球的水溶液、另一端是 EO₃-TMPTA 单体的 Janus 液滴。为了使体系能量最低，三相界面张力，即γ_{ME}(甲基硅油与 EO₃-TMPTA 单体的界面张力)、γ_{MP}(甲基硅油与含 PS 微球的水溶液的界面张力)和γ_{PE}(含 PS 微球的水溶液与 EO₃-TMPTA 单体的界面张力)，既要保证三相界面的界面能总和最小，又要满足三相界面张力在三相界面处的平衡，最终决定 Janus 液滴的形貌。通过调节水溶液中表面活性剂辛基酚聚氧乙烯醚(Triton X-100)的浓度，证明了可以改变γ_{MP}和γ_{PE}，进而调节 Janus 颗粒的形貌。因此，以双重内相的单乳液滴为模板制备 Janus 颗粒时，可以通过改变表面活性剂浓度等方法，调节三相界面张力，制备形貌可控的 Janus 颗粒。

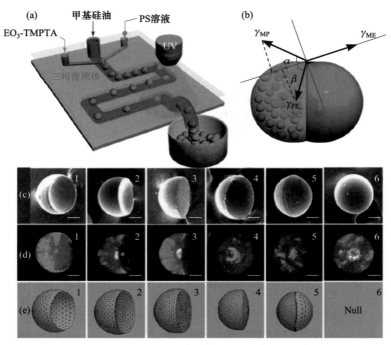

图 2-5　三相界面张力调控 Janus 颗粒的形貌

(a) 以双重内相的单乳液滴为模板制备 Janus 颗粒；(b) 三相界面张力平衡及其调控 Janus 颗粒形貌的示意图，通过调节含 PS 微球的水溶液中表面活性剂的浓度，进而改变三相界面张力，调控 Janus 颗粒形貌，制备得到的 Janus 颗粒；(c) Janus 颗粒的 SEM 照片(标尺为 50μm)；(d) Janus 颗粒的光学显微镜图像(标尺为 50μm)；(e) 基于三相界面张力计算得到的 Janus 颗粒其中一个半球的形貌图(其中，Null 表示无模拟结果)。表面活性剂辛基酚聚氧乙烯醚的浓度分别为：1. 0.333wt%；2. 0.267wt%；3. 0.200wt%；4. 0.134wt%；5. 0.067wt%；6. 0

2. 以双乳为模板

以双乳为模板制备 Janus 颗粒，通常先通过微流控器件，制备得到水包油包水(W/O/W)或油包水包油(O/W/O)的双乳液滴，然后通过调节三相界面张力，使双乳液滴转变为 Janus 液滴，最终得到 Janus 颗粒。以双乳为模板制备 Janus 颗粒与以双重内相的单乳液滴制备 Janus 颗粒在原理上具有一定相似性，但采用的微流控器件却有很大的区别。双重内相的单乳液滴通常采用两个并排的通道作为内相进口。双乳液滴的制备通常采用层级结构的微流控器件或同轴结构的微流控器件，可以对双乳液滴的尺寸和结构进行精确控制。

四川大学褚良银课题组首次设计了层级结构的微流控器件，成功可控制备了双乳液滴，并通过调节双乳液滴体系的界面张力，实现了双乳液滴在界面能驱动下到 Janus 液滴的可控转变，如图 2-6 所示。该体系以含 FITC-PNIPAM 纳米水凝胶颗粒的水溶液为内相，以含聚甘油蓖麻醇酯(PGPR)和乙氧基化三羟甲基丙烷三丙烯酸酯(ETPTA)的苯甲酸苄酯为中间相，以含表面活性剂 Pluronic F127 和甘油的水溶液为外相。首先，内相在中间相的剪切下乳化，形成油包水(O/W)乳液，同时 FITC-PNIPAM 纳米水凝胶颗粒吸附在液滴表面以稳定乳液液滴。随后，含

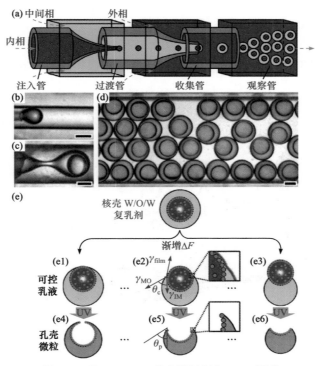

图 2-6　以 W/O/W 双乳为模板制备 Janus 颗粒

(a) 层级结构微流控器件制备内相含单分散纳米水凝胶颗粒的 W/O/W 双乳液滴；(b)、(c) 和(d)光学显微图像显示双乳液滴的制备过程(标尺为 100 μm)；(e) 通过调节三相界面张力，使双乳液滴转变为 Janus 液滴，从而制备 Janus 颗粒

有单分散内相的中间相在外相的剪切下进一步乳化，形成单分散的具有核壳结构的水包油包水(O/W/O)乳液。由于内相和中间相的密度不匹配，内相水核会上浮到中间相油壳顶部。当逐渐减小中间相油相中的 ETPTA 的比例时，双乳液滴体系中内相与中间相、中间相与外相、内相与外相的界面张力发生改变，内相水核从中间相油壳中凸出来，双乳液滴演化为橡子形的 Janus 液滴。通过调节三相界面张力，可以调控内相水核的凸出程度，从而得到不同橡子形的 Janus 液滴。最后，通过紫外光照射，引发中间相油相中的丙烯酸酯类单体聚合，得到稳定的 Janus 颗粒[31]。因此，通过调控三相界面张力，可以实现双乳液滴到 Janus 液滴的可控形态演变，从而制备 Janus 颗粒。

　　哈佛大学 David Weitz 课题组通过同轴结构的微流控器件，结合双重内相的双通道设计，一步法制备得到含两个独立内核或含一个 Janus 内核的双乳液滴，该双乳液滴可以同时实现光学编码和磁分离功能，如图 2-7 所示[12]。将两根圆柱形玻璃毛细管在方形玻璃毛细管内同轴相对，就可以制备得到同轴结构的微流控器件。当内相进口的圆柱形玻璃毛细管采用双通道设计，则可以同时注入两种不同的内相，如其中一个通道注入含量子点的 ETPTA 树脂，另一个通道注入含磁性纳米颗粒的 ETPTA 树脂。因为内相油相与中间相水相沿同一方向流动，所以外相油相沿相反方向流动，在出口管口处聚焦，可同时剪切内相和中间相，一步法制备得到含两个独立内核或含一个 Janus 内核的双乳液滴。最后通过紫外光照射使双乳液滴聚合，形成稳定的 Janus 颗粒。

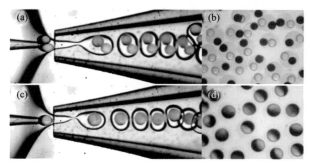

图 2-7　通过同轴结构的微流控器件，结合双重内相的双通道设计，一步法制备含两个独立
内核或含一个 Janus 内核的双乳液滴[12]

(a) 一步法制备得到含两个独立内核的双乳液滴；(b) 聚合后的含两个独立内核的双乳液滴(无色内核含量子点、棕色内核含磁性纳米颗粒)；(c) 一步法制备得到含一个 Janus 内核的双乳液滴；(d) 聚合后的含一个 Janus 内核的双乳液滴(Janus 内核无色端含量子点，棕色端含磁性纳米颗粒)

　　除了玻璃毛细管微流控器件外，PDMS(聚二甲基硅氧烷)微流控器件也可以制备双乳液滴。但 PDMS 微流控器件通常采用层级结构，即首先通过一次乳化得到

O/W 或 W/O 的单乳液滴，然后通过二次乳化得到 O/W/O 或 W/O/W 的双乳液滴。

2.2.2　通过快速混合纳米共沉淀法制备 Janus 纳米颗粒

微流控技术有两个突出的优点，其一是可以在微通道中精确地操控流体的流动，从而可以精确地控制两相不互溶液体间的乳化过程，制备大小均一、尺寸可控的微液滴；其二是微通道尺寸小，两相互溶液体可以在微通道中快速混合，从而使溶解于溶剂中的两种不同聚合物共同沉淀析出。上节主要介绍以液滴为模板制备 Janus 颗粒，其中包括以单乳液滴为模板和以双乳液滴为模板。以液滴为模板制备得到的 Janus 颗粒一般具有大小均一、尺寸可控、组分可变、结构可调等优点，并且通过平行放大可以实现量产，但颗粒尺寸一般在微米级。本节主要介绍通过快速混合纳米共沉淀法制备 Janus 纳米颗粒。

因为微流控器件的通道尺寸较小，通常在微米级，两相互溶液体在微通道中可以快速混合，从而使溶解于溶剂中的两种不同聚合物共同沉淀析出，即纳米共沉淀法。在聚合物共同沉淀析出形成 Janus 纳米颗粒两个半球的过程中，还可以通过调节三相界面张力，进一步调控 Janus 纳米颗粒的形貌。与以液滴为模板制备的 Janus 颗粒相比，通过快速混合纳米共沉淀法制备的 Janus 纳米颗粒，通常生物相容性较好，尺寸可以是几十纳米或几百纳米，较易实现量产，但其尺寸较为不均匀。

纳米沉淀法是一种制备纳米颗粒的常用绿色技术。当良溶剂与不良溶剂混合时，溶解于良溶剂中的聚合物会沉淀析出，形成纳米颗粒。因为两种不同聚合物在同一种溶剂中的溶解度通常是不一样的，所以两种不同聚合物在良溶剂与不良溶剂混合过程中的溶解度也是不一样的。当良溶剂与不良溶剂混合较慢时，两种不同聚合物很可能先后沉淀析出，无法形成 Janus 纳米颗粒。解决该问题的一种有效方法就是快速混合。聚合物沉淀析出形成纳米颗粒的过程一般是一个成核生长过程，需要特征时间。当良溶剂与不良溶剂的混合时间小于纳米颗粒聚集时间时，即良溶剂与不良溶剂在聚合物沉淀析出形成纳米颗粒前完成溶剂交换，就可以实现两种不同聚合物的共同沉淀析出。聚合物形成纳米颗粒的聚集时间一般在 30 ms 左右[32]。通过计算流体动力学(CFD)模拟研究表明，在微流控通道中，聚焦流能够促进层状流的形成，加速良溶剂与不良溶剂的快速混合，良溶剂(以乙醇为例)与不良溶剂(以水为例)的混合时间大约是 10 ms，小于纳米颗粒聚集时间，如图 2-8 所示[33, 34]。在微通道中实现快速混合，不仅能保证两种不同聚合物的共同沉淀析出形成 Janus 纳米颗粒，还能使制备得到的 Janus 纳米颗粒尺寸更小，尺寸分布更均匀[35-41]。

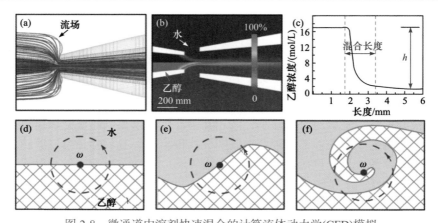

图 2-8　微通道中溶剂快速混合的计算流体动力学(CFD)模拟

(a) 聚焦流微流控器件内的流场图；(b) 良溶剂与不良溶剂快速混合过程中，乙醇的浓度梯度图；(c) 微通道内，乙醇与水的混合长度；(d)、(e)和(f)聚焦流促进层状流的形成、加速溶剂快速混合的模型图

与以液滴为模板制备 Janus 颗粒不同，纳米共沉淀制备 Janus 纳米颗粒是一个自下而上的过程。以二元体系为例，通过良溶剂与不良溶剂的快速混合，两种不互溶聚合物共同沉淀析出，可以形成包裹、核壳、二聚体和团聚体四种形貌，如图 2-9 所示[42, 43]。其中，二聚体形貌即 Janus 纳米颗粒。二元聚合物体系的最终形态通常取决于系统的热力学平衡态，即能量最低状态。如果我们定义溶液为 A 相，两种不互溶聚合物分别为 B 相和 C 相，则二元体系的能量取决于三相之间的界面张力 γ_{AB}、γ_{AC} 和 γ_{BC}，其中 γ_{AB}、γ_{AC} 和 γ_{BC} 分别是 A 相与 B 相，A 相与 C 相和 B 相与 C 相之间的界面张力。二元体系四种形貌的形成条件通常可以使用扩展系数进行系统评估，即 $S_A = \gamma_{BC} - (\gamma_{AB} + \gamma_{AC})$，$S_B = \gamma_{AC} - (\gamma_{AB} + \gamma_{BC})$ 和 $S_C = \gamma_{AB} - (\gamma_{BC} + \gamma_{AC})$。不过，一般情况下，二元体系四种形貌的形成条件可以简化为：①当 $\gamma_{AB} > \gamma_{AC} > \gamma_{BC}$ 时，二元体系倾向于形成包裹形貌；②当 $\gamma_{AB} > \gamma_{AC} + \gamma_{BC}$ 时，二元体系倾向于形成核壳形貌；③当 $\gamma_{AB} \approx \gamma_{AC} > \gamma_{BC}$ 时，二元体系倾向于形成二聚体形貌；④当 $\gamma_{AB} \approx \gamma_{AC} \approx \gamma_{BC}$ 时，二元体系倾向于形成团聚体形貌。在纳米共沉淀的前提下，即两种不互溶聚合物共同沉淀析出分别形成 Janus 纳米颗粒两个半球的过程中，还可以通过改变表面活性剂、聚合物组分、分子量、温度等条件，调节体系的三相界面张力，进一步调控 Janus 纳米颗粒的形貌。

图 2-9　二元体系可以形成的四种形貌：包裹、核壳、二聚体和团聚体

　　浙江大学陈东课题组与清华大学杨振忠课题组、刘凯课题组合作利用毛细玻璃管设计聚焦流微流控器件，在微通道中实现良溶剂和不良溶剂的快速混合，成功实现了哑铃形 Janus 纳米颗粒的可控制备，如图 2-10 所示[44]。首先将聚乳酸(PLA)和紫胶(Shellac)共同溶解于四氢呋喃，然后通过微流控器件使四氢呋喃与水快速混合，最后聚乳酸和紫胶共同沉淀析出形成哑铃形 Janus 纳米颗粒。为了使二元体系在颗粒形成过程中能够达到热力学平衡态，快速混合和纳米共沉淀整个过程必须在 50℃以上水浴中完成。这是由于聚乳酸的玻璃化温度 T_g 约为 48℃和紫胶的玻璃化温度 T_g 约为 53℃，在 50℃以上水浴中，聚乳酸和紫胶具有较高的迁移率，更容易使体系在颗粒形成过程中达到热力学平衡态。与此同时，在水相中添加表面活性剂吐温 80(Tween80)，调节体系的三相界面张力，使体系的三相界面张力满足 $\gamma_{S/P} < \gamma_{S/L} \approx \gamma_{P/L}$，就可以成功制备哑铃形 Janus 纳米颗粒。

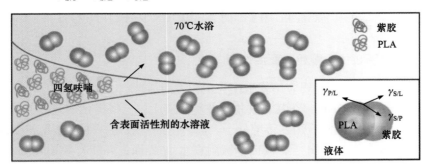

图 2-10　结合纳米共沉淀法和可控相分离法制备哑铃形 Janus 纳米颗粒

　　以双重内相的单乳液滴为模板制备 Janus 颗粒时，通常通过调节两个并排内相通道中两种不同内相的流速和比例，来调节 Janus 颗粒两个半球的大小和比例。以纳米共沉淀法制备 Janus 纳米颗粒时，则可以很简单地通过调节两种聚合物的浓度和比例，来调节 Janus 纳米颗粒的大小和比例，如图 2-11 所示。因此，利用微流控器件的快速混合，结合纳米共沉淀法和可控相分离法，通过调节聚合物浓度等手段，可以实现 Janus 纳米颗粒的可控制备。

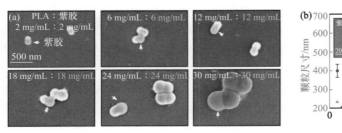
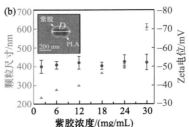

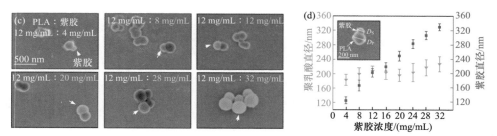

图 2-11　哑铃形 Janus 纳米颗粒的可控制备

(a) 通过调节聚乳酸和紫胶的浓度, 可以调节哑铃形 Janus 纳米颗粒的大小; (b) 随着聚乳酸和紫胶的浓度逐渐增加, 哑铃形 Janus 纳米颗粒的尺寸逐渐增大, 哑铃形 Janus 纳米颗粒的尺寸定义为其纵向长度, 由于紫胶半球表面羧基的部分电离, 哑铃形 Janus 纳米颗粒表现出负的 Zeta 电位; (c) 通过调节聚乳酸和紫胶的比例, 可以调节哑铃形 Janus 纳米颗粒两个半球的比例; (d) 当保持聚乳酸浓度不变, 紫胶浓度逐渐增加时, 紫胶半球逐渐增大, 而聚乳酸半球则保持不变

2.3　微流控可控制备 Janus 颗粒的应用

2.3.1　Janus 颗粒作为颗粒表面活性剂

　　Janus 颗粒的一个重要应用就是作为颗粒表面活性剂。早在 1991 年, 诺贝尔奖获得者 P. G. de Gennes 在其诺贝尔奖获奖演讲中就已经提到两亲性 Janus 颗粒作为颗粒表面活性剂的应用。传统分子表面活性剂一般是一种既含有亲水基团又含有疏水基团的两亲性分子, 倾向于吸附在水/油界面, 并能有效地降低水/油界面的张力。但因为热运动, 传统分子表面活性剂在水/油界面是一个吸附和解吸附的动态平衡。因此, 传统分子表面活性剂稳定的液滴容易发生聚并。另外, 由于界面张力的存在, 小液滴具有较高的内压力, 会使液体慢慢从小液滴往大液滴迁移, 导致小液滴越来越小, 大液滴越来越大, 即所谓的奥斯瓦尔德熟化(Ostwald ripening)。液滴聚并和 Ostwald 熟化都会导致乳液体系最终发生相分离, 是分子表面活性剂无法克服的两大困难。两亲性 Janus 颗粒可以有效地代替分子表面活性剂, 解决液滴聚并和 Ostwald 熟化的难题。和分子表面活性剂相比, 固体颗粒在水/油界面的吸附能要远远大于分子表面活性剂在水/油界面的吸附能, 不会因为热运动而发生解吸附。因此, 固体颗粒吸附在水/油界面, 形成致密的固体膜, 可以有效地阻止液滴之间的聚并, 长时间稳定乳液。由固体颗粒稳定的乳液通常也称作皮克林(Pickering)乳液。Pickering 乳液的稳定性可以通过固体颗粒的两亲性进一步优化。当固体颗粒一端亲水, 另一端疏水, 即两亲性 Janus 颗粒, 其亲水半球和疏水半球将分别被相应的水相和油相浸润。两亲性 Janus 颗粒在水/油界面的吸附能要比各向同性的固体颗粒高很多,其制备的乳液具有更好的稳定性[45-48]。

　　制备两亲性 Janus 颗粒的常用方法是通过化学修饰, 得到一端亲水、另一端疏水的两亲性固体颗粒。浙江大学陈东课题组与哈佛大学 David Weitz 课题组合作以单乳为模板，通过 pH 诱导相分离，首次得到生物相容的两亲性水凝胶-固体 Janus 颗粒，如图 2-12 所示[49]。该颗粒一端为海藻酸钠水凝胶半球，另一端为疏水固体半球。与传统的两亲性 Janus 颗粒相比，两亲性水凝胶-固体 Janus 颗粒的水凝胶半球本质是水，水凝胶半球和疏水固体半球不需要进一步的亲疏水修饰就能展现出明显的亲疏水性差异。水凝胶半球倾向于浸没在水相中，疏水固体半球倾向于浸没在油相中，两亲性水凝胶-固体 Janus 颗粒可以像分子表面活性剂一样站立在水/油界面上，表现出很强的界面吸附力，在稳定乳液方面具有明显的优势。实验表明，由两亲性水凝胶-固体 Janus 颗粒稳定的油包水乳液可以长时间稳定，可达一年以上。

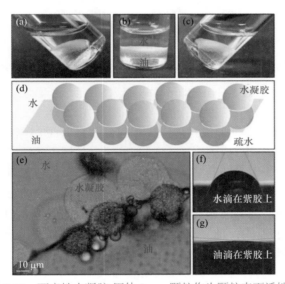

图 2-12　两亲性水凝胶-固体 Janus 颗粒作为颗粒表面活性剂

(a)、(b)和(c)两亲性水凝胶-固体 Janus 颗粒会自发地吸附在水/油界面上，并随水/油界面移动，表现出很强的界面吸附力；(d) 两亲性水凝胶-固体 Janus 颗粒作为颗粒表面活性剂稳定界面的示意图；(e) 水/油界面处的两亲性水凝胶-固体 Janus 颗粒，其水凝胶半球浸没在水相中，疏水固体半球浸没在油相中；(f) 水滴在紫胶表面的接触角约为67°，大于60°，故可以认为紫胶是疏水的；(g) 油滴在紫胶表面的接触角约为3°

哈佛大学 David Weitz 课题组则以双重内相的单乳液滴为模板，通过紫外光交联，制备两亲性水凝胶-固体 Janus 颗粒，其一端为三羟甲基丙烷三丙烯酸酯(TMPTA)聚合物，另一端为聚乙二醇二丙烯酸酯(PEGDA)水凝胶，如图 2-13 所示[50]。TMPTA 疏水半球和 PEGDA 水凝胶半球的形貌可以通过连续相硅油中的表面活性剂浓度进行调节，两个半球的大小和比例则可以通过两个内相进口流速的大小和比例进行调节。该两亲性水凝胶-固体 Janus 颗粒可以很好地吸附在水/油界面，覆盖液滴表面，形成毫米级的 Pickering 乳液，并长时间稳定乳液，可达一年以上。

在显微镜下可以清楚地观察到水/油界面处的 Janus 颗粒，PEGDA 水凝胶半球朝里，在水相中，TMPTA 疏水半球朝外，在油相中，呈月牙形的 TMPTA 疏水半球契合水/油界面的曲率。

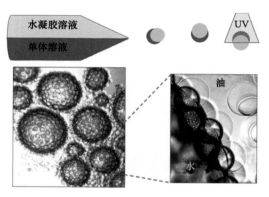

图 2-13　以双重内相的单乳液滴为模板，通过紫外光交联，制备两亲性 Janus 颗粒

韩国科学技术院 Shin-Hyun Kim 课题组采用相同的策略，利用两个并行排列的内相通道，首先制备一端是氟碳油、另一端是 ETPTA 的 Janus 液滴，并利用 ETPTA 会部分浸润氟碳油形成月牙形半球和分散在 ETPTA 中的亲水性二氧化硅纳米颗粒在水/油界面处的吸附，最终制备得到含二氧化硅纳米颗粒凸面(亲水面)和不含二氧化硅纳米颗粒凹面(疏水面)的两亲性月牙形 Janus 颗粒[11]。与球形的两亲性 Janus 颗粒相比，月牙形的两亲性 Janus 颗粒在稳定水包油乳液方面具有结构上的优势，疏水凹面与分散相油滴接触，亲水凸面与连续相水相接触，可以很好地契合水/油界面的曲率，增强水/油界面的稳定性，即使在油滴之间发生重大机械碰撞时，也能很好地防止油滴聚并。

以液滴为模板制备的两亲性 Janus 颗粒通常较大，可以是几十微米或几百微米，用其稳定的乳液通常在毫米级。当稳定微米级乳液时，则需要纳米级尺寸的两亲性 Janus 纳米颗粒。如前所述，浙江大学陈东课题组与清华大学杨振忠课题组和清华大学刘凯课题组合作利用毛细玻璃管设计聚焦流微流控器件，在微通道中实现良溶剂和不良溶剂的快速混合，两种不互溶聚合物共同沉淀析出，一步法成功制备得到哑铃形 Janus 纳米颗粒。通过化学接枝亲水聚乙二醇(PEG)链段修饰紫胶半球，可以进一步得到两亲性 Janus 纳米颗粒，其一端为疏水聚乳酸(PLA)半球，另一端为亲水紫胶(shellac-PEG)半球，如图 2-14 所示。这些两亲性 Janus 纳米颗粒可以很好地稳定水包油乳液。当液滴表面完全被两亲性 Janus 纳米颗粒覆盖和阻塞时，会出现非球形液滴。

和分子表面活性剂一样，调节两亲性 Janus 纳米颗粒亲水半球和疏水半球的比例，可以调控水/油界面的曲率，进而可以按需求得到相应的水包油或油包水的

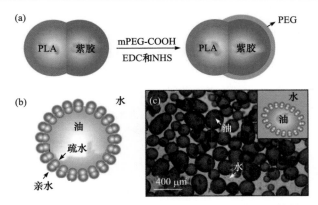

图 2-14　两亲性 Janus 纳米颗粒作为颗粒表面活性剂

(a) 通过化学接枝亲水 PEG 链段修饰紫胶半球得到两亲性 Janus 纳米颗粒，一端为疏水聚乳酸(PLA)半球，另一端为亲水紫胶(shellac-PEG)半球；(b) 两亲性 Janus 纳米颗粒作为颗粒表面活性剂稳定油滴的示意图；(c) 两亲性 Janus 纳米颗粒稳定的水包油乳液。当液滴表面完全被两亲性 Janus 纳米颗粒覆盖和阻塞时，会出现非球形液滴。油相是异壬基异壬酸酯；EDC. 1-乙基-(3-二甲基氨基丙基)碳酰二亚胺；NHS. N-羟基琥珀酰亚胺

乳液，如图 2-15 所示。当亲水半球大于疏水半球时，两亲性 Janus 纳米颗粒的形状正好与油包水乳液的水/油界面曲率相吻合，因此相同体积油和水的体系更倾向于形成水包油乳液。当亲水半球小于疏水半球时，两亲性 Janus 纳米颗粒的形状正好与水包油乳液的水/油界面曲率相吻合，因此相同体积油和水的体系更倾向于形成油包水乳液。这种通过调节亲水半球和疏水半球的比例，灵活控制乳液类型，得到相应的水包油或油包水乳液的方法，也为实际应用提供了方便。

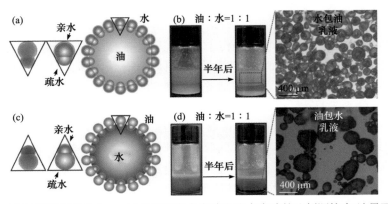

图 2-15　通过调节两亲性 Janus 纳米颗粒亲水半球和疏水半球的比例调控水/油界面的曲率

(a) 当亲水半球大于疏水半球时，两亲性 Janus 纳米颗粒更契合水包油乳液的界面；(b) 当两亲性 Janus 纳米颗粒的亲水半球大于疏水半球时，相同体积油和水的体系更倾向于形成水包油乳液，油相被苏丹Ⅱ染色；(c) 当亲水半球小于疏水半球时，两亲性 Janus 纳米颗粒更契合油包水乳液的界面；(d) 当两亲性 Janus 纳米颗粒的亲水半球小于疏水半球时，相同体积油和水的体系更倾向于形成油包水乳液，水相被伊文思蓝染色

2.3.2　Janus 颗粒用于显示技术

Janus 颗粒的另一项重要应用是颜色显示。通过将不同的颜色引入到 Janus 颗粒的不同表面，并赋予 Janus 颗粒各向异性的电场或磁场响应特性，在外界电场或磁场的操控下，将每个 Janus 颗粒作为一个独立的像素点，就可以得到由 Janus 颗粒构成的显示面板。市场上已有类似的商品化产品，即黑白电子书阅读器。随着 Janus 颗粒功能的多样化，Janus 颗粒在新型彩色显示器、磁响应传感器、光学设备等领域展现了重要的应用前景。

电场是调控 Janus 颗粒的一种重要方法。通过微流控技术可以制备一端含有黑色颜料带正电荷、另一端含有白色颜料带负电荷的 Janus 颗粒。将薄薄的一层 Janus 颗粒夹在两个平行电极之间，就可以得到 Janus 颗粒构成的显示面板。通电后，Janus 颗粒带正电的黑色面将朝向负极，带负电的白色面将朝向正极。通过改变电场方向，可以实现 Janus 颗粒取向的翻转，进而实现显示面板黑白颜色的转变。

除了电场外，磁场是调控 Janus 颗粒取向的另一种重要方法。南京工业大学陈苏课题组以双重内相的单乳液滴为模板，制备了一端白色包覆量子点，另一端黑色包覆磁性纳米颗粒的磁响应双色 Janus 颗粒，首次实现了磁驱动日光紫外光双颜色的新型显示器[29]。通过改变外界磁场的方向，可以调控双色 Janus 颗粒的取向。当白色包覆量子点一面朝上时，对应"亮"，显示面板在日光下显示白色，在紫外光下显示亮蓝色；当黑色包覆磁性纳米颗粒一面朝上时，对应"暗"。

除了磁响应双色 Janus 颗粒外，南京工业大学陈苏课题组以双重内相的单乳液滴为模板，结合三相界面调控、自组装、外磁场诱导等方法，展示了多种 Janus 颗粒的可控制备[30]，如图 2-16 所示，其中包括：①具有双光子带隙的 Janus 颗粒，一端是 SiO_2 纳米颗粒有序排列形成的光子晶体半球，另一端是 PS 纳米颗粒有序排列形成的光子晶体半球；②具有双光子带隙的核壳颗粒，核是 PS 纳米颗粒有序排列形成的光子晶体，壳是 SiO_2 纳米颗粒有序排列形成的光子晶体；③沿垂直于半球界面磁化的磁响应双色 Janus 颗粒，一端是 PS 纳米颗粒有序排列形成的光子晶体半球，另一端是包裹 Fe_3O_4 的磁性纳米颗粒沿垂直于半球界面磁化排列形成的光子晶体半球；④沿平行于半球界面磁化的磁响应双色 Janus 颗粒，一端是 PS 纳米颗粒有序排列形成的光子晶体半球，另一端是包裹 Fe_3O_4 的磁性纳米颗粒沿平行于半球界面磁化排列形成的光子晶体半球。光子晶体是由单分散纳米颗粒有序排列形成的，当入射光波长满足 $\lambda = nd\sin\theta$ 时，将发生选择性布拉格反射(Bragg reflection)，表现出结构色，其中 λ 为反射光的波长；n 为光子晶体介质的折射率；d 为光子晶体有序结构的周期；θ 为入射光与入射面法线的夹角。在磁响应双色 Janus 颗粒中，PS 纳米颗粒有序排列形成的光子晶体半球呈半球形，具有球对称，结构色波长与入射光角度无关($\sin\theta = 1$)，呈红色；包裹 Fe_3O_4 的磁性纳米颗粒排列形成的光子晶体半球，因磁性纳米颗粒沿诱导磁场方向有序排列，结构色波长与入射光角度相关，呈绿色。沿垂直于半球界面磁化的磁响应双色 Janus 颗粒，在外磁场下可以很容易地实现翻转。当 PS 纳米颗粒有序排列形成的光子晶体半球朝上时，呈红色；反之，当含 Fe_3O_4 磁性纳米颗粒排列形成的光子晶体半球朝上时，呈绿色。除了颗粒的翻转外，磁响应双色 Janus 颗粒在外磁场下还可以轻松排列成各种图案，如阵列、直线、圆形、三角形等磁感应图案[51]。

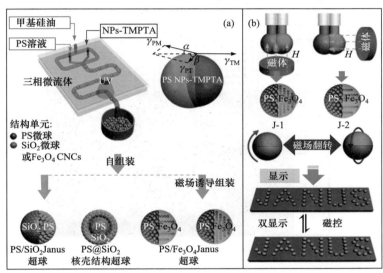

图 2-16　以双重内相的单乳液滴为模板制备 Janus 颗粒

(a) 以双重内相的单乳液滴为模板，结合三相界面调控、自组装、外磁场诱导等方法，制备多种 Janus 颗粒；(b) 不同方向外磁场诱导制备不同外磁场响应方式的 Janus 颗粒及其在显示中的应用

南京工业大学陈苏课题组还进一步开发了多重响应双色 Janus 颗粒，一端是含磁性纳米颗粒的黑色聚合物半球，另一端是具有结构色的光子晶体半球，并通过在光子晶体半球纳米颗粒表面原位制备 CdS 量子点，在光子晶体半球引入温度响应 PNIPAM，实现了 Janus 颗粒对磁场、温度和紫外光三重响应的多功能显示技术，如图 2-17 所示[52]。首先是磁响应，双色 Janus 颗粒可以在外磁场控制下翻转，当光子晶体半球朝上时，Janus 颗粒表现出结构色，进而显示出特定的图案。其次是温度响应，随着温度升高，分散在光子晶体半球的 PNIPAM 收缩，光子晶体半球收缩，双色 Janus 颗粒的结构色蓝移，从红色变为绿色。最后是紫外光响应，在紫外光照射下，接枝在光子晶体半球纳米颗粒表面的 CdS 量子点被激发，从而发光，呈现出深黄色。将多重响应双色 Janus 颗粒沉积在含有高度有序孔阵列的平面基板中，每一个双色 Janus 颗粒作为像素阵列中的一个独立像素点，可

以自由翻转，从而可以组成一个平板显示。当采用白色背景时，对应"关闭"状态；当采用黑色背景时，对应"开启"状态。在"开启"状态，可以施加外磁场，调控双色 Janus 颗粒的取向：当光子晶体半球朝上时，对应"亮"；当黑色聚合物半球朝上时，对应"暗"。通过磁针进行微操作，可以调控双色 Janus 颗粒的排列，形成图案，如"JANUS"，从而实现电磁笔在平板上的自由书写。

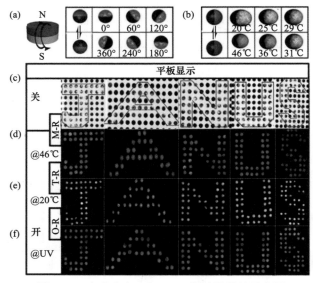

图 2-17　多重响应双色 Janus 颗粒及其显示应用

(a) 双色 Janus 颗粒在外磁场控制下的翻转；(b) 双色 Janus 颗粒含光子晶体半球结构色的温度响应；多重响应双色 Janus 颗粒构成的平板显示；(c) 白色背景对应"关闭"状态；(d)、(e)和(f) 黑色背景对应"开启"状态；(d)在外磁场控制下，光子晶体半球朝上，Janus 颗粒表现出结构色；(e) 随着温度降低，分散在光子晶体半球的 PNIPAM 膨胀，光子晶体半球膨胀，结构色红移；(f) 紫外光照射下，接枝在光子晶体半球纳米颗粒表面的 CdS 量子点发光，呈现出深黄色

光子晶体显示的颜色是其结构色，是光子晶体中单分散纳米颗粒有序排列的周期性结构对入射光的选择性布拉格反射。结构色颜色，即波长，与光子晶体介质的折射率、光子晶体有序结构的周期和入射光与入射面法线的夹角有关。基于此，南京工业大学陈苏课题组以双重内相的单乳液滴为模板，利用不同大小的纳米颗粒有序排列形成光子晶体半球，从而改变光子晶体有序结构的周期外，制备了具有不同结构色的磁响应双色 Janus 颗粒，如图 2-18 所示[53]。利用分别具有蓝、绿、红三种结构色的磁响应双色 Janus 颗粒构成平板显示，可以展现出更丰富的颜色和图案。除了利用纳米颗粒大小改变光子晶体有序结构的周期外，通过不同溶剂溶胀光子晶体半球，也可以改变光子晶体介质的折射率和光子晶体有序结构的周期，从而改变磁响应双色 Janus 颗粒光子晶体半球的颜色[30]。

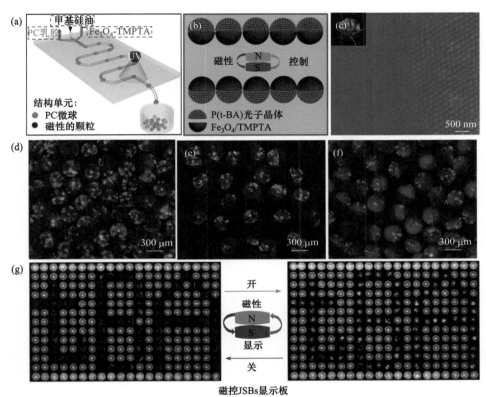

图 2-18　以双重内相的单乳液滴为模板制备具有不同结构色的磁响应双色 Janus
颗粒及其显示应用

(a) 以双重内相的单乳液滴为模板制备磁响应双色 Janus 颗粒；(b) 外磁场控制双色 Janus 颗粒的翻转运动；(c) SEM
照片显示磁响应双色 Janus 颗粒两个半球的不同形貌，一端为表面光滑的含磁性纳米颗粒的聚合物半球，另一端
为含单分散纳米颗粒有序排列的光子晶体半球；(d)、(e)和(f)分别具有蓝色、绿色和红色结构色光子晶体半球的
Janus 颗粒；(g) 含有蓝色、绿色和红色结构色光子晶体半球的 Janus 颗粒构成的图案和具有绿色结构色光子晶体
半球的 Janus 颗粒的磁响应

2.3.3　Janus 颗粒用于检测技术

在检测技术领域，Janus 颗粒可以集成多种功能，并且其各向异性的光学、磁学、电学等性能，有助于其提高检测的灵敏度、选择性和稳定性，实现多元检测。尤其是 Janus 颗粒的磁响应，可以使其在外磁场下可控运动，显著提高 Janus 颗粒的检测速度、灵敏度和信号强度[54]。通过设计一端含聚敛乙炔(PDA)脂质体、另一端含磁性纳米颗粒的磁响应 Janus 水凝胶颗粒，利用脂质体中的 PDA-DPGG 的没食子酰基与金属离子铅(Ⅱ)的结合，形成酚类金属络合物，可以检测水溶液中的金属离子铅(Ⅱ)(图 2-19)。通过外磁场，可以进一步调控 Janus 水凝胶颗粒在水溶液中的运动，促进 Janus 水凝胶颗粒与重金属离子铅(Ⅱ)的结合，提高灵敏度。

实验证明，当脂质体中 PDA-DPGG 与金属离子铅(Ⅱ)结合时，Janus 水凝胶颗粒显示红色荧光，系统的检测极限为 0.1 mmol/L，并且检测荧光强度随金属离子铅(Ⅱ)的浓度增加而增强，二者具有很好的相关性[55]。

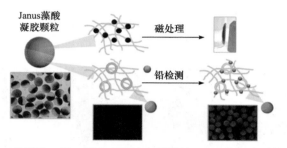

图 2-19　一端含 PDA 脂质体、另一端含磁性纳米颗粒的 Janus 水凝胶颗粒实现金属离子铅(Ⅱ)的快速高灵敏检测

2.4　小结与展望

本章节主要介绍了微流控可控制备 Janus 颗粒的两类主要方法，即以乳液为模板和通过快速混合纳米共同沉淀法，以及 Janus 颗粒的三类主要应用，即界面稳定、显示技术和检测技术。一方面，微流控技术除了可以构建 Janus 颗粒外，还可以制备结构更加复杂的多重乳液液滴，从而构建比 Janus 颗粒结构更加复杂、功能更加丰富的颗粒，以满足不同应用场合的需求。另一方面，除了界面稳定、显示技术、检测技术等方面的应用外，Janus 颗粒在生物医学中的应用还处于探索阶段，是未来研究的重点。Janus 颗粒的不同区域可以由不同材料构成，分别负载具有不同溶解特性的药物，还可以分别修饰不同抗体，实现多靶向识别。

参 考 文 献

[1] Hu J, Zhou S, Sun Y, et al. Fabrication, properties and applications of Janus particles[J]. Chemical Society Reviews, 2012, 41(11): 4356-4378.

[2] Yang S, Guo F, Kiraly B, et al. Microfluidic synthesis of multifunctional Janus particles for biomedical applications[J]. Lab on a Chip, 2012, 12(12): 2097-2102.

[3] Yi Y, Sanchez L, Gao Y, et al. Janus particles for biological imaging and sensing[J]. Analyst, 2016, 141(12): 3526-3539.

[4] Kaewsaneha C, Tangboriboonrat P, Polpanich D, et al. Janus colloidal particles: preparation, properties, and biomedical applications[J]. ACS Applied Materials & Interfaces, 2013, 5(6): 1857-1869.

[5] De Gennes P G. Soft matter[J]. Reviews of Modern Physics, 1992, 64(3): 645-648.

[6] Zhang J, Grzybowski B A, Granick S. Janus particle synthesis, assembly, and application[J]. Langmuir, 2017, 33(28): 6964-6977.

[7] McConnell M D, Kraeutler M J, Yang S, et al. Patchy and multiregion Janus particles with tunable optical properties[J]. Nano Letters, 2010, 10(2): 603-609.

[8] Higuchi T, Tajima A, Motoyoshi K, et al. Frustrated phases of block copolymers in nanoparticles[J]. Angewandte Chemie International Edition, 2008, 47(42): 8044-8046.

[9] Park J G, Forster J D, Dufresne E R. High-yield synthesis of monodisperse dumbbell-shaped polymer nanoparticles[J]. Journal of the American Chemical Society, 2010, 132(17): 5960-5961.

[10] Duncanson W J, Lin T, Abate A R, et al. Microfluidic synthesis of advanced microparticles for encapsulation and controlled release[J]. Lab on a Chip, 2012, 12(12): 2135-2145.

[11] Kim S H, Abbaspourrad A, Weitz D A. Amphiphilic crescent-moon-shaped microparticles formed by selective adsorption of colloids[J]. Journal of the American Chemical Society, 2011, 133(14): 5516-5524.

[12] Zhao Y, Shum H C, Chen H, et al. Microfluidic generation of multifunctional quantum dot barcode particles[J]. Journal of the American Chemical Society, 2011, 133(23): 8790-8793.

[13] Chen C H, Shah R K, Abate A R, et al. Janus particles templated from double emulsion droplets generated using microfluidics[J]. Langmuir, 2009, 25(8): 4320-4323.

[14] Reculusa S, Poncet-Legrand C, Perro A, et al. Hybrid dissymmetrical colloidal particles[J]. Chemistry of Materials, 2005, 17(13): 3338-3344.

[15] Zhang C, Liu B, Tang C, et al. Large scale synthesis of Janus submicron sized colloids by wet etching anisotropic ones[J]. Chemical Communications, 2010, 46(25): 4610-4612.

[16] Wu D, Binks B P, Honciuc A. Modeling the interfacial energy of surfactant-free amphiphilic janus nanoparticles from phase inversion in pickering emulsions[J]. Langmuir, 2018, 34(3): 1225-1233.

[17] Ku K H, Lee Y J, Yi G R, et al. Shape-tunable biphasic janus particles as pH-responsive switchable surfactants[J]. Macromolecules, 2017, 50(23): 9276-9285.

[18] Liang F, Shen K, Qu X, et al. Inorganic Janus nanosheets[J]. Angewandte Chemie International Edition, 2011, 123(10): 2427-2430.

[19] Hays D A. Paper documents via the electrostatic control of particles[J]. Journal of Electrostatics, 2001, 51: 57-63.

[20] Fialkowski M, Bitner A, Grzybowski B A. Self-assembly of polymeric microspheres of complex internal structures[J]. Nature Materials, 2005, 4(1): 93-97.

[21] Han S W, Choi S E, Chang D H, et al. Colloidal pixel-based micropatterning using uniform Janus microparticles with tunable anisotropic particle geometry[J]. Advanced Functional Materials, 2019, 29(6): 1805392.

[22] He W, Frueh J, Wu Z, et al. Leucocyte membrane-coated Janus microcapsules for enhanced photothermal cancer treatment[J]. Langmuir, 2016, 32(15): 3637-3644.

[23] Xie H, She Z G, Wang S, et al. One-step fabrication of polymeric Janus nanoparticles for drug delivery[J]. Langmuir, 2012, 28(9): 4459-4463.

[24] Chen C H, Shah R K, Abate A R, et al. Janus particles templated from double emulsion droplets

generated using microfluidics[J]. Langmuir, 2009, 25(8): 4320-4323.

[25] Sun Z, Yang C, Eggersdorfer M, et al. A general strategy for one-step fabrication of biocompatible microcapsules with controlled active release[J]. Chinese Chemical Letters, 2020, 31(1): 249-252.

[26] Kong L, Amstad E, Hai M, et al. Biocompatible microcapsules with a water core templated from single emulsions[J]. Chinese Chemical Letters, 2017, 28(9): 1897-1900.

[27] Shah R K, Kim J W, Weitz D A. Janus supraparticles by induced phase separation of nanoparticles in droplets[J]. Advanced Materials, 2009, 21(19): 1949-1953.

[28] Min N G, Choi T M, Kim S H. Bicolored Janus microparticles created by phase separation in emulsion drops[J]. Macromolecular Chemistry and Physics, 2017, 218(2): 1600265.

[29] Yin S N, Wang C F, Yu Z Y, et al. Versatile bifunctional magnetic-fluorescent responsive Janus supraballs towards the flexible bead display[J]. Advanced Materials, 2011, 23(26): 2915-2919.

[30] Yu Z, Wang C F, Ling L, et al. Triphase microfluidic-directed self-assembly:anisotropic colloidal photonic crystal supraparticles and multicolor patterns made easy[J]. Angewandte Chemie International Edition, 2012, 124(10): 2425-2428.

[31] Wang W, Zhang M J, Xie R, et al. Hole-shell microparticles from controllably evolved double emulsions[J]. Angewandte Chemie International Edition, 2013, 52(31): 8084-8087.

[32] Lim J M, Swami A, Gilson L M, et al. Ultra-high throughput synthesis of nanoparticles with homogeneous size distribution using a coaxial turbulent jet mixer[J]. ACS Nano, 2014, 8(6): 6056-6065.

[33] Kong L, Chen R, Wang X, et al. Controlled co-precipitation of biocompatible colorant-loaded nanoparticles by microfluidics for natural color drinks[J]. Lab on a Chip, 2019, 19(12): 2089-2095.

[34] Kong L, Jin X, Hu D, et al. Functional delivery vehicle of organic nanoparticles in inorganic crystals[J]. Chinese Chemical Letters, 2019, 30(12): 2351-2354.

[35] Johnson B K, Prud'homme R K. Chemical processing and micromixing in confined impinging jets[J]. AIChE Journal, 2003, 49(9): 2264-2282.

[36] Cao S, Xu X, Wang X. Study on confined imping jet mixer and mechanism of flash nanoprecipitation[J]. China Petroleum Processing & Petrochemical Technology, 2017, 19(3): 32-37.

[37] Valente I, Celasco E, Marchisio D L, et al. Nanoprecipitation in confined impinging jets mixers: production, characterization and scale-up of pegylated nanospheres and nanocapsules for pharmaceutical use[J]. Chemical Engineering Science, 2012, 77: 217-227.

[38] Saad W S, Prud'homme R K. Principles of nanoparticle formation by flash nanoprecipitation[J]. Nano Today, 2016, 11(2): 212-227.

[39] Sosa C, Lee V E, Grundy L S, et al. Combining precipitation and vitrification to control the number of surface patches on polymer nanocolloids[J]. Langmuir, 2017, 33(23): 5835-5842.

[40] Lee V E, Sosa C, Liu R, et al. Scalable platform for structured and hybrid soft nanocolloids by continuous precipitation in a confined environment[J]. Langmuir, 2017, 33(14): 3444-3449.

[41] Sosa C, Liu R, Tang C, et al. Soft multifaced and patchy colloids by constrained volume

self-assembly[J]. Macromolecules, 2016, 49(9): 3580-3585.

[42] Sun Z, Wu B, Ren Y, et al. Diverse particle carriers prepared by co-precipitation and phase separation: formation and applications[J]. ChemPlusChem, 2020, 85: 1-11.

[43] Wu B, Yang C, Li B, et al Active encapsulation in biocompatible nanocapsules[J]. Small, 2020, 16(30): 2002716.

[44] Sun Z, Yang C, Wang F, et al. Biocompatible and pH-responsive colloidal surfactants with tunable shape for controlled interfacial curvature[J]. Angewandte Chemie International Edition, 2020, 59(24): 9365-9369.

[45] Binks B P, Lumsdon S O. Influence of particle wettability on the type and stability of surfactant-free emulsions[J]. Langmuir, 2000, 16(23): 8622-8631.

[46] Binks B P, Fletcher P D I. Particles adsorbed at the oil-water interface: a theoretical comparison between spheres of uniform wettability and "Janus" particles[J]. Langmuir, 2001, 17(16): 4708-4710.

[47] Binks B P, Lumsdon S O. Catastrophic phase inversion of water-in-oil emulsions stabilized by hydrophobic silica[J]. Langmuir, 2000, 16(6): 2539-2547.

[48] Binks B P. Particles as surfactants: similarities and differences[J]. Current Opinion in Colloid & Interface Science, 2002, 7(1-2): 21-41.

[49] Chen D, Amstad E, Zhao C X, et al. Biocompatible amphiphilic hydrogel-solid dimer particles as colloidal surfactants[J]. ACS Nano, 2017, 11(12): 11978-11985.

[50] Haney B, Chen D, Cai L H, et al. Millimeter-size Pickering emulsions stabilized with Janus microparticles[J]. Langmuir, 2019, 35(13): 4693-4701.

[51] Liu S S, Wang C F, Wang X Q, et al. Tunable Janus colloidal photonic crystal supraballs with dual photonic band gaps[J]. Journal of Materials Chemistry C, 2014, 2(44): 9431-9438.

[52] Wang H, Yang S, Yin S N, et al. Janus suprabead displays derived from the modified photonic crystals toward temperature magnetism and optics multiple responses[J]. ACS Applied Materials & Interfaces, 2015, 7(16): 8827-8833.

[53] Wu X J, Hong R, Meng J K, et al. Hydrophobic poly(tert-butyl acrylate) photonic crystals towards robust energy-saving performance[J]. Angewandte Chemie International Edition, 2019, 58(38): 13556-13564.

[54] Shang L, Shangguan F, Cheng Y, et al. Microfluidic generation of magnetoresponsive Janus photonic crystal particles[J]. Nanoscale, 2013, 5(20): 9553-9557.

[55] Kang D H, Jung H S, Ahn N, et al. Janus-compartmental alginate microbeads having polydiacetylene liposomes and magnetic nanoparticles for visual lead (Ⅱ) detection[J]. ACS Applied Materials & Interfaces, 2014, 6(13): 10631-10637.

（陈　东，孙　竹，陈　苏）

第3章 嵌段共聚物自组装构筑 Janus 纳米颗粒

3.1 引　　言

嵌段共聚物是由两个或两个以上化学组成不同的高分子链段通过共价键相连组成的聚合物。由于不同嵌段的热力学不相容性，嵌段共聚物在熔融体或溶液中易发生微相分离，从而形成结构有序的组装体，这个过程称为自组装。同时，嵌段共聚物 Janus 纳米颗粒是指具有 Janus 结构特征的组装体，它们仍然保留了嵌段共聚物的多数特性。在结构上，嵌段共聚物 Janus 纳米颗粒的不同组分之间通过共价键相连，因此具有较好的稳定性。嵌段共聚物 Janus 纳米颗粒是 Janus 材料大家族中重要的一员。近年来，随着制备技术的不断发展，嵌段共聚物 Janus 纳米颗粒受到了人们越来越多的关注[1]。

嵌段共聚物自组装已经被广泛用于纳米材料的制备。例如，通过两亲性嵌段共聚物溶液自组装可直接产生纳米颗粒(如胶束)，该方法具有制备简便、易于调控纳米颗粒形状等优势。然而，传统的溶液自组装所形成的纳米颗粒往往是核-冠结构(如胶束)，而具有 Janus 结构的纳米颗粒则罕见。过去二十年，研究人员先后发展了多种基于嵌段共聚物自组装来制备 Janus 纳米颗粒的方法，并且在 Janus 纳米颗粒尺寸、形状、组成和不对称性的调控方面取得了重要进展(图 3-1)[2]。例如，德国美因茨大学 Müller 教授课题组对 ABC 三嵌段共聚物经本体(或溶液)自组装-交联-解组装来制备 Janus 纳米颗粒的方法学进行了系统研究，尤其是在 Janus 纳米颗粒的形状(如球形、棒状、片状等)和不对称性的控制方面取得了一

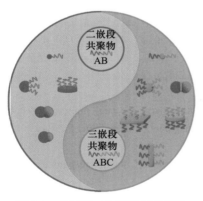

图 3-1　典型的 AB 两嵌段共聚物和 ABC 三嵌段共聚物的 Janus 纳米颗粒的示意图[2]

系列重要进展[3,4]。复旦大学陈道勇教授课题组在 ABC 三嵌段共聚物胶束链段重排制备尺寸均匀的 Janus 纳米颗粒方面取得了具有代表性的研究成果[5]。清华大学杨振忠教授课题组与华中科技大学朱锦涛教授课题组合作提出了中性界面三维

(3D)受限组装-交联-解组装的新思路，在两嵌段共聚物 Janus 纳米颗粒的制备方面取得了重要进展[6]。

3.2　嵌段共聚物溶液自组装与链段重排构筑 Janus 纳米颗粒

嵌段共聚物溶液自组装是指在选择性溶剂中，不溶的嵌段自发聚集从而形成胶束的过程。由于界面能自发趋于最小化，因此无论是 AB 两嵌段共聚物还是 ABC 三嵌段共聚物，其胶束的结构大都是常见的对称性核-冠结构，而不对称的 Janus 结构则鲜有报道。理论上，AB/BC 两嵌段共聚物的二元共混物在 A 与 C 的排斥作用满足特定要求的前提下，通过共组装可以直接形成 Janus 胶束。然而，符合上述条件的二元体系极少有文献报道。在实验中，当排斥力偏小时，A 与 C 不能彻底微相分离，从而形成与 ABC 三嵌段共聚物相似的对称性胶束；而当排斥力偏大时，AB、BC 则各自分别自组装形成核-冠胶束。为了避免二元体系中两种嵌段共聚物各自形成胶束，可选择合适的 AB/CD 二元共混体系，其中成核的不溶性嵌段 B 与 C 有较强的相互作用可确保共组装，而成冠的可溶性嵌段 A 与 D 有足够大的排斥力可确保彻底相分离。在这方面，荷兰瓦赫宁根大学 Cohen Stuart 教授等通过聚(N-甲基-2-乙烯基碘化铵)-聚氧化乙烯(P2MVP-b-PEO)与聚丙烯酸-聚丙烯酰胺(PAA-b-PAAm)共组装获得了 Janus 胶束，其核中的 P2MVP 与 PAA 通过静电吸附，而冠层中的 PEO 与 PAAm 则彻底微相分离[7,8]。然而，这类 AB/CD 二元体系较为复杂，所得 Janus 胶束稳定性不高，且共组装过程存在的诸多热力学和动力学参数均需精确调控，因此该方法在后续的研究中很少被采用。

迄今，通过嵌段共聚物溶液自组装直接制备核-冠胶束的技术比较成熟，而制备 Janus 纳米颗粒则仍然存在诸多挑战。为此，研究人员围绕如何使核-冠胶束发生链段重排而转变成 Janus 纳米颗粒这一问题展开了研究。济南大学李学教授等研究发现，向聚(2-乙烯基吡啶)-聚氧化乙烯(P2VP-b-PEO)球形胶束的四氢呋喃(THF)溶液中加入 HCl 使 P2VP 核质子化以降低其溶解性，可使球形胶束转变为囊泡；之后再加入过量水合肼使 P2VP 去质子化，导致囊泡解体，放置 3 天后得到 Janus 胶束(图 3-2)[9]。此外，他们还先后加入氯金酸和水合肼使 P2VP 发生质子化/去质子化过程，从而导致胶束先胀大后解体，也获得了 Janus 胶束。尽管其中 Janus 胶束的形成机理尚不明确，但该方法为两嵌段共聚物 Janus 胶束的制备提供了一个重要的实验依据。

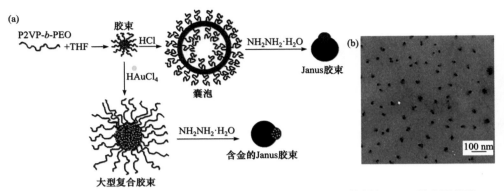

图 3-2　P2VP-*b*-PEO 胶束经质子化/去质子化处理发生链段重排制备 Janus 纳米颗粒[9]

(a) 制备过程示意图；(b) 所得 Janus 纳米颗粒的 TEM 照片

　　由于存在 A 与 C 两个可溶性嵌段，ABC 三嵌段共聚物胶束从核-冠结构转变成 Janus 结构则相对较容易。研究表明，选择性地交联 A 和 C 混合冠层中的一个嵌段，可以使 A 与 C 发生相分离，从而产生 Janus 结构。同济大学杜建忠教授等的研究结果表明，聚环氧乙烷-聚己内酯-聚(2-氨乙基甲基丙烯酸酯)(PEO-*b*-PCL-*b*-PAMA)胶束经 PAMA 交联可转变成 Janus 纳米颗粒[10]。他们通过加入四甲基正硅酸酯，使其与 PAMA 作用并发生溶胶-凝胶反应，从而使 PAMA 与 PEO 微相分离形成 Janus 结构。此外，陈道勇教授等报道了聚苯乙烯-聚丁二烯-聚(2-乙烯基吡啶)(PS-*b*-PB-*b*-P2VP)胶束在 P2VP 被交联的过程中转变成 Janus 结构(图 3-3)[5]。其中，胶束的核为聚合度高且玻璃化温度低的 PB 嵌段，其在室温下具有较好的运动能力，利于链段重排；胶束冠层中的 PS 聚合度高，其长链能很好地维持胶束在转变过程中及转变后的稳定性，避免胶束间聚集。该方法所得 Janus 纳米颗粒尺寸均匀、产率高、结构稳定。后续工作中，该课题组证实了这种方法也适用于相应的 PS-*b*-PB/PB-*b*-P2VP 二元共混体系[11]。实际上，由 PS-*b*-PB/ PB-*b*-P2VP 所构成胶束的形貌与 PS-*b*-PB-*b*-P2VP 胶束相似，最终所得的 Janus 纳米颗粒也没有明显区别。

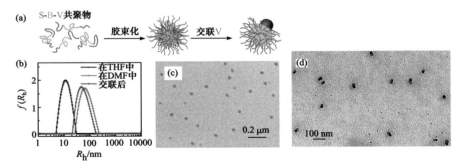

图 3-3　PS-*b*-PB-*b*-P2VP 溶液自组装形成胶束并经 P2VP 交联转变成 Janus 纳米颗粒[5]

(a) 过程示意图；(b) 过程中的粒径变化；(c)、(d) 交联前后的 TEM 照片

3.3　嵌段共聚物自组装-交联-解组装构筑 Janus 纳米颗粒

嵌段共聚物自组装除了可以产生球状、棒状等胶束之外，还可以获得具有纳米结构的其他类型组装体。例如，通过本体自组装能形成具有周期性的纳米结构、溶液自组装可制备多隔室胶束(MCM)、3D 受限组装可产生具有内部纳米结构的微球等。这些具有纳米结构的组装体经过选择性交联和解组装可产生单个分散的纳米颗粒。通过对组装体内部纳米结构的控制，可制备出 Janus 纳米颗粒。近年来，通过自组装-交联-解组装途径制备嵌段共聚物 Janus 纳米颗粒方面的研究取得了重要的进展，主要有以下三种方法。

3.3.1　本体自组装-交联-解组装法

自 2000 年起，本体自组装-交联-解组装法就已被用于制备 ABC 三嵌段共聚物 Janus 纳米颗粒[12-16]。ABC 三嵌段共聚物经本体自组装可以形成丰富的周期性纳米结构；其中，在 A 与 C 嵌段都形成层状相且 B 嵌段可交联的条件下，则可通过解组装来制备 Janus 纳米颗粒[17]。在这方面，Müller 教授课题组进行了系统研究，他们采用不同嵌段比的 PS-*b*-PB-*b*-PMMA 先后制备了球形[18]、棒状[19]和片状[3]的 Janus 纳米颗粒(图 3-4)。此外，陈永明教授课题组采用该方法制备出 P2VP-*b*-PTEPM-*b*-PS Janus

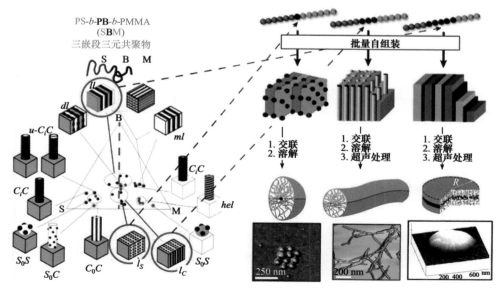

图 3-4　PS-*b*-PB-*b*-PMMA 经本体自组装-交联-解组装法制备 Janus 纳米球、纳米棒、纳米盘的示意图及相应的 AFM 照片[1, 3, 18,19]

纳米片[20]，其中 PTEMP 为聚(甲基丙烯酰氧基丙基三乙氧基硅烷)，其易于发生溶胶-凝胶反应并实现交联，从而获得有机/无机杂化 Janus 纳米材料。

该方法可以制备出包括零维、一维和二维等不同维度的 Janus 纳米颗粒，但是仍难以实现对一维棒状和二维片状 Janus 纳米颗粒的尺寸控制。目前，所采用的机械破碎法很难获得尺寸均匀的棒状或片状 Janus 纳米颗粒。该方法依赖于 ABC 三嵌段共聚物在本体中自组装形成特定的相分离结构，因此调控本体组装结构的均一性至关重要，这就要求共聚物自身具有窄的分子量分布，并且 A 与 C 必须形成层状结构，故难以通过聚合度调控 Janus 纳米颗粒的不对称性。此外，该方法目前对 AB 两嵌段共聚物不适用。

3.3.2　溶液自组装-交联-解组装法

ABC 三嵌段共聚物(或 AB/BC 两嵌段共聚物的二元共混物)在 A 与 C 的选择性溶剂中自组装可形成以 B 为核、以 A 与 C 共混物为冠的胶束。之后再通过溶剂置换，可进一步将这种胶束转变成具有补丁结构的 MCM；再对其补丁区域进行交联，最后通过良溶剂进行选择性解组装即可获得 Janus 胶束。

陈道勇教授等将 PEO-b-PAA 和聚(2-乙烯基萘)-聚丙烯酸(P2VN-b-PAA)溶解在 DMF 中获得了以 PAA 为核的胶束，再用水透析使得冠层中疏水的 P2VN 聚集形成补丁结构，由于 PAA 核被 1,2-丙二酰胺(PDA)交联，因而胶束不会解体，而冠层中亲水的 PEO 则确保胶束间不会聚集，从而形成稳定的 MCM。之后将溶液的 pH 降低至 3.1，解除了 PDA 对 PAA 的交联，促使胶束的核 PAA 解组装，从而产生 Janus 胶束(图 3-5)[21]。其中，水溶性的 PEO 和 PAA 通过相互作用结合在一起，并与疏水的 P2VN 发生相分离形成 Janus 纳米颗粒。

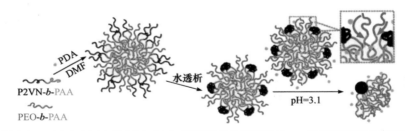

图 3-5　PEO-b-PAA/P2VN-b- PAA 胶束链段重排制备 Janus 纳米颗粒的示意图[21]

Müller 教授课题组提出了一种基于 ABC 三嵌段共聚物 MCM 的解组装制备 Janus 纳米颗粒的策略(图 3-6)。他们先将核-冠胶束的溶剂置换成 C 嵌段的选择性溶剂，使 A 嵌段发生聚集，而其中 C 嵌段不足以维持单个胶束的稳定性，从而导致胶束二次组装形成补丁结构的 MCM，其中 A 嵌段为核、B 嵌段为补丁、C 嵌段为冠[22]；之后对 B 区域进行交联，再用良溶剂解组装 A 区域即可获得 Janus 胶束[4,23,24]。所得 Janus

胶束两侧分别有 A 和 C 嵌段的冠层，结构十分稳定。其研究结果还表明，该方法适用于聚苯乙烯-聚丁二烯-聚甲基丙烯酸甲酯(PS-*b*-PB-*b*-PMMA)、聚苯乙烯-聚丁二烯-聚甲基丙烯酸叔丁基酯(PS-*b*-PB-*b*-P*t*BMA)、PS-*b*-PB-*b*-P2VP，PS-*b*-PI-*b*-P*t*BMA 等多种不同的 ABC 三嵌段共聚物体系。理论上，该方法也同样适用于相对应的 AB/BC 两嵌段共聚物二元共混体系，但目前还未见相关报道。

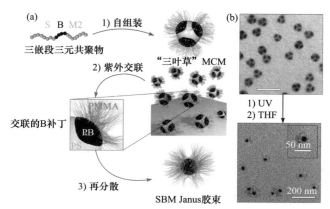

图 3-6　PS-*b*-PB-*b*-PMMA 经溶液自组装-交联-解组装制备 Janus 胶束[4]

(a)制备过程示意图：1)溶液自组装及二次组装形成补丁结构的 MCM，2)紫外交联 PB 补丁区域，3)良溶剂解组装 PS 区域；(b)MCM 和 Janus 胶束的 TEM 照片，样品经 OsO₄ 染色后，灰色区域为 PS、黑色区域为 PB，而 PMMA 则不可见

与本体自组装-交联-组装方法相比，该方法制备的 Janus 胶束尺寸均匀，且不对称性可通过 A 与 C 嵌段的聚合物调控。然而，该方法目前只能制备零维 Janus 纳米颗粒，且也不适用于 AB 两嵌段共聚物体系。

3.3.3　三维受限组装-交联-解组装法

两嵌段共聚物不仅无法像 ABC 三嵌段共聚物那样形成三相周期性纳米结构，也不能形成 MCM，因此本体/溶液自组装-交联-解组装方法对两嵌段共聚物均不适用。然而，两嵌段共聚物通过 3D 受限组装可以形成类似 MCM 的纳米结构微球，而这些微球经过选择性解组装也可产生纳米颗粒。但是，与两嵌段共聚物溶液自组装一样，解组装所获得的纳米颗粒一般也为核-冠结构[25-27]。长期以来，如何通过两嵌段共聚物自组装构筑 Janus 纳米颗粒一直是该领域的一个挑战。

为了解决上述难题，杨振忠教授课题组与朱锦涛教授课题组合作提出了中性界面 3D 受限组装-交联-解组装的策略，在两嵌段共聚物 Janus 纳米颗粒的构筑方面取得了重要进展。他们以聚苯乙烯-聚(4-乙烯基吡啶)(PS-*b*-P4VP)为研究对象，以逐渐挥发的乳液液滴作为 3D 受限空间，使用非离子表面活性剂聚乙烯醇(PVA)来构筑中性界面，诱导 PS-*b*-P4VP 自组装形成具有树莓状结构的微球；进而对微球表面的非连续相(P4VP 凸起区域)进行选择性交联，再用良溶剂解组装微球中未被交联的区域(包括连续相 PS 和内部未被交联的 P4VP 区域)，从而获得了结构明确、尺寸均匀的 Janus 纳米颗粒(图 3-7)[28]。所得 Janus 纳米颗粒一侧为交联的 P4VP 嵌段，另一侧为舒展的 PS 嵌段。此外，他们还将该方法用于两嵌段共聚物 Janus 纳米盘的制备(图 3-8)：先通过中性界面 3D 受限组装制备出蚕蛹状结构的微球，再用乙醇选择性解组装 P4VP 区域获得三明治结构的圆盘状纳米颗粒。之后在表面活性剂 CTAB 的保护下对两侧的 P4VP 层分别进行交联；最后使用良溶剂解组装 PS 夹层获得 Janus 纳米盘[6]。所得 Janus 纳米盘形状规则、厚度均匀。同时，朱锦涛教授等还将上述方法扩展到了 ABC 三嵌段共聚物体系。类似地，他们先采用中性界面 3D 受限组装策略制备了聚苯乙烯-聚异戊二烯-聚(2-乙烯基吡啶)(PS-*b*-PI-*b*-P2VP)蚕蛹状颗粒，之后对 PI 区域进行交联处理，最后通过一步解组装 PS 和 P2VP 区域即获得了 Janus 纳米盘[29]。

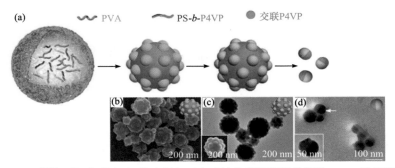

图 3-7　3D 受限组装-交联-解组装法制备双半球结构的两嵌段共聚物 Janus 纳米颗粒[28]

(a) 制备过程示意图；(b) 树莓状微球的 SEM 照片；(c) 交联后的树莓状微球的 TEM 照片；(d) 解组装后的 Janus 纳米颗粒的 TEM 照片，其中黑色区域为交联的 P4VP，灰色区域为 PS

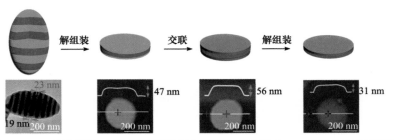

图 3-8　3D 受限组装-交联-解组装法制备两嵌段共聚物 Janus 纳米盘的示意图及相对应的 TEM 或 AFM 照片[6]

此外，基于朱锦涛教授等所提出的 3D 受限组装-解组装制备嵌段共聚物纳米杯、纳米环等新型组装体策略[27]，德国明斯特大学 Gröschel 教授课题组将该方法运用到 PS-*b*-PB-*b*-P*t*BMA(或 PS-*b*-PB-*b*-PMMA)三嵌段共聚物体系，成功制备了各种形状独特的 Janus 纳米颗粒，包括 Janus 纳米杯、纳米环、纳米盘等[30,31]。其中，PS-*b*-PB-*b*-P*t*BMA 先经 3D 受限组装形成具有多层结构花蕾状的微球，进而交联 PB 层，再解组装 PS 和 P*t*BMA 层即可获得 Janus 纳米杯(图 3-9)。所得纳米杯有两种不同类型，一种内壁为 PS 而外壁为 P*t*BMA，而另一种则恰好相反。在三嵌段共聚物纳米结构微球中，体积分数较大的 A 和 C 嵌段均形成层状结构，而体积分数较小的 B 嵌段形成球形、棒状(含环形)或层状结构且位于 A 与 C 层的界面处。所得 Janus 纳米颗粒的中间为交联的 B 嵌段，两侧分别为舒展的 A 和 C 嵌段。对于 PS-*b*-PB-*b*-PMMA 体系，他们通过改变 PB 的体积分数，使之分别形成球形、棒状、环形、筛状、层状微区，从而调控 Janus 纳米颗粒的形状(图 3-10)。

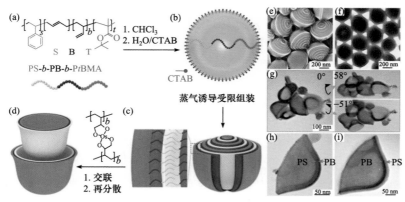

图 3-9　PS-*b*-PB-*b*-P*t*BMA 经 3D 受限组装-交联-解组装法制备 Janus 纳米杯[30]

(a～d) Janus 纳米杯制备过程的示意图；(e～i) Janus 纳米杯的 SEM 或 TEM 照片

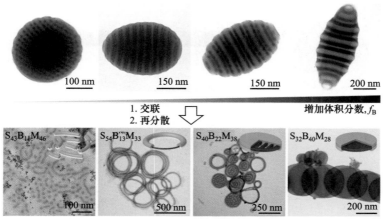

图 3-10　PS-*b*-PB-*b*-PMMA 经 3D 受限组装-交联-解组装制备 Janus 纳米棒、环、盘等的 TEM 照片(其中，通过改变 PB 的体积分数来调控 Janus 纳米颗粒的形状)[31]

该方法具有两大优势：①由于 3D 受限效应，可制备出形状独特的 Janus 纳米颗粒；②既适用于两嵌段共聚物，又适用于三嵌段共聚物。然而，因为要构筑中性的 3D 受限界面，该方法目前能适用的嵌段共聚物体系还比较有限。

3.4　界面诱导嵌段共聚物组装构筑 Janus 纳米颗粒

3.4.1　界面诱导吸附-交联法

通过界面诱导嵌段共聚物选择性吸附到界面处形成单层，再交联其中的一个嵌段并进行脱附处理即可获得 Janus 纳米材料。杨振忠教授等提出了一种介孔模板吸附法来制备 PS-b-PAA 的 Janus 胶束[32]。他们使用了一种 Fe_3O_4@$mSiO_2$ 核壳结构微球作为模板，其中 $mSiO_2$ 壳层为介孔二氧化硅。在溶液中，通过介孔底部裸露的 Fe_3O_4 对 PAA 的吸附作用，来诱导 PS-b-PAA 在介孔中有序排列并形成 Janus 团簇；再将溶剂置换成 PS 的选择性溶剂，促使 PAA 聚集，之后用四乙基五胺对聚集的 PAA 进行交联；最后刻蚀掉 $mSiO_2$ 层即可获得 Janus 胶束(图 3-11)。此外，他们还设计了一种具有补丁结构的微球模板，其中补丁区域表面具有咪唑基团。通过咪唑基团与 PAA 的静电相互作用诱导 PS-b-PAA 在补丁区域表面形成单层，之后对 PAA 进行交联并脱附处理可获得 Janus 纳米盘或纳米环(图 3-12)[33]。其研究发现，通过改变溶剂的性质来调控交联程度，可以控制 Janus 纳米材料的形貌。在良溶剂中，整个单层中 PAA 的交联同步进行，因此最终获得 Janus 纳米盘；而在不良溶剂中，交联反应从四周向中间逐渐延伸。因此，随着交联程度的增加，所得产物从 Janus 纳米环逐渐演变成 Janus 纳米盘。

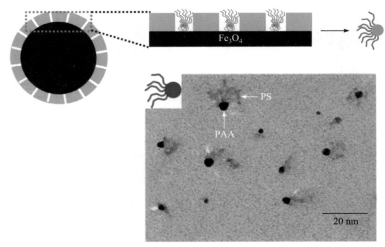

图 3-11　基于 Fe_3O_4@$mSiO_2$ 核壳结构微球模板的界面吸附-交联法制备 PS-b-PAA Janus 胶束的示意图及所得 Janus 纳米颗粒的 TEM 照片[32]

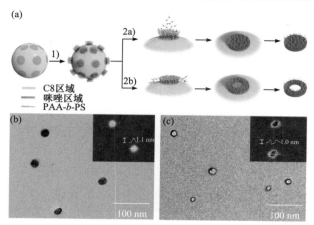

图 3-12　基于补丁结构微球模板的界面吸附-交联法制备 PS-*b*-PAA Janus 纳米盘或 Janus 纳米环的示意图(a)及所得 Janus 纳米颗粒的 TEM(b，c)及原子力显微镜(AFM)照片(插图)[33]

　　油/水液液界面也可作为模板来诱导两亲性嵌段共聚物形成单层，进而制备 Janus 纳米材料。杨振忠教授等以油/水乳液液滴为模板，利用亲水、亲油作用诱导三嵌段共聚物 PEO-*b*-PTEPM-*b*-PS 在界面取向，其中亲水的 PEO 伸向水相，疏水的 PS 伸向油相，而 PTEPM 位于界面处，同时加入适当的 PS-*b*-PEO 使 PEO-*b*-PTEPM-*b*-PS 单层在界面处被隔离成微区；再通过溶胶-凝胶反应使单层中的 PTEPM 水解成二氧化硅层的同时被交联，之后再破乳并通过良溶剂 THF 除去 PS-*b*-PEO 即可得到具有介孔的两亲性 Janus 纳米盘(图 3-13)[34]。

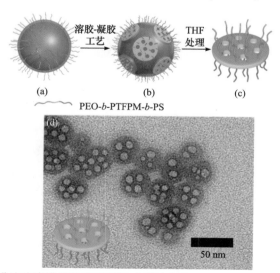

图 3-13　基于油/水乳液液滴模板的界面吸附-交联法制备 PEO-*b*-PTEPM-*b*-PS 介孔 Janus 纳米盘的示意图(a～c)及所得 Janus 纳米颗粒的 TEM 照片(d)[34]

3.4.2　中性界面三维受限组装法

在 3D 受限空间中,当边界对各嵌段的亲和作用相当(即中性界面)且受限程度 D/L_0 足够大时(其中, D 为颗粒直径,而 L_0 取决于聚合度),两嵌段共聚物可直接组装形成 Janus 纳米颗粒。其中强受限程度约束组装体(即纳米颗粒)中每个嵌段各自只形成一个微区,而中性界面确保纳米颗粒为 Janus 而非核壳结构。日本东北大学 Higuchi 教授等采用自组织沉淀法实现了双疏水两嵌段共聚物 PS-*b*-PI 的 3D 受限组装,他们通过改变聚合度来调节受限强度,并发现当 $D/L_0 \leqslant 1.0$ 时产生的纳米颗粒为 Janus 结构[35]。然而,该方法所得纳米颗粒的结构具有多样性且可控性较差,而其中 Janus 纳米颗粒的产率不高[36]。朱锦涛教授、杨振忠教授及南开大学李宝会教授三个课题组合作,他们结合实验与模拟研究发现两嵌段共聚物 PS-*b*-P4VP 经中性界面 3D 受限组装可产生补丁结构纳米颗粒,且每个颗粒的补丁数目随 D/L_0 而降低,当 $D/L_0 < 0.85$ 时即可获得 Janus 纳米颗粒[37]。其中,3D 受限组装通过乳液-溶剂挥发法实现,中性界面通过表面活性剂 PVA 构筑。进一步研究发现,该方法可获得高产率的 Janus 纳米颗粒,便于调控 Janus 纳米颗粒的平衡性,且对嵌段共聚物的分子量分布没有严格要求(图 3-14)[38]。他们通过调节两种嵌段比相差悬殊的 PS-*b*-P4VP 的比例实现了对 Janus 平衡性的精细调控,并且,即使采用三种聚合度完全不同的 PS-*b*-P4VP 的共混物也可以产生形貌均一的 Janus 纳米颗粒。随后,韩国先进技术研究院 Kim 教授等也获得了类似的结论,此外,他们的研究还发现均聚物 P4VP 的加入更有利于 PS-*b*-P4VP 形成 Janus 纳米颗粒[39]。均聚物的加入不仅可以提高 Janus 纳米颗粒的产率,拓宽形成 Janus

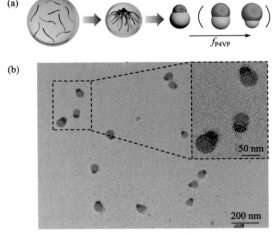

图 3-14　中性界面 3D 受限组装直接制备两嵌段共聚物 Janus 纳米颗粒的示意图(a)及所得 Janus 纳米颗粒的 TEM 照片(b)[38]

纳米颗粒的 D/L_0 范围，而且可以调控 Janus 平衡性。从原理上讲，基于乳液-溶剂挥发技术的中性界面 3D 受限组装法可扩展至多种两嵌段共聚物体系。

上述方法同样适用于 ABC 三嵌段共聚物体系。朱锦涛教授等使用 PVA/ CTAB 混合表面活性剂来构筑中性界面，通过 3D 受限组装构建了基于 PS-b-PI- b-P2VP 的 Janus 纳米颗粒[29]。此外，他们还通过添加分子量大的均聚物 PS 来调控纳米颗粒的结构[40]。

基于乳液-溶剂挥发法的中性界面 3D 受限组装可一步直接制备出 Janus 纳米颗粒，其平衡性可调，且适用于两嵌段共聚物、ABC 三嵌段共聚物等不同体系，具有很好的发展前景。但是，Janus 纳米颗粒的尺寸取决于乳液液滴，而目前制备尺寸均匀的亚微米尺度乳液液滴仍是一大挑战。

3.5　小结与展望

本章介绍了基于嵌段共聚物自组装制备 Janus 纳米颗粒的研究进展。由于复杂的热力学和动力学因素的影响，到目前为止，通过嵌段共聚物溶液自组装直接制备 Janus 胶束仍存在诸多难题。在过去 20 年，关于嵌段共聚物 Janus 纳米颗粒的制备大多数是基于胶束链段重排和自组装-解组装相结合的方法，尤其是后者。其中，ABC 三嵌段共聚物本体自组装-交联-解组装的方法应用得较多，该方法可以制备出不同维度的 Janus 纳米颗粒，但是 Janus 颗粒平衡性难以调节。相反，基于溶液自组装-交联-解组装的方法易于调控 Janus 平衡性，而目前只能获得零维的 Janus 纳米材料。迄今，一维和二维嵌段共聚物 Janus 纳米颗粒的尺寸和平衡性的调控方面仍存在挑战。此外，这两种最常用的制备 ABC 三嵌段共聚物 Janus 纳米颗粒的方法却不适用于两嵌段共聚物[41]。

合成 AB 两嵌段共聚物通常比合成 ABC 三嵌段共聚物更加容易，成本也更低。因此，以两嵌段共聚物为原料制备 Janus 纳米颗粒是该研究领域的重点方向之一。基于两嵌段共聚物自组装制备 Janus 纳米颗粒的主要挑战是如何实现组装体对称性破缺。近几年，两嵌段共聚物 Janus 纳米颗粒的制备也开始取得突破。例如，通过中性界面 3D 受限组装-交联-解组装的策略可制备 Janus 纳米颗粒。由于 3D 空间受限效应，该方法可以获得环形、盘状、杯状等通过其他方法难以得到的 Janus 纳米颗粒；但是，其尺寸并不均匀。此外，通过模板界面吸附-交联法也可以制备两嵌段共聚物 Janus 纳米颗粒。目前，这两种方法均已能制备出零维和二维的 Janus 纳米颗粒，但还未见关于一维棒状两嵌段共聚物 Janus 纳米颗粒的报道。

无论是胶束链段重排法，还是自组装-交联-解组装法，几乎都要求嵌段共聚物的不溶性链段可交联，这就使嵌段共聚物的种类受到了制约，此外，交联也可能限制聚合物的某些特性。发展无须交联的新方法制备嵌段共聚物 Janus 纳米颗粒将有重要意义。此外，这些方法均是基于嵌段共聚物自组装形成具有特定结构的组装体，要求嵌段共聚物有足够窄的分子量分布和特定范围的体积分数，而合成分子量分布窄的嵌段共聚物成本较高，因此也限制了这些方法应用于大批量制备[41]。中性界面 3D 受限组装法可解决上述问题，但是目前如何通过该方法制备出尺寸均匀的 Janus 纳米颗粒仍是个难题。此外，这种方法对 3D 受限界面性质有特定的要求，因此所适用的嵌段共聚物的种类还比较有限。因此，如何建立普适性的界面调控策略是未来推广该方法要解决的难题。

在嵌段共聚物 Janus 纳米颗粒的制备方面，今后应重点考虑突破分子量分布的限制，围绕如何有效调控 Janus 纳米颗粒形貌、结构、组成、尺寸以及大批量制备等问题，去改进现有方法并发展更简单、普适的新方法。在性能和应用方面，嵌段共聚物 Janus 纳米颗粒集成了嵌段共聚物和 Janus 纳米颗粒的特性，且易于选择性地复合功能性物质，在乳化、催化、纳米药物、复合材料增容等诸多方面有重要应用。例如，两亲性嵌段共聚物 Janus 纳米颗粒既具有两亲性，又具有表面活性，是制备 Pickering 乳液的一种高效表面活性剂。在此基础上，两亲性嵌段共聚物 Janus 纳米颗粒可复合催化剂颗粒，从而将乳液液滴用作微反应器。另外，嵌段共聚物 Janus 纳米颗粒也可用作均聚物共混体系的增容剂，当 Janus 纳米颗粒两端的聚合物链与共混体系中的均聚物相匹配时，具有良好的增容效果。

参 考 文 献

[1] Walther A, Muller A H E. Janus particles: synthesis, self-assembly, physical properties, and applications[J]. Chemical Reviews, 2013, 113(7): 5194-5261.

[2] Deng R, Liang F, Zhu J, et al. Recent advances in the synthesis of Janus nanomaterials of block copolymers[J]. Materials Chemistry Frontiers, 2017, 1(3): 431-443.

[3] Walther A, André X, Drechsler M, et al. Janus discs[J]. Journal of the American Chemical Society, 2007, 129(19): 6187-6198.

[4] Gröschel A H, Walther A, Löbling T I, et al. Facile, solution-based synthesis of soft, nanoscale Janus particles with tunable Janus balance[J]. Journal of the American Chemical Society, 2012, 134(33): 13850-13860.

[5] Zhang Z, Zhou C, Dong H, et al. Solution-based fabrication of narrow-disperse ABC three-segment and Θ-shaped nanoparticles[J]. Angewandte Chemie International Edition, 2016, 55(21): 6182-61866.

[6] Deng R, Liang F, Zhou P, et al. Janus nanodisc of diblock copolymers[J]. Advanced Materials, 2014, 26(26): 4469-4472.

[7] Voets I K, de Keizer A, de Waard P, et al. Double-faced micelles from water-soluble polymers[J]. Angewandet Chemie International Edition, 2006, 45 (40): 6673-6676.

[8] Voets I K, Fokkink R, Hellweg T, et al. Spontaneous symmetry breaking: formation of Janus

micelles[J]. Soft Matter, 2009, 5(5): 999-1005.

[9]　Li X, Yang H, Xu L, et al. Janus micelle formation induced by protonation/deprotonation of poly (2-vinylpyridine)-block-poly (ethylene oxide) diblock copolymers[J]. Macromolecular Chemistry and Physics, 2010, 211(3): 297-302.

[10]　Du J, Armes S P. Patchy multi-compartment micelles are formed by direct dissolution of an ABC triblock copolymer in water[J]. Soft Matter, 2010, 6 (19): 4851-4857.

[11]　Zhang Z, Li H, Huang X, et al. Solution-based thermodynamically controlled conversion from diblock copolymers to Janus nanoparticles[J]. ACS Macro Letters, 2017, 6(6): 580-585.

[12]　Saito R, Fujita A, Ichimura A, et al. Synthesis of microspheres with microphase-separated shells[J]. Journal of Polymer Science Part A: Polymer Chemistry, 2000, 38(11): 2091-2097.

[13]　Walther A, Drechsler M, Rosenfeldt S, et al. Self-assembly of Janus cylinders into hierarchical superstructures[J]. Journal of the American Chemical Society, 2009, 131(13): 4720-4728.

[14]　Walther A, Göldel A, Müller A H E. Controlled crosslinking of polybutadiene containing block terpolymer bulk structures: a facile way towards complex and functional nanostructures[J]. Polymer, 2008, 49(15): 3217-3227.

[15]　Walther A, Hoffmann M, Müller A H E. Emulsion polymerization using Janus particles as stabilizers[J]. Angewandte Chemie International Edition, 2008, 47(4): 711-714.

[16]　Walther A, Drechsler M, Müller A H E. Structures of amphiphilic Janus discs in aqueous media[J]. Soft Matter, 2009, 5(2): 385-390.

[17]　Löbling T I, Hiekkataipale P, Hanisch A, et al. Bulk morphologies of polystyrene-block-polybutadiene-block-poly (tert-butyl methacrylate) triblock terpolymers[J]. Polymer, 2015, 72: 479-489.

[18]　Erhardt R, Böker A, Zettl H, et al. Janus micelles[J]. Macromolecules, 2001, 34(4): 1069-1075.

[19]　Liu Y, Abetz V, Müller A H E. Janus cylinders[J]. Macromolecules, 2003, 36(21): 7894-7898.

[20]　Gao L, Zhang K, Chen Y. Dumpling-like nanocomplexes of foldable Janus polymer sheets and spheres[J]. ACS Macro Letters, 2012, 1(9): 1143-1145.

[21]　Cheng L, Zhang G, Zhu L, et al. Nanoscale tubular and sheetlike superstructures from hierarchical self-assembly of polymeric Janus particles[J]. Angewandte Chemie International Edition, 2008, 47(52): 10171-10174.

[22]　Gröschel A H, Schacher F H, Schmalz H, et al. Precise hierarchical self-assembly of multicompartment micelles[J]. Nature Communications, 2012, 3(1): 1-10.

[23]　Schröder J H, Doroshenko M, Pirner D, et al. Interfacial stabilization by soft Janus nanoparticles[J]. Polymer, 2016, 106: 208-217.

[24]　Gröschel A H, Löbling T I, Petrov P D, et al. Janus micelles as effective supracolloidal dispersants for carbon nanotubes[J]. Angewandte Chemie International Edition, 2013, 52(13): 3602-3606.

[25]　Higuchi T, Tajima A, Motoyoshi K, et al. Suprapolymer structures from nanostructured polymer particles[J]. Angewandte Chemie International Edition, 2009, 48(28): 5125-5128.

[26]　Yabu H, Sato S, Higuchi T, et al. Creating suprapolymer assemblies: nanowires, nanorings, and nanospheres prepared from symmetric block-copolymers confined in spherical particles[J].

Journal of Materials Chemistry, 2012, 22(16): 7672-7675.

[27] Deng R, Liang F, Li W, et al. Shaping functional nano-objects by 3D confined supramolecular assembly[J]. Small, 2013, 9(24): 4099-4103.

[28] Deng R, Liang F, Qu X, et al. Diblock copolymer based Janus nanoparticles[J]. Macromolecules, 2015, 48(3): 750-755.

[29] Xu J, Wang K, Li J, et al. ABC triblock copolymer particles with tunable shape and internal structure through 3D confined assembly[J]. Macromolecules, 2015, 48(8): 2628-2636.

[30] Qiang X, Steinhaus A, Chen C, et al. Template-free synthesis and selective filling of Janus nanocups[J]. Angewandte Chemie International Edition, 2019, 58(21): 7122-7126.

[31] Steinhaus A, Chakroun R, Müllner M, et al. Confinement assembly of ABC triblock terpolymers for the high-yield synthesis of Janus nanorings[J]. ACS Nano, 2019, 13(6): 6269-6278.

[32] Zhou P, Liang F, Liu Y, et al. Janus colloidal copolymers[J]. Science China Materials, 2015, 58(12): 961-968.

[33] Zhang Y, Jia F, Tang L, et al. Particle mold synthesis of block copolymer Janus nanomaterials[J]. Macromolecular rapid communications, 2019, 40(11): 1900067.

[34] Jia F, Liang F, Yang Z. Janus mesoporous nanodisc from gelable triblock copolymer[J]. ACS Macro Letters, 2016, 5(12): 1344-1347.

[35] Higuchi T, Tajima A, Motoyoshi K, et al. Frustrated phases of block copolymers in nanoparticles[J]. Angewandte Chemie International Edition, 2008, 47(42): 8044-8046.

[36] Higuchi T, Motoyoshi K, Sugimori H, et al. Three-dimensional observation of confined phase-separated structures in block copolymer nanoparticles[J]. Soft Matter, 2012, 8(14): 3791-3797.

[37] Deng R, Li H, Liang F, et al. Soft colloidal molecules with tunable geometry by 3D confined assembly of block copolymers[J]. Macromolecules, 2015, 48(16): 5855-5860.

[38] Deng R, Li H, Zhu J, et al. Janus nanoparticles of block copolymers by emulsion solvent evaporation induced assembly[J]. Macromolecules, 2016, 49(4): 1362-1368.

[39] Ku K H, Kim Y J, Yi G R, et al. Soft patchy particles of block copolymers from interface-engineered emulsions[J]. ACS Nano, 2015, 9(11): 11333-11341.

[40] Xu J, Yang Y, Wang K, et al. Additives induced structural transformation of ABC triblock copolymer particles[J]. Langmuir, 2015, 31(40): 10975-10982.

[41] 刘善芹, 张毅军, 邓仁华, 等. 基于嵌段共聚物自组装制备 Janus 纳米粒子的研究进展[J]. 科技导报, 2016, 34(2): 27-32.

（邓仁华，朱锦涛，杨振忠）

第 4 章 乳液法制备 Janus 颗粒

4.1 引　言

当前对称结构形貌和化学组成单一的传统材料已难以满足人们的需求，具有特殊结构形貌和多功能性的各向异性材料得到了广泛关注。Janus 材料因其独特的结构和双重性能以及广泛的应用前景，已成为近十年来材料领域中的一个研究热点。

Janus 是罗马神话中的双面神，他有两副面孔，一副朝向过去，一副朝向未来。1991 年，Pierre-Gilles de Gennes 在他的诺贝尔奖获奖演讲中首次用 "Janus" 来描述那些具有双重性质的微粒[1]。从形貌上看，结构的不对称性赋予 Janus 颗粒特殊的空间位阻效应，可以用来研究自组装及靶向识别等；从组成上看，Janus 颗粒可兼具两种乃至多种不同甚至相反的性质，如亲水/亲油、极性/非极性、正电荷/负电荷和磁性/非磁性等，从而赋予材料多功能性。因此基于此特殊性质，Janus 颗粒为人们进一步设计新型颗粒乳化剂、多相催化剂、自驱动纳米马达，以及作为构筑单元组装形成超结构等都提供了理想的科研平台，在物理、化学、生物等领域有着广泛的应用前景，对促进新材料的发展起着至关重要的作用[2-8]。

当前已有多种方式制备 Janus 颗粒，如界面保护法、相分离法、嵌段聚合物自组装法、微加工法、模板法和表面成核法等[2-6, 9-13]。目前这些关于 Janus 颗粒的制备方法大多基于其成型机理分类，但是没有细化到其制备过程，对后续研究者的参考意义有限。而对 Janus 颗粒的制备过程的总结有利于后续研究者迅速掌握 Janus 颗粒的制备，对于推广和促进 Janus 颗粒意义显著。上述 Janus 颗粒制备中的相分离法，会利用到水油界面，也就是乳液，利用不同组分在水/油相中的溶解性差异实现相分离。因此，这里我们对利用乳液法制备 Janus 颗粒进行总结，希望通过该总结使得后续研究者能够了解为何选用乳液、如何选用乳液以及乳液形貌特征与所获得的Janus颗粒的关系等。为了更好地叙述乳液法制备 Janus 颗粒，我们将分三个部分总结：种子乳液法、乳液中受限相分离法、乳液界面诱导分区材料化。

4.2　种子乳液法

近年来，种子乳液聚合由于其可规模化生产、反应条件温和并可控、所制备的 Janus 颗粒结构与性能稳定等优点，被广泛应用于 Janus 颗粒的合成[14]。种子乳液聚合主要应用乳液聚合的方法在种子(或核)上生长化学成分相异的二级颗粒，从而获得 Janus 颗粒[13]。

4.2.1　种子乳液聚合机理

种子乳液聚合主要是在种子颗粒基础上，利用热、光或者 γ 射线引发自由基聚合或者活性-可控聚合[包括原子转移自由基聚合(ATRP)、可逆加成断裂链转移聚合(RAFT)]等聚合手段引发溶胀进入到种子内部或吸附在表面的单体聚合，最终形成大粒径单分散微米颗粒或复杂结构颗粒(如哑铃形、树莓形、空心颗粒或胶囊等)。而所采用的单体多通过乳化技术分散到种子颗粒的悬浮液中，利用单体液滴与种子颗粒的相容性，使其溶胀进入到种子内部或吸附在表面。因此，单体的乳化是该技术的关键，通常需要加入乳化剂或者稳定剂，甚至一些特定情况下需要助溶胀剂，以获得稳定的单体液滴和促进溶胀。最终随着聚合反应的进行，所获得的聚合物与种子颗粒发生相分离，形成二级颗粒，实现 Janus 颗粒的制备(图 4-1)[15-17]。

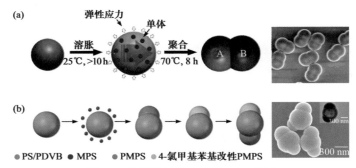

图 4-1　种子乳液聚合制备 Janus 颗粒

(a) 各向异性哑铃形 Janus 颗粒的生长过程示意图[15]；(b) ABC 三段 Janus 颗粒的制备示意图[16]；PS/PDVB. 聚苯乙烯/聚二乙烯基苯；MPS. 3-(甲基丙烯酰氧)丙基三甲氧基硅烷；PMPS. 聚 3-(甲基丙烯酰氧)丙基三甲氧基硅烷

早在 1990 年, Sheu 等[18]就报道了利用交联 PS 种子乳液聚合获得非球形颗粒，并根据热力学计算和实验结果提出了该种非球形颗粒的聚合机理(图 4-2)。在种子乳液体系中，当单体液滴对交联 PS 颗粒达到溶胀平衡时，溶胀到种子颗粒内的单体化学势等于单体液滴在水相中的化学势 $\Delta \bar{G}_{m,a}$ [式(4-1)]：

$$\Delta \overline{G}_{m,p} = \Delta \overline{G}_{m,a} \tag{4-1}$$

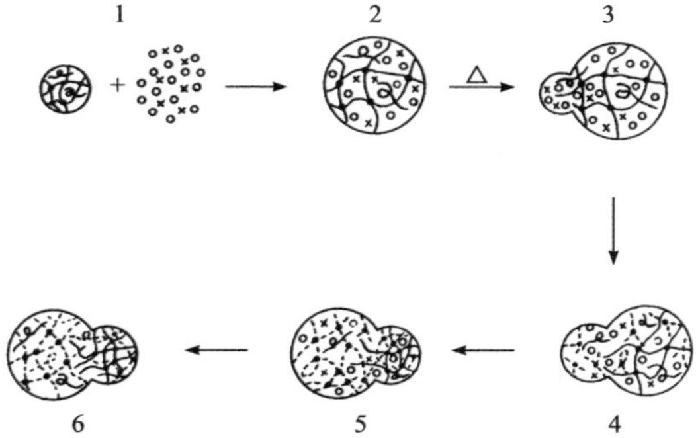

图 4-2　种子乳液聚合制备非球形 PS 颗粒机理[18]

对于疏水性单体(苯乙烯 St)，$\Delta \overline{G}_{m,a}$ 通常可近似为 0，因此：

$$\Delta \overline{G}_{m,p} = 0 \tag{4-2}$$

并且通过推导，$\Delta \overline{G}_{m,p}$ 可表述为式(4-3)

$$\Delta \overline{G}_{m,p} = RT[\ln(1-v_p) + v_p + \chi_{mp} v_p^2] + RTNV_m(v_p^{1/3} - v_p/2) + 2V_m\gamma/r \tag{4-3}$$

其中，R 为气体常数；T 为热力学温度；v_p 为溶胀颗粒中聚合物的体积比；χ_{mp} 为单体聚合物相互作用参数；N 为单体体积聚合物网络的有效聚合物链数量；V_m 为单体摩尔体积；γ 为颗粒-水界面张力；r 为溶胀颗粒的半径。

当溶胀达到平衡时，有式(4-4)：

$$RT[\ln(1-v_p) + v_p + \chi_{mp} v_p^2] + RTNV_m(v_p^{1/3} - v_p/2) + 2V_m\gamma/r = 0 \tag{4-4}$$

通过研究种子乳液聚合，可将其细化成如下阶段：阶段 1 为交联种子颗粒中加入单体液滴。单体逐步溶胀种子颗粒直至溶胀平衡(阶段 2)，此时种子相中单体的 $\Delta \overline{G}_{m,p}$ 为零。在阶段 3，体系开始升温，单体开始聚合，得到的线型聚合物从种子中渗出形成新相。而温度的升高，打破上述平衡，化学势 $\Delta \overline{G}_{m,p}$ 增加而超过零。于是，颗粒表面积增加以抵消化学势的增加直到达到新的平衡。并且随着温度的升高，单体和线型聚合物的移动性增强，使其更易与交联种子相分离，形成新相。同时溶胀的交联网络不断收缩。在阶段 4，未达到凝胶点时，随着聚合反应的进行，新相不停吸收种子相的溶胀单体并聚合，而单体的移动产生新相与种子相的化学势差。因此单体在新相的聚合速率高于种子相，进而线型聚合物在新相的体积分数高于种子相。这种单体的迁移直至新相的凝胶点，当两相化学势相等或相近时，单体的迁移停止，从而达到阶段 5。阶段 6 时，种子相和新相中残留的单体直至聚合结束时消耗完全，最终获得含有两个不同相的非球形颗粒。其中，种子相中含有两种聚合物的互穿网络，而新相只含有新聚合物[18]。

而对于含乳化剂的种子乳液聚合，其过程更为复杂，乳化剂的加入改变了体系的化学势以及各种力场。对于该种子乳液聚合体系的理论计算较少，大多都停留在实验阶段，如表面活性剂十二烷基硫酸钠(SDS)的用量明显影响所获得 Janus 颗粒的形貌以及性能[19,20]。乳化剂的加入会降低单体液滴与水相的界面张力，而 Mock 等[21]分析了种子乳液聚合过程中热力学和动力学因素，表明种子颗粒与水的界面张力，种子颗粒与单体的界面张力，单体与水的界面张力，都对最终颗粒的形态起着重要的决定作用。

4.2.2　基于种子乳液聚合制备聚合物-聚合物 Janus 颗粒

种子乳液聚合可以规模化制备大粒径单分散聚合物微球，通过反应条件的控制便可获得非各向同性的聚合物-聚合物 Janus 颗粒。基于上述 Sheu 等关于种子颗粒乳液聚合的理论研究基础，各国研究人员可控制备了多种形状及组成的非各向同性的聚合物-聚合物颗粒，拓展其在如乳化、界面增容、界面催化、光子晶体等领域的应用。

基于 Sheu 等[18]的研究基础，表明交联的种子相，由于其溶胀的交联网络在聚合过程中易收缩而产生相分离，最终获得新相。大量的工作利用交联种子颗粒制备 Janus 颗粒。例如，Kim 等[15]通过种子乳液聚合的方法，利用单体对种子进行溶胀后开始聚合，在聚合物交联网络弹性力的作用下诱导聚合物产生相分离合成出哑铃形 Janus 颗粒。实验结果表明，提高聚合温度引起的溶胀聚合物颗粒的弹性收缩在相分离的过程中起着重要作用。他们利用种子乳液聚合技术制备了一系列 Janus 颗粒，包括聚苯乙烯/聚甲基丙烯酸甲酯(PS/PMMA)、聚苯乙烯/聚甲基丙烯酸正丁酯(PS/PBMA)、聚苯乙烯/聚甲基丙烯酸缩水甘油酯(PS/PGMA)等。他们首先制备了交联的 PS 种子球，然后将 St 单体或其他单体，溶胀进种子球内部，并引发聚合。由于聚合物间的不相容性，反应过程中将发生相分离，得到单分散的 Janus 颗粒。

van Ravensteijn 等[22]首先通过乳液聚合方法制备了交联的聚苯乙烯胶体颗粒(CPs)，接着利用种子聚合技术在 CPs 表面包裹上一层聚(4-乙烯基苄氯)(PVBC)。以核-壳状的 CPs-Cl 球形颗粒为种子，用单体 St 使其溶胀后，由于种子内部交联网络中弹性收缩力的存在，St 单体与种子发生相分离，最后向体系中添加引发剂来引发单体液体凸起的聚合，以形成稳定的 Janus 复合颗粒(图 4-3)。在复合颗粒的形成过程中，带有苄基氯基团的聚合物层发挥着重要的作用，因为它较 PS 来说偏亲水，可以降低种子颗粒与水相之间的界面张力，从而有利于发生相分离。在聚合过程中，改变液体凸起的交联度、溶胀比、种子颗粒的交联度以及苄基氯聚合物层的厚度和组成都会实现对复合颗粒形貌的调控。

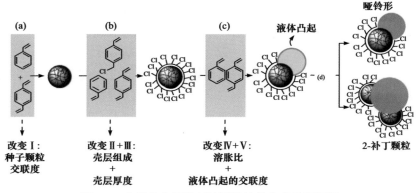

图 4-3 化学各向异性哑铃形胶体的合成示意图[22]

Li 等[23]利用种子乳液聚合技术制备了多种形貌的 PS/PtBA Janus 颗粒，在实验中他们总结出种子的合成条件和交联度都极大地影响着种子以及最终聚合物的形貌。依据实验结果以及理论计算工具，他们研究了种子乳液聚合过程中纳米颗粒的形态演变动力学，并提出生长机制：最终的形态是由种子颗粒表面凸起的热力学平衡和流动性的相互作用所决定的。当凸出物有机会融合在一起时，就可以成功地获得哑铃形态。否则，凸起就会受到运动抑制而导致多叶形态改变。这项研究为进一步聚合过程中的形态形成动力学提供了基础，并为聚合物纳米颗粒的大规模合成和形态控制提供了指导。

Kim 等[24]在进行种子乳液聚合实验制备聚苯乙烯/聚丙烯酸烷基酯(PS/PTA) Janus 颗粒时，将光引发改为热引发，这大大缩短了反应时间(图 4-4)。同时在聚合过程中通过改变 PAA 烷基链的长度或者溶剂的种类都可以实现复合颗粒形貌

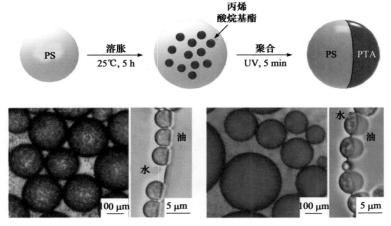

图 4-4 PS/PTA Janus 颗粒的合成示意图以及颗粒乳化后的光学显微镜图[24]

的改变，并通过计算三相的界面张力总结出一组可以预测复合颗粒形貌的经验方法。制备出的两亲性 Janus 颗粒可以在水油界面上进行自组装，可以构筑稳定的 Pickering 乳液。

他们又将该合成方法应用到另一反应体系中[25]。首先他们利用分散聚合制备了 PS-co-PVAs 种子颗粒，将其在单体的水溶液中溶胀后，加入光引发剂在紫外灯的照射下进行二次聚合反应。在这一过程中，聚合诱导相分离的发生，进而合成 PS-co-PVAs/PTA。随后他们利用一端的可反应性，在颗粒上修饰了 Ag、Pd 以及 Fe_3O_4 等，赋予颗粒两亲性、催化活性以及磁响应性，从而开发出一种新的颗粒表面活性剂催化体系。

Peng 等[26]以交联的 PMMA 为聚合物种子，以 MM 为单体、EGDMA(乙二醇二甲基丙烯酸酯)为交联剂、PVP 为乳化剂，通过种子乳液聚合制备 Janus 颗粒，并记录了颗粒的形成过程：最初，单体使种子膨胀，然后大量微小的单体水滴被挤出到膨胀的种子表面。在表面能和几何形状的驱动下，膨胀的单体液滴发生聚变，最后只剩下两个初级液滴附着在种子颗粒表面，最终形成三明治结构聚合物颗粒。

Cheng 等[27]同样利用种子乳液聚合方法，以一种特殊的多窝型颗粒为种子，将单体 St 和 MMA(甲基丙烯酸甲酯)与 PVA 水溶液配制成的单体乳液添加到种子分散液中，在此过程中通过改变种子颗粒与单体的质量比，制备出了多种形貌的 Janus 颗粒，如半球形、花生形、碗状以及球形的颗粒(图 4-5)。此外，他们还探讨了这些 Janus 胶体颗粒在场驱动定向自组装及其作为胶体表面活性剂的应用。

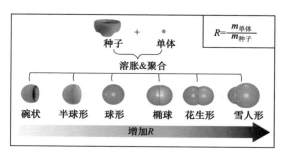

图 4-5　多窝形种子颗粒乳液聚合制备 Janus 颗粒的合成过程[27]

Zhang 等[28]通过种子乳液聚合技术合成了具有中空壳层和封装有球形壳的聚合物蛋-壳结构微球。首先利用疏水的单体 St 以及交联剂 DVB(二乙烯基苯)溶胀核壳形颗粒 PSt-co-PMMA，紧接着引发种子表面和内部的单体聚合，而新合成的聚合物与核壳形种子之间发生相分离作用，这是整个实验操作的关键所在，之后就会得到类似三明治结构的颗粒，最后将种子聚合物刻蚀掉即得到了蛋-壳结构的微球。

　　Meng 等[29]首先利用经典的种子聚合法以交联的 PS 为种子制备了核壳状的 cPS@cP*t*BA 胶体颗粒，该胶体颗粒具有高交联度的核和低交联度的壳。并继续以此胶体颗粒作为聚合物种子，将由 TBA(丙烯酸叔丁酯)、DVB、AIBN(偶氮二异丁腈)以及 PVA 水溶液组成的单体乳液添加到 cPS@cP*t*BA 种子分散液中，经溶胀后聚合制备出具有特殊结构的 Janus 颗粒(图 4-6)。这些颗粒是两亲性的，具有表面粗糙的亲水部分和表面光滑的疏水部分，在水-甲苯溶液中可以作为良好的颗粒乳化剂，形成内相含量很高、颗粒浓度很低的稳定乳液。

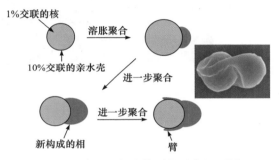

图 4-6　各向异性胶体颗粒形成机理[29]

　　我们组利用以交联的 PAN(聚丙烯腈)中空球作为种子球，采用种子乳液聚合技术，采取逐滴滴加单体的方式，将苯乙烯/二乙烯基苯(St/DVB)的单体混合物缓慢滴入上述种子乳液中。因为 PAN 和 PS 是不混溶的两相，所以在交联过程中，在聚合物网络的弹性收缩作用下 PS 与 PAN 发生相分离，得到 PAN/PS Janus 颗粒(图 4-7)[14]。进一步利用对高分子官能团进行选择性改性和聚合物凝胶诱导功能物质的生长，可以制备出功能性 Janus 复合颗粒。由此得到的 Janus 颗粒可以作为固体表面活性剂来乳化 O/W 乳液。

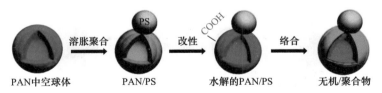

图 4-7　PAN/PS Janus 颗粒制备过程以及表面选择性修饰[14]

　　当构成 Janus 颗粒的种子相和新相相容性不好时，线型颗粒(非交联)也可以作为种子参与种子乳液聚合。这种情况下 Sheu 等的热力学理论便不太适用，新的更恰当的种子乳液聚合机理有待提出。Wang 等[30]利用无皂种子乳液聚合制备了非各向同性的颗粒(图 4-8)。他们以线型聚丙烯酸叔丁酯(PtBA)为种子,利用无皂种子乳液聚合制备了 PtBA/PS 复合颗粒。他们通过调节单体/种子投料比、聚合时间和聚合温度获得了不同形貌的 PtBA/PS 复合颗粒,包括汉堡包状、荔枝状、蘑菇状、草莓状、碗状、雪人状等复合颗粒。所获得的 PtBA/PS 复合颗粒在超疏水涂层方面具有广阔的应用前景。

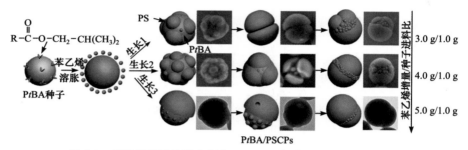

图 4-8　无皂种子乳液聚合制备 PtBA/PS 复合颗粒的结构演化[30]

Niu 等[31]首先将氯乙烯(VC)与甲基丙烯酸乙酯(AAEM)共聚合成非交联的 P(VC-co-AAME)种子颗粒,接着用苯乙烯(St)单体乳液溶胀种子球后,升温引发 St 聚合成聚苯乙烯(PS),此时复合颗粒发生相分离,形成具有多凸起结构的 P(VC-co-AAME)/PS Janus 颗粒(图 4-9)。在这一过程中,PS 与种子球之间的不相容性是相分离发生的主要驱动力。而在共聚合成种子球的过程中,AAEM 起到了稳定胶体颗粒的作用,且聚合后主要位于种子球表面,这就增加了种子球的亲水性,进而对种子乳液聚合过程也产生影响。所以,通过改变共聚过程中 AAEM 的加入量即可改变 Janus 颗粒的形貌。

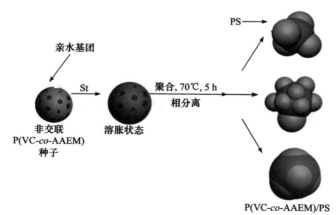

图 4-9　种子乳液聚合制备 P(VC-co-AAME)/PS Janus 颗粒及其形貌调控[31]

　　Yan 等[32]以聚偏二氟乙烯(PVDF)胶体颗粒为聚合物种子,利用种子乳液聚合方制备了 Janus 颗粒。将 4-乙烯吡啶(4VP)单体和氨水添加到 PVDF 水溶液中,种子球被充分溶胀,随后加入引发剂过硫酸钾(KPS)并升温引发单体聚合。因为 KPS 是水溶性引发剂,所以聚合最初是在水中进行的,而聚合成的聚(4-乙烯吡啶)(P4VP)在水中的溶解性较差,所以会在种子球 PVDF 表面成核生长,最后得到雪人状的 PVDF/P4VP Janus 颗粒。

　　紧接着他们又通过种子乳液聚合和自组装方法制备了覆盆子状的 PVDF/PS Janus 颗粒(图 4-10)[33]。在最初的溶胀阶段,PVDF 种子在苯乙烯(St)单体的作用下胀大,在水溶性引发剂的引发下,St 聚合成的 PS 在 PVDF 表面形成凸起,合成了雪人状或哑铃形的 PVDF/PS Janus 颗粒。并且随着聚合过程的进行,PVDF 与 PS 两聚合物间不同的疏水性与表面能启动这些 Janus 颗粒进行自组装,最终形成以 PS 为中心的覆盆子状颗粒。

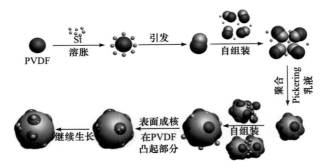

图 4-10　覆盆子状 PVDF/PS 复合颗粒的形态演变示意图[33]

　　Tian 等[34]以非交联的 PGMA 作为种子颗粒,St 为溶胀和聚合单体,建立了 PGMA 种子乳液聚合体系。他们发现在溶胀后,PGMA 种子并没有像传统种子溶胀体系一样胀大,而是在种子表面形成明显的单一孔洞结构,在一定温度下溶胀后,加入引发剂和单体升温聚合,通过调整溶胀时间、助溶胀剂用量、助溶胀剂与单体配比以及聚合条件等考察了影响单洞结构和所得各向异性颗粒形貌的因素,并系统研究了 PGMA 种子溶胀体系的形成机理。除此之外,他们还进一步开发了以 PGMA 种子通过乳液聚合构筑多种不对称可聚合的单体溶胀颗粒(MSPs)的方法[35,36],尽管这一过程是热力学不稳定的。他们系统地观察了 MSPs 颗粒从 Janus 结构到单洞结构的形貌演化过程,考察了不同助溶胀剂与单体比例对于液体凸起大小的调控规律。进一步,引发固-液单体溶胀颗粒聚合构筑形貌可控的 PGMA/PS 补丁颗粒,PGMA/PS 补丁颗粒表面固体凸起的大小和数量可通过助溶胀剂与单体比例、聚合单体的用量等精确调控。

　　Chen 等[37]提出了一种基于种子乳液聚合合成高度均匀的亚微米级透镜状颗粒的新方法(图 4-11)。他们用线型 PS 颗粒为种子进行牺牲单体的种子乳液聚合，通过水解作用将牺牲聚合物除去就产生了非球形透镜状颗粒。这些颗粒的形状是由聚苯乙烯、牺牲聚合物和含表面活性剂的水相之间的界面张力控制的。研究表明，在种子乳液聚合过程中，通过改变牺牲聚合物和表面活性剂的组成以及线型 PS 和牺牲聚合物的体积比，可以得到各种形状(包括双凸、平凸和凹凸)的颗粒。

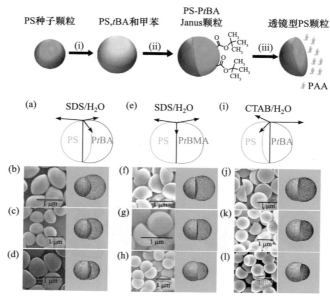

图 4-11　透镜状颗粒形成过程以及其形貌演化过程[37]

　　Pei 等[38]利用非交联淀粉基种子进行苯乙烯种子乳液聚合制备形状可调的大颗粒(图 4-12)。采用无皂种子聚合的方法制备了多种形貌的淀粉/PS 复合颗粒，包括雪人状、覆盆子状以及哑铃形等。他们详细研究了该反应的颗粒形貌的演变过

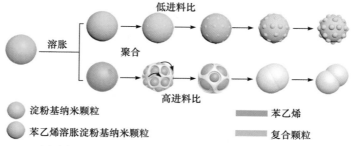

图 4-12　不同单体投料比下淀粉基种子乳液聚合制备复合颗粒的形成机理[38]

程以及单体投料比、聚合时间等因素对最终颗粒形貌的影响，并以所得实验结果为导向，提出了不同投料比下复合颗粒的生长机制。

4.2.3　基于种子乳液聚合制备聚合物-无机物 Janus 颗粒

在一些特定的功能化场合，聚合物-聚合物 Janus 颗粒难以满足使用要求，因此催生了聚合物-无机物 Janus 颗粒的制备。除了我们组先前报道了对所获得的聚合物-聚合物 Janus 颗粒进行选择性修饰，以获得聚合物-无机物 Janus 颗粒外[14]，科研人员还报道了其他数种方法制备聚合物-无机物 Janus 颗粒，如以聚合物@无机物核壳为种子颗粒、以无机颗粒为种子颗粒、采用无机物前驱体为聚合单体等。

我们组早期工作[19]以核壳状的 PS@Titania 颗粒为种子颗粒，向其分散液中添加由甲苯、水、SDS 组成的水包油乳液，当颗粒遇到甲苯液滴时，甲苯通过外壳向内扩散，使 PS 核膨胀，且这个过程中上升的渗透压足以使壳裂开，形成裂缝(图 4-13)。随着压力的释放，部分 PS 通过裂缝向外凸出，在外壳表面形成一个凸起，即形成了 Janus 颗粒。在溶胀聚合的实验过程中，聚合物端的组成可以进一步控制，通过引入交联剂即可增加聚合物端的耐溶剂性能。同时聚合物端的大小也进一步可调，既可以调节聚合物/无机部分的比例，因此 Janus 平衡即是可调的，可以从更亲水到更亲油。

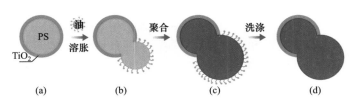

图 4-13　基于 PS@Titania 种子乳液聚合制备 Janus 颗粒[19]
〜十二烷基苯磺酸钠

同样，Zhang 等[39]采用简便的溶胀聚合法，制备了具有复杂的双壳结构的覆盆子状 TiO_2/PS 杂化中空 Janus 型颗粒(图 4-14)。细小的纳米级交联 PS 凸起被楔入在较大的 TiO_2 空心球中，该颗粒具有稳定的化学和机械性能。通过简单地调节单体的浓度，就可以很好地控制表面凸起的大小和数量。由于双层结构，该颗粒涂层具有超疏水性(水接触角约为 161°)。该颗粒具有很好的界面活性，能很好地稳定油包水(W/O)乳液。通过煅烧或溶剂处理可以得到结构复杂的 TiO_2 双壳空心球，可以赋予产品更广泛的应用。

无机颗粒也可以直接作为种子颗粒，Perro 等[40]通过种子乳液聚合的方法，完成了对具有不同初始形态的 PS/SiO_2 纳米复合材料的高度控制(图 4-15)。实验中他们首先利用 Stöber 法制备了 SiO_2 种子颗粒，接下来对颗粒进行改性使其表面吸附上乙烯基大分子单体。将以非离子表面活性剂 NP30 稳定的聚乙二醇甲基丙烯酸酯单体乳液添加到种子分散液中，通过单体聚合得到了形貌可控的同时包含有机和无机两部分的胶体颗粒。

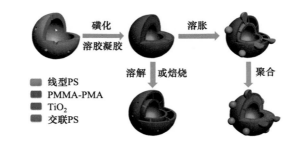

图 4-14　种子乳液聚合制备双层空心结构的 Janus 颗粒的形成机理[39]

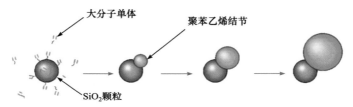

图 4-15　无机硅颗粒作为种子制备 PS/SiO₂ Janus 颗粒[40]

　　上述聚合物-无机物 Janus 颗粒的制备均有一定的局限性，我们组采用更为常见的含双键硅烷偶联剂、3-(甲基丙烯酰氧)丙基三甲氧基硅烷(MPS)为单体，通过精准控制其溶胶-凝胶反应和聚合反应，获得了一系列聚合物-无机物 Janus 颗粒。最早，Tang 等[41]利用线型的 PS 中空微球作为种子颗粒，通过调控 MPS 溶胶-凝胶速度，获得含单个或者多个二氧化硅凸起的 Patchy 颗粒，并且对其暴露的一面进行选择性化学修饰期间，最终 PS 中空微球收集被改性的二氧化硅凸起从而得到了 Janus 颗粒(图 4-16)。

　　在这个工作的基础上，Sun 等[42]发现 DVB 交联的 PS 中空微球可以作为种子颗粒，制备雪人状 SiO₂@PDVB Janus 颗粒。该 SiO₂ 从种子颗粒表面凸起，其大小可通过反应过程中加入的单体的量进行调节。SiO₂@PDVB/PS Janus 颗粒对有机物溶剂有较强的耐受性。颗粒两侧都可进行选择性修饰，以获得更多功能的复合(图 4-17)。这种 Janus 颗粒具有组成和润湿性灵活调控的理想特性。作为固体颗粒乳化剂，颗粒的 Janus 平衡可以通过改变两侧的长径比或组成来实现双亲性的调变。随后 Yu 等[16]使用这种雪人状 SiO₂@PDVB Janus 颗粒作为种子颗粒，进行改性后再一次进行种子乳液聚合，合成出了 ABC 型的三组分 Janus 颗粒[图 4-1(b)]。同时，Sun 等[43]精确调控 SiO₂@PDVB Janus 颗粒两端大小和两端的亲疏水能力，最终获得的 SiO₂@PDVB Janus 颗粒能够稳定双连续乳液。

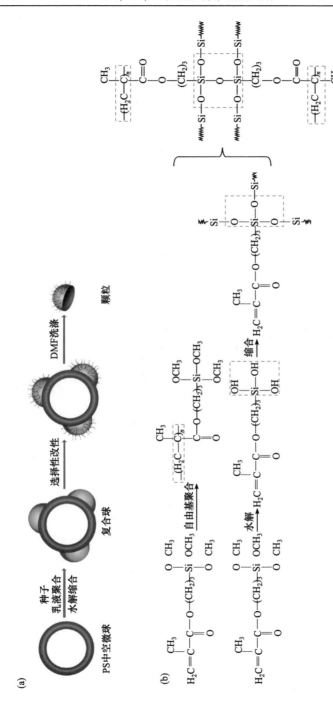

图4-16　由多相朴丁复合粒子制备Janus杂化粒子示意图以及MPS溶胶-凝胶反应和聚合反应机理[41]

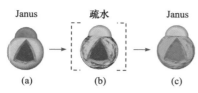

图 4-17　SiO₂@PDVB Janus 颗粒[42]
选择性改性：(a) SiO₂端亲水和 PDVB
端疏水；(b) SiO₂端疏水改性；
(c) PDVB 端亲水改性

最近，Oh 等[44]通过控制 MPS 溶胶-凝胶反应和自由基聚合反应的先后顺序，在助溶胀剂甲苯的协助下，并利用溶剂挥发诱导相分离，获得了球状 SiO₂/PDVB Janus 颗粒(图 4-18)。所获得的 Janus 颗粒可在极大的范围内调节其两端大小，即所谓的 Janus 平衡。他们通过理论计算和实验论证了：利用不同 Janus 平衡的 Janus 颗粒可组装成多种超结构，如胶束、链或双层膜等。同时这种 SiO₂/PDVB Janus

颗粒可以实现进一步选择性修饰，如 PS 端可接枝 DNA。

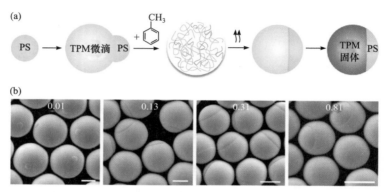

图 4-18　(a) 球状 SiO₂/PDVB Janus 颗粒制备流程图；(b) 不同 MPS 投料量对 Janus
颗粒形貌的影响[44]
比例尺表示 1 μm

4.3　乳液中受限相分离法

乳液是由两种互不相容液体在乳化剂作用下所形成的稳定体系，利用在其分散相中发生相分离，最终实现 Janus 颗粒的制备。在该受限空间内相分离可以确保所制得颗粒的均一性，而不会得到块状或不规则形貌的产物。同时由于乳液的普适性、稳定性、可规模化等优点，通过在乳液中的相分离法可以规模化地制备尺寸和形貌一致的 Janus 颗粒，具有广泛的实际生产应用前景。细化乳液中相分离法，我们可以发现其包括分散相挥发诱导相分离、聚合反应诱导相分离以及 Janus 乳液。

4.3.1　分散相挥发诱导相分离

两种不相容的聚合物可以在共溶剂的作用下溶解成均一的、稳定的聚合物溶液，但是随着溶剂挥发，这两种聚合物将发生相分离，即所谓的溶剂挥发诱导相分离。当该种溶剂挥发诱导相分离发生在乳液的分散液滴这一受限空间内时，极易获得 Janus 颗粒，因此我们将这种方法定义为分散相挥发诱导相分离制备 Janus颗粒。Okubo 课题组利用分散相挥发诱导相分离制备出了多种不同形貌和化学组成的 Janus 颗粒。并且早在 2006 年，他们就利用此方法[45]，以 PS 和 PMMA 为原料，甲苯作为溶剂，在水相中乳化后，将甲苯从中挥发出来以制备 Janus 复合颗粒。他们还研究了乳化剂种类和浓度对分散在稳定水溶液中的 PS/PMMA 乳液液滴释放甲苯来制备的非球形 PS/PMMA 复合颗粒的影响。在使用 PVA 的情况下，得到的颗粒总是呈现一种酒窝状。而在 SDS 存在的情况下，随着 SDS 浓度的增加，复合颗粒的形状可以实现由酒窝状到橡树果状，再变为球状的转变。由此这种特殊的形貌的形成原因在于：随着溶剂的挥发，PS/PMMA 乳液液滴首先会形成以 PS 为核、PMMA 为壳的核壳结构，而由于 PMMA 壳中的甲苯含量较 PS 核中少。而随着溶剂的挥发，PMMA 慢慢固化，剩余在核中的溶剂挥发时，会使PS 核发生收缩，即整个颗粒会呈现一个酒窝状的结构。并且通过改变乳化剂的浓度，最终产物的形貌可以实现从完全相分离的雪人形、双半球形以及核壳结构的连续调节。

随后他们研究了 PS/PMMA/甲苯液滴在 SDS 水溶液中的分散形态[46]，发现随着 SDS 浓度的增加，液滴的形态从同心的核壳结构逐渐向半球变化(图 4-19)。他们从界面能的角度对分散相挥发诱导相分离过程的热力学平衡进行了预测。利用界面张力计算液滴的最小界面总自由能得到的预测形态与实验结果刚好吻合。接着他们又利用此相分离方法，通过实验和理论研究了 PS/PMMA/甲苯液滴在非离

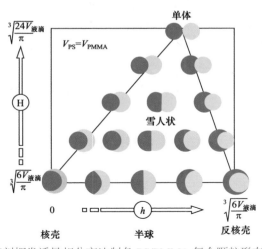

图 4-19　溶剂挥发诱导相分离法制备 PS/PMMA 复合颗粒形态的演变图[46]

子型表面活性剂(Emulgen 911)水溶液中随甲苯挥发而形成的非球形复合聚合物颗粒的形态变化[47]。他们发现 PS/PMMA/甲苯液滴分散在 0.33wt%的 Emulgen 911 水溶液中，当甲苯挥发时，球形液滴在接近热力学平衡时变为雪人形。相比于离子型表面活性剂(如 SDS)，非离子型表面活性剂存在下较低的$\gamma_{PS-T/W}$(PS 与水相的界面张力)和$\gamma_{PMMA-T/W}$(PMMA 与水相的界面张力)对于非球形颗粒的形成是很重要的。

在他们研究的基础上，Ge 等[48]研究了非离子表面活性剂浓度和聚合物分子量对溶剂蒸发法制备各向异性 PS/PMMA 复合颗粒形态的影响(图 4-20)，在这里他们选用的非离子表面活性剂为聚氧乙烯辛基苯基醚(OP-10)。他们发现对于分子量较低的聚合物($M_w \approx 6.0 \times 10^4$)，随着 OP-10 浓度的增加，PS/PMMA 复合颗粒的形貌有一个从酒窝到橡树果，再到半球状的转变。另外，当聚合物具有较高的分子量($M_w \approx 3.3 \times 10^5$)时，随着 OP-10 浓度的增加，PS/PMMA 复合颗粒的形貌变化为从酒窝到半球状，最后转变为雪人状结构。此外，他们首次通过扩散系数进行了简单的热力学分析，结果表明 OP-10 水溶液的浓度和聚合物的分子量对各向异性复合颗粒的最终形态都非常重要。

图 4-20　随着 OP-10 浓度的增加不同分子量的复合颗粒的形貌演变[48]

Fan 等[49]在利用此方法制备 Janus 颗粒时，选用二氯甲烷作为共溶剂。他们首先将 PS 与 PGMA 溶于二者的二氯甲烷中，以 SDS 为乳化剂构筑乳液体系，随后在二氯甲烷的沸点下挥发 12 h 以诱导相分离的发生，从而合成 PS/PGMA Janus 复合颗粒。通过 PGMA 一端上的环氧基团与二胺发生开环反应，使得颗粒表面修饰有氨基基团，再与马来酸酐进行反应，就可以在颗粒的 PGMA 一端表面引入羧基，最后通过与 Ag 离子配位即将其修饰到颗粒表面，这赋予了颗粒更广泛的应用，尤其是在生物医学方面(图 4-21)。

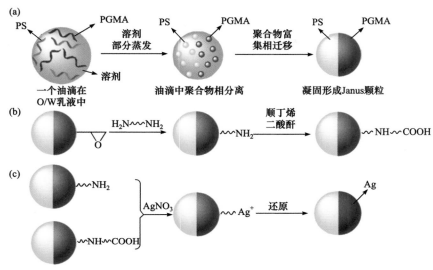

图 4-21　(a) 相分离法制备 PS/PGMA Janus 颗粒；(b) PS/PGMA Janus 颗粒的功能化；
(c) 通过配位键合成 PS/Ag 杂化 Janus 颗粒[49]

Kikuchi 等[50]利用分散相挥发诱导相分离法制备了 PBTPA 聚(4-丁基三苯胺)/PMMA 复合颗粒。他们首先将聚合物混合物分散在水相中，以 PVA 为稳定剂构筑乳液。紧接着他们研究了表面活性剂 SDS 对复合颗粒表面形貌的影响。当仅使用 PVA 作为悬浮稳定剂时，从甲苯溶液液滴中得到了部分覆盖 PBTPA 结构域的 Janus 颗粒。加入 SDS 作为表面活性剂，形成了以 PMMA 为核和 PBTPA 为壳的 Janus 和反核壳颗粒。反核壳颗粒与 Janus 颗粒的比例可以通过聚合物的组成和 SDS 的浓度来控制。随着 PBTPA 含量的增加，反核壳结构逐渐形成，PBTPA 壳变厚。SDS 浓度的增加也促进了核壳反相颗粒的形成。

4.3.2　聚合反应诱导相分离

单体往往具有极佳的溶解性，能与多种溶剂、单体或者聚合物互溶，而单体聚合后其分子量会极大地增加，所获得的聚合物与上述互溶体系相容性变差，直至发生相分离。当该种相分离发生在受限的乳液液滴内时，便可获得 Janus 颗粒，即所谓的聚合反应诱导相分离法制备 Janus 颗粒。Lu 等[51]采用乳液聚合技术一步合成了有机-无机 PS-SiO$_2$ 杂化不对称颗粒(图 4-22)。利用溶有 AIBN 的 St、正硅酸乙酯(TEOS)和 3-(甲基丙烯酰氧)丙基三甲氧基硅烷(MPS)组成的混合物制备了乳液，引发其中的自由基聚合以及溶胶-凝胶反应。当 PS 和 SiO$_2$ 形成后，PS 的疏水性和 SiO$_2$ 的亲水性加速了水滴内部的相分离。因此，可以一步合成 PS-SiO$_2$

杂化不对称颗粒。在有机和无机组分之间，硅烷偶联剂 MPS 充当连接 PS 和 SiO$_2$颗粒的桥梁。通过改变 St/TEOS 的质量比或在制备乳液过程中改变超声功率，可以很容易地调整这些不对称颗粒中的 PS 端的尺寸。

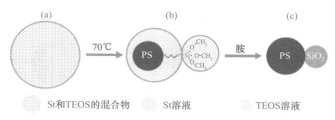

图 4-22　乳液聚合技术合成 PS -SiO$_2$ Janus 颗粒的原理图[51]

　　Liu 等[52]提出了一种制备非球形颗粒的方法，利用改性的乳液聚合一锅直接合成了具有核壳中空结构以及部分粗糙表面的单分散雪人状颗粒(图 4-23)。他们首先将引发剂偶氮二异丁腈(AIBN)分散在单体 St 中，与交联剂乙二醇(EG)混合成油相后，以对苯乙烯磺酸钠(NaSS)为反应型乳化剂与水相混合乳化成乳液，升温引发乳液聚合。在反应进行 6 h 时，注入引发剂过硫酸铵(APS)，并以滴加的方式加入单体如乙酸乙烯(VA)、丙烯酸(AA)、DVB 或 St。此时已经聚合的微球会与后加入的单体发生相分离，在微球表面形成一个凸起。这一过程可以重复进行，因此可以制备出具有多个分区的各向异性颗粒，且从总体上看雪人状颗粒两部分的粗糙程度不同。此外，交联度以及粗糙程度都可以通过调节反应过程中加入的单体的量进行控制。

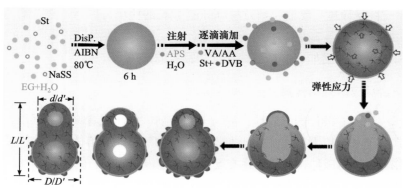

图 4-23　具有核壳和中空结构的雪人状复合颗粒的合成过程[52]

　　随后，他们利用同样的方法通过引入不同的单体制备了具有不同形貌、粗糙度、微结构以及不同的功能性基团分布的各向异性颗粒(图 4-24)[53]。

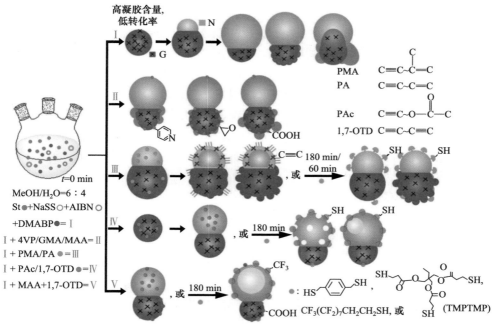

图 4-24　通过乳液聚合诱导相分离制备多种 Janus 颗粒的流程图[53]

DMABP 为 4, 4'-对甲基丙烯酸二苯甲酮酸

　　T. Parpaite 等[54]首先将二氧化硅前驱体(TEOS)、偶联剂(MPS)和共稳定剂(HD)形成均相有机相，与 SDS 水溶液超声处理后得到了稳定的油水乳液。在 pH 值为 9 时，TEOS 分子的水解和缩聚形成极性二氧化硅网络。利用硅氧烷水解缩合成的二氧化硅纳米颗粒，一部分从乳液液滴中相分离出来，而另一部分被甲基丙烯酸酯功能化，因此仍稳定在液滴内。接下来在体系中加入 St，通过 St 单体对有机半球进行溶胀，然后进行聚合得到 PS 部分。因此通过 MPS 的桥梁作用，制备出了一端为二氧化硅一端为 PS 的 Janus 颗粒。

　　近年来，我们组利用乳液中的聚合诱导相分离获得多种形状各异的 Janus 颗粒。例如，我们提出了一种在乳液界面合成不对称 Janus 颗粒的方法(图 4-25)[55]。首先以 SDS 为乳化剂在高速剪切下构筑水包油乳液，其中油相组成为石蜡、油溶性单体(如 St 或 DVB)和引发剂 AIBN。将整个体系加热到 70℃后引发单体聚合。反应后形成的聚合物球与石蜡不互溶，此时 Pickering 效应会迫使聚合物球移向水

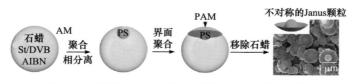

图 4-25　飞碟状 Janus 聚合物颗粒的合成原理图[55]

与石蜡的界面并固定在界面上。由于三相之间界面张力的影响，聚合残留单体会汇集到边缘聚合成一个大盘，聚合球的形状变得不对称。聚合微粒的形态演化及其对一些关键变量的依赖表明：颗粒的交联程度和界面张力差异是实现不对称形状的关键因素。通过选择性生长，可以控制颗粒的组成和微观结构。具有代表性的 PS/PAM Janus 颗粒是两亲性的，可作为固体表面活性剂稳定乳液，并优先定位于界面。

随后我们利用相似的方法合成了锥状交联 PS 颗粒。将溶有 St 的石蜡作为油相，在两种不同乳化剂的协同作用下得到水包石蜡的乳液。在分散的石蜡相中合成 PS，同样由于 Pickering 效应聚合物向界面迁移。在三相接触线上，变形颗粒在向外凸的张力差的作用下被挤压而形成锥状(图 4-26)[56]。锥面可以有选择地修饰成双面结构，底平面则被保护在石蜡球表面上，从而形成 Janus 颗粒。该 Janus 颗粒可以自组装成超结构，可以很容易构筑出稳定的涂层。由于颗粒的润湿性是可调的，因此可以实现从超亲水到超疏水。

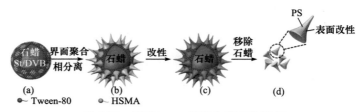

图 4-26　锥状 Janus 颗粒合成示意图[56]

最近，我们结合聚合诱导相分离和进一步界面聚合制备了一种新型的水母型 Janus 聚合物笼(图 4-27)[57]。该聚合物笼的"头"部是由 St/DVB 在石蜡乳液液滴中进行自由基聚合产生的。"腹"部是通过第二次乳液界面聚合，将石蜡内部的疏水单体与丙烯酸等外部水相中的亲水单体进行共聚实现的。头部和腹部部分共价连接，使 Janus 笼稳定、耐溶剂。"腹"部的壳由疏水的内表面和亲水的外表面组成，实现水环境中有机物种的选择性负载。不对称的"腹部"负责将水环境中的有机物种加载到腔内。各向异性的轮廓负责将货物运送到目标。

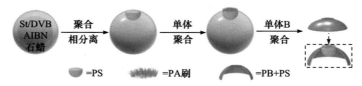

图 4-27　水母型 Janus 聚合物笼制备示意图[57]

4.3.3　Janus 乳液

近些年来，Janus 乳液也得到了广泛的研究，它是由具有不同的化学和物理性质的两种油相半球组成，从而使得 Janus 液滴的拓扑结构具有各向异性。若将这种 Janus 乳液作为模板，对油相半球分别引发聚合，便可获得 Janus 颗粒。扬州大学郭荣课题组报道了利用 Janus 乳液经聚合制备 Janus 颗粒的方法[58]。他们首先以 Tween-80、F127 作为乳化剂，构筑以两种不相溶的单体作为分散相、水为连续相的乳液。构筑出的乳液中分散相有两种不相溶的组分且具有明显的分区，这种乳液被称为 Janus 乳液，且乳液的形貌可以通过改变乳化剂用量或两种单体的质量比调节。分散相中溶有引发剂，所以当用紫外光辐照时，分散相中会发生单体聚合，从而将 Janus 乳液固化为 Janus 颗粒。利用这种方法，制备出的 Janus 颗粒的形貌可以实现从新月状到哑铃形再到偏心圆环的调节(图 4-28)。特别是他们声称这种方法是一种通用的策略，可以用于制备多种多样的聚合 Janus 颗粒。此外，在聚合前将量子点、磁性颗粒或荧光材料封装在分散相内会产生复合微颗粒。

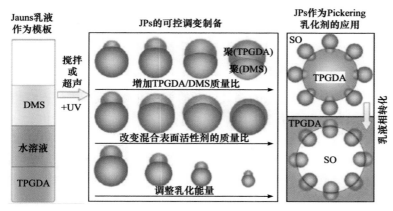

图 4-28　利用 Janus 乳液作为模板制备 Janus 颗粒(JPs)[58]

SO 表示硅油

　　以上是分散相含有两种成分的情况，除此之外他们还报道了一种利用高度结构化的 Cerberus 乳液作为模板，批量制造具有不同形态和不同化学成分的各向异性颗粒的策略[59]。他们指出，Cerberus 乳液是将表面活性剂水溶液与三种不混溶的油(可选择性光固化或不可固化)通过窝滚法混合乳化而成。以此为模板，各向异性颗粒随后通过 UV 诱导聚合来制备。通过不同的几何形貌可控的 Cerberus 液滴即可实现 Janus 颗粒形貌的多样性。此外，聚合形成的各向异性颗粒的化学组成和几何结构的多样性是通过选择性地使用一种、两种或三种可固化油作为乳化液的内相来实现的。月牙状、三明治 Janus 型颗粒均可以实现可控制备。并且他们报道的策略具有普适性，可以推广到大量的聚合物各向异性颗粒的制备(图 4-29)。

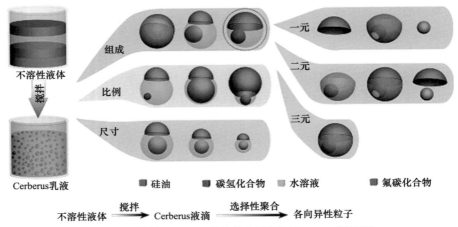

不溶性液体 $\xrightarrow{\text{搅拌}}$ Cerberus液滴 $\xrightarrow{\text{选择性聚合}}$ 各向异性粒子

图 4-29　利用 Cerberus 乳液作为模板制备 Janus 颗粒[59]

4.4　乳液界面诱导分区材料化

4.4.1　功能化 Janus 纳米片制备

在乳液体系中,利用乳液界面处分散的乳液液滴和其周围的连续相所具有的不同化学环境,其本身具有 Janus 性质。通过在水油界面处诱导化学分区,并且将其材料化,也可以实现 Janus 颗粒的制备。我们组最早利用含不同官能团的硅烷偶联剂在油水乳液界面处的溶胶-凝胶反应,控制含亲水基团的硅烷偶联剂与含亲油基团的硅烷偶联剂在水油界面处分区,获得内外面性质不同的二氧化硅 Janus 中空微球[图 4-30(a)][60]。通过复配高 HLB 值的表面活性剂 Tween-80,可以获得具有通孔结构的二氧化硅 Janus 中空微球,并且该通孔尺寸可控。由于该二氧化硅 Janus 中空微球具有 Janus 性质的内外表面以及通孔结构,其在油水分离,尤其对乳化油,具有极佳的吸附分离效果。

随后我们简单地机械破碎该 Janus 中空微球,便可获得 Janus 纳米片状材料[图 4-30(b)][61]。所获得的 Janus 纳米片厚度可调,可对其进行选择性调控,制备了 PS 微球和 Fe_3O_4 磁性微球修饰的 Janus 纳米片。制备的磁性 Janus 纳米片具有极佳的磁响应性和乳化能力,同时该 Janus 纳米片稳定的乳化油滴也具备磁响应性,这就为废油回收提供了可能。通过选用含不同亲水、亲油官能团的硅烷偶联我们也制备了离子液体功能化的 Janus 纳米片[62]。该种 Janus 纳米片可以作为固体乳化剂稳定 O/W 乳液,同时所制备的乳液的稳定性与体系中阴离子的种类有关,通过阴离子交换可实现乳化与破乳。

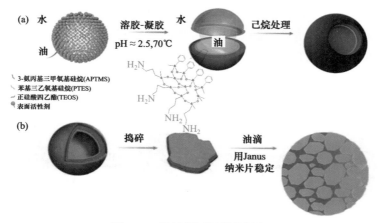

图 4-30　乳液界面材料化制备

(a) Janus 中空微球[60]；(b) Janus 纳米片[61]

若将含亲油团的硅烷偶联剂换成 MPS，并且在油相中引入单体，先通过溶胶-凝胶反应获得 SiO$_2$ Janus 壳层，再引发自由基聚合在 SiO$_2$ 壳层内表面生长聚合物壳层，最终通过机械破碎成功制备了有机无机复合 Janus 纳米片(图 4-31)[63]。该复合 Janus 纳米片具有极佳的耐溶剂性，可作为固体表面活性剂稳定 Pickering 乳液。通过调节聚合物的接枝量可调控复合 Janus 纳米片的 Janus 平衡，使成为稳定的 O/W 乳液或 W/O 乳液。

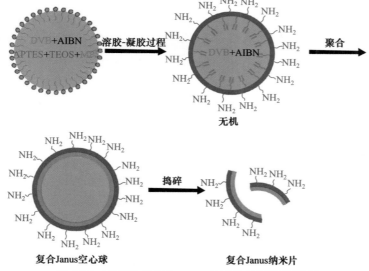

图 4-31　有机无机复合 Janus 纳米片的制备流程[63]

上述 Janus 纳米片制备过程中，一般都采用离子型表面活性剂作为乳化剂稳定 O/W 乳液。我们发现聚乙二醇-*b*-聚甲基丙烯酰氧基丙基三乙氧基硅烷-*b*-聚苯乙烯(PEO-*b*-PTEPM-*b*-PS)和 PEO-*b*-PS 可在水油界面协同自组装，从而稳定 O/W 乳液[64]。随后利用 PTEPM 在水油界面处的溶胶-凝胶反应，形成纳米盘，最后将 PEO-*b*-PS 洗去便可获得介孔 Janus 纳米盘(图 4-32)。该介孔 Janus 纳米盘具有两亲性，可在悬浮液中形成超结构，并且可用作固体乳化剂。

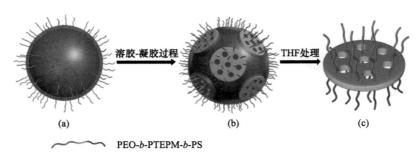

图 4-32　介孔 Janus 纳米盘的制备流程[64]

　　除了这些一锅法获得有机无机复合 Janus 纳米片外，我们还对所获得的二氧化硅 Janus 纳米片进行了多种选择性修饰，制备了多种具有不同功能性的复合 Janus 纳米片。例如，通过原子转移自由基聚合(ATRP)在 Janus 纳米片上接枝聚甲基丙烯酸二乙氨基乙酯(PDEAEMA)或者聚(*N*-异丙基丙烯酰胺)(PNIPAM)分别获得了 pH 响应性或者温度响应性的复合 Janus 纳米片[图 4-33(a)][65]；通过 ATRP 接枝光敏性聚合物(PSPMA)，获得了光响应性的复合 Janus 纳米片[图 4-33(b)][66]；接枝聚(1-乙烯基-3-乙基咪唑溴盐)，制备了具有催化活性的聚离子液体修饰的复合 Janus 纳米片[图 4-33(c)][67]；通过分步 ATRP 在 Janus 纳米片上同时接枝上 PDEAEMA 和 PNIPAM，制备了 pH 和温度双响应性的复合 Janus 纳米片[图 4-33(d)和(e)][68]。

　　近年来，该乳液界面诱导分区材料化制备 Janus 纳米片也得到了国内外其他科研工作者的关注。如江苏大学潘建明团队通过在二氧化硅 Janus 纳米片一侧利用分子印迹技术获得 2,6-二氯苯酚(DCP)吸附位点，而另一侧修饰上巯基功能团，最终他们获得了一种可同时净化水中 DCP 和铅离子的 Janus 纳米片[69]；同样利用分子印迹技术，他们制备了可吸附邻苯二酚的 Janus 纳米片[70]；另外利用硅烷偶联剂在 W/O 乳液表面溶胶-凝胶反应，他们获得了瓶状 Janus 颗粒[71]。Chen 等[72]利用 PTEPM-*b*-PS 两嵌段共聚物稳定 O/W 乳液，通过 TEOS 与 PMPS 在水油界面处水解获得一端含 PS 的复合 Janus 纳米片，再通过 ATRP，他们也制备了 pH 或者温度响应的 Janus 纳米片。Vafaeezadeh 等制备了一面含苄基和长烷基链而另一面含磺酸根和氨基的 Janus 纳米片[73]；以及一面离子化另一面含磺酸根的 Janus 纳米片[74]。这些 Janus 纳米片均可作为 Fischer 酯化反应的催化剂。一些含离子液

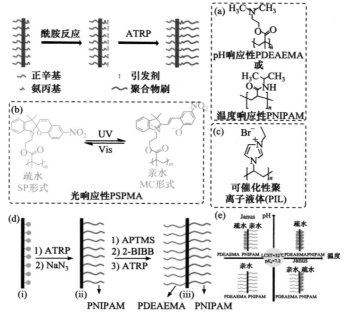

图 4-33　选择性 ATRP 制备功能性的复合 Janus 纳米片

(a) pH 或者温度响应性[65]；(b) 光响应性[66]；(c) 可催化性[67]；(d) pH 和温度双响应性[68]；
(e) pH 和温度双响应性复合 Janus 纳米片响应性演化[68]

体的 Janus 纳米片也被报道，多可作为界面催化剂使用[75-76]。同时，一些课题组从该类型 Janus 纳米片出发，通过选择性改性，制备了无机物-无机物复合 Janus 纳米片[77-78]。

4.4.2　基于 Janus 纳米片的高分子共混体系增强

最近，我们组和其他科研工作者受纳米片的高度各向异性和高纵横比启发，开始关注 Janus 纳米片在高分子共混体系中的应用。在高分子共混体系中， Janus 纳米片表现出更高的界面活性，能够有效降低体系的自由能[79]。同时 Janus 纳米片可灵活、可控地改性和聚合物接枝，使得其更好地增容互不相容的聚合物共混体系。另外，可以利用导电、导热、磁等纳米颗粒改性 Janus 纳米片，从而获得高功能化的 Janus 纳米片，最终实现高分子复合材料的高功能化。

我们制备了一侧接枝氰基丁二烯橡胶(NBR)而另一侧修饰环氧基团的复合 Janus 纳米片(图 4-34)[80]。将该 Janus 纳米片引入环氧树脂(ER)/NBR 共混体系中，发现该 Janus 纳米片能够同时增强和增韧 ER/NBR 共混物。该 Janus 纳米片上接枝的 NBR 能够与 NBR 相物理缠结，而其环氧基团参与 ER 的固化反应。当 Janus 纳米片的添加量为 0.2wt%时，Janus 纳米片实现在 ER/NBR 界面处最大单层填充，实现共混材料强度和韧性的最优化。

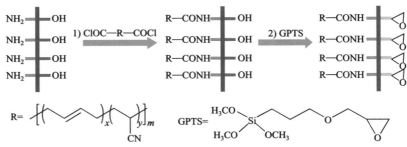

图 4-34　一侧 NBR 而另一侧环氧基团的复合 Janus 纳米片的制备流程图[80]

　　随后，我们制备了一侧接枝聚甲基丙烯酸甲酯(PMMA)而另一侧由环氧基团修饰的复合 Janus 纳米片(图 4-35)[81]。利用接枝的 PMMA 与 PVDF 很好的相容性，而环氧基团能够与 PLLA 发生反应增容，该复合 Janus 纳米片能够很好地增容 PVDF/PLLA 双连续共混体系。结果发现，该复合 Janus 纳米片能够细化相区尺寸，阻止两相的 Ostwald 熟化。当该复合 Janus 纳米片添加量达到 0.5 wt%时，其在两相界面处饱和且相互拥挤成单层纳米片超结构。我们对 PLLA 相进行选择性刻蚀，获得了结构稳定的 PVDF 多孔膜，实现了其在制备导电、导热多孔膜方向的应用。

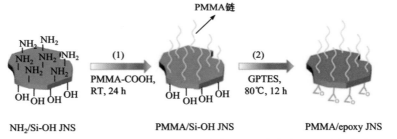

图 4-35　一侧 PMMA 而另一侧环氧基团的复合 Janus 纳米片(JNS)的制备流程图[81]

　　Nie 等[82]通过"从主链接枝"(grafting from)和"接枝到主链"(grafting to)两种方法在二氧化硅 Janus 纳米片的两侧选择性接枝上 PS 和 PI 分子链，得到 PS-SiO₂-PI Janus 纳米片。在不相容共混体系 PS/PI 中，分别添加改性前和改性后的 Janus 纳米片，表现出不同的增容效果。热退火处理后，添加未改性 Janus 纳米片的体系形貌发生明显的改变，尺寸明显变大。而接枝有 PS 和 PI 分子链的纳米片，由于界面处纳米片的增容和稳定作用，热退火前后共混体系的相貌未发生明显的改变，且尺寸变得更小。他们也制备了 Ag-SiO₂-PS 纳米片，将其分散到 PS 基体中，通过层层刮胶工艺获得了各向异性的导热 PS 复合材料[83]。

　　目前，Janus 纳米片在高分子共混体系中的研究处于刚刚起步的阶段，很多机理还不是很清楚。还有很多问题有待解决，如 Janus 纳米片两侧接枝的高分子链或者功能基团与其片状结构是如何共同作用两相界面的；如何实现 Janus 纳米片增容的不相容共混体系的高功能化；如何利用 Janus 纳米片对三元乃至多元共混体系进行增容等。

4.5　小结与展望

总结现有 Janus 颗粒的所有制备方法，基于乳液的合成方法被认为是最有前途的方法之一，因为其易于规模化，成本低，并且具有制备有机、无机和杂化材料等多种 Janus 颗粒的通用性。能够规模化地获得低成本 Janus 颗粒对于 Janus 颗粒性能系统的表征和最终的工业应用是至关重要的。利用 Janus 颗粒两端或者两面不同的化学环境，可以对其进行选择改性，实现 Janus 颗粒的改性。同时，结合选择性改性在 Janus 颗粒一端或者一面引入特定官能团，从而实现该端表面生长或者吸附其他功能材料，最终实现 Janus 颗粒的组成和微观结构的广泛调整。通过调节各成分在水油界面的界面张力的差异，可以进一步调整颗粒的 Janus 平衡。特别是对于水油界面处的软颗粒，沿三相接触线的三种界面张力的不匹配导致颗粒变形，可以获得非球形的 Janus 颗粒。对于种子乳液聚合，精确控制好其溶胀和相分离过程，即可实现 Janus 颗粒规模化、稳定化生产。对于溶解或分散在乳液分散相中的单体或者预成型的颗粒，分散相的挥发、聚合或者外场等诸多因素都能诱导相分离，从而大规模地获得各向异性的 Janus 颗粒。值得注意的是，水油界面本身就具备 Janus 性质，实现该水油界面的材料化，便可规模化地获得 Janus 纳米片。

虽然目前基于乳液法制备 Janus 颗粒主要集中在亚微米或更大的 Janus 颗粒上，但不同组成的 Janus 纳米颗粒的制备已经开始获得一定的关注，必将在不久的将来得到快速发展。同时 Janus 颗粒会突破诸如颗粒乳化剂、界面增容剂、界面催化剂、细胞诊断与治疗等诸多方面的应用，实现其在新材料、环境保护、生物医用和电子信息等关键领域获得广泛应用。

参 考 文 献

[1] de Gennes P G. Soft Matter(Nobel Lecture)[J]. Angewandte Chemie International Edition, 1992, 31(7): 842-845.

[2] Walther A, Müller A H E. Janus particles[J]. Soft Matter，2008, 4 (4)：663-668.

[3] Wurm F, Kilbinger A F M. Polymeric Janus particles[J]. Angewandte Chemie International Edition, 2009, 48(45): 8412-8421.

[4] Jiang S, Chen Q, Tripathy M, et al. Janus particle synthesis and assembly[J]. Advanced Materials,

2010, 22(10): 1060-1071.

[5] Hu J, Zhou S, Sun Y, et al. Fabrication, properties and applications of Janus particles[J]. Chemical Society Reviews, 2012, 41(11): 4356-4378.

[6] Walther A, Muller A H E. Janus particles: synthesis, self-assembly, physical properties, and applications[J]. Chemical Reviews, 2013, 113(7): 5194-5261.

[7] Pang X, Wan C, Wang M, et al. Strictly biphasic soft and hard Janus structures: synthesis, properties, and applications[J]. Angewandte Chemie International Edition, 2014, 53(22): 5524-5538.

[8] Liang F X, Liu B, Cao Z, et al. Janus colloids toward interfacial engineering[J]. Langmuir，2018, 34 (14): 4123-4131.

[9] Perro A, Reculusa S, Ravaine S, et al. Design and synthesis of Janus micro-and nanoparticles[J]. Journal of Materials Chemistry, 2005, 15(35-36): 3745-3760.

[10] Lattuada M, Hatton T A. Synthesis, properties and applications of Janus nanoparticles[J]. Nano Today, 2011, 6(3): 286-308.

[11] Deng R, Liang F, Zhu J, et al. Recent advances in the synthesis of Janus nanomaterials of block copolymers[J]. Materials Chemistry Frontiers, 2017, 1(3): 431-443.

[12] Zhang J, Grzybowski B A, Granick S, et al. Janus particle synthesis, Assembly and Application[J]. Langmuir, 2017, 33 (28): 6964-6977.

[13] Fan X, Yang J, Loh X J, et al. Polymeric Janus nanoparticles: recent advances in synthetic strategies, materials properties, and applications[J]. Macromolecular Rapid Communications, 2019, 40(5): 1800203.

[14] Tang C, Zhang C, Liu J, et al. Large scale synthesis of Janus submicrometer sized colloids by seeded emulsion polymerization[J]. Macromolecules, 2010, 43(11): 5114-5120.

[15] Kim J W, Larsen R J, Weitz D A. Synthesis of nonspherical colloidal particles with anisotropic properties[J]. Journal of the American Chemical Society, 2006, 128(44): 14374-14377.

[16] Yu X, Sun Y, Liang F, et al. Triblock Janus particles by seeded emulsion polymerization[J]. Macromolecules, 2018, 52(1): 96-102.

[17] 田雷. 基于 PGMA 种子乳液聚合体系构筑各向异性功能颗粒的方法研究[D]. 西安: 西北工业大学, 2018.

[18] Sheu H R, El-Aasser M S, Vanderhoff J W. Phase separation in polystyrene latex interpenetrating polymer networks[J]. Journal of Polymer Science Part A: Polymer Chemistry, 1990, 28(3): 629-651.

[19] Liu B, Liu J, Liang F, et al. Robust anisotropic composite particles with tunable Janus balance[J]. Macromolecules, 2012, 45(12): 5176-5184.

[20] 于啸天. 相分离法制备 Janus 颗粒的研究[D]. 北京: 中国科学院大学, 2019.

[21] Mock E B, De Bruyn H, Hawkett B S, et al. Synthesis of anisotropic nanoparticles by seeded emulsion polymerization[J]. Langmuir, 2006, 22(9): 4037-4043.

[22] van Ravensteijn B G P, Kegel W K. Tuning particle geometry of chemically anisotropic dumbbell-shaped colloids[J]. Journal of Colloid and Interface Science, 2017, 490: 462-477.

[23] Li Y, Chen S, Demirci S, et al. Morphology evolution of Janus dumbbell nanoparticles in seeded

emulsion polymerization[J]. Journal of Colloid and Interface Science, 2019, 543: 34-42.

[24] Kim J W, Cho J, Cho J, et al. Synthesis of monodisperse Bi-compartmentalized amphiphilic Janus microparticles for tailored assembly at the oil-water interface[J]. Angewandte Chemie International Edition, 2016, 55(14): 4509-4513.

[25] Kim H, Cho J, Cho J, et al. Magnetic-patchy Janus colloid surfactants for reversible recovery of pickering emulsions[J]. ACS Applied Materials & Interfaces, 2018, 10(1): 1408-1414.

[26] Peng B, van Blaaderen A, Imhof A. Direct observation of the formation of liquid protrusions on polymer colloids and their coalescence[J]. ACS Applied Materials & Interfaces, 2013, 5(10): 4277-4284.

[27] Cheng Z, Luo F, Zhang Z, et al. Syntheses and applications of concave and convex colloids with precisely controlled shapes[J]. Soft Matter, 2013, 9(47): 11392-11397.

[28] Zhang M, Lan Y, Wang D, et al. Synthesis of polymeric yolk-shell microspheres by seed emulsion polymerization[J]. Macromolecules, 2011, 44(4): 842-847.

[29] Meng X, Guan Y, Zhang Z, et al. Fabrication of a composite colloidal particle with unusual Janus structure as a high-performance solid emulsifier[J]. Langmuir, 2012, 28(34): 12472-12478.

[30] Wang L, Pan M, Song S, et al. Intriguing morphology evolution from noncrosslinked poly (tert-butyl acrylate) seeds with polar functional groups in soap-free emulsion polymerization of styrene[J]. Langmuir, 2016, 32(31): 7829-7840.

[31] Niu Q, Pan M, Yuan J, et al. Anisotropic nanoparticles with controllable morphologies from non-cross-linked seeded emulsion polymerization[J]. Macromolecular Rapid Communications, 2013, 34(17): 1363-1367.

[32] Yan W, Pan M, Yuan J, et al. Raspberry-like patchy particles achieved by decorating carboxylated polystyrene cores with snowman-like poly(vinylidene fluoride)/poly(4-vinylpyridiene) Janus particles[J]. Polymer, 2017, 122: 139-147.

[33] Gao S, Song S, Wang J, et al. Self-assembled heteromorphous raspberry-like colloidal particles from Pickering-like emulsion polymerization[J]. Colloids and Surfaces A: Physicochemical and Engineering Aspects, 2019, 577: 360-369.

[34] Tian L, Li X, Zhao P, et al. Generalized approach for fabricating monodisperse anisotropic microparticles via single-hole swelling PGMA seed particles[J]. Macromolecules, 2015, 48(20): 7592-7603.

[35] Tian L, Li X, Zhao P, et al. Fabrication of liquid protrusions on non-cross-linked colloidal particles for shape-controlled patchy microparticles[J]. Macromolecules, 2016, 49(24): 9626-9636.

[36] Tian L, Li X, Liu J, et al. Fast swelling strategy for flower-like micro-sized colloidal surfactants with controllable patches by regulating the T_g of seed particles[J]. Polymer Chemistry, 2017, 8(35): 5327-5335.

[37] Chen W H, Tu F, Bradley L C, et al. Shape-tunable synthesis of sub-micrometer lens-shaped particles via seeded emulsion polymerization[J]. Chemistry of Materials, 2017, 29(7): 2685-2688.

[38] Pei X, Zhai K, Liang X, et al. Fabrication of shape-tunable macroparticles by seeded polymerization of styrene using non-cross-linked starch-based seed[J]. Journal of Colloid and Interface Science, 2018, 512: 600-608.

[39] Zhang X, Yao X, Wang X, et al. Robust hybrid raspberry-like hollow particles with complex structures: a facile method of swelling polymerization towards composite spheres[J]. Soft Matter, 2014, 10(6): 873-881.

[40] Perro A, Reculusa S, Bourgeat-Lami E, et al. Synthesis of hybrid colloidal particles: from snowman-like to raspberry-like morphologies[J]. Colloids and Surfaces A: Physicochemical and Engineering Aspects, 2006, 284: 78-83.

[41] Tang C, Zhang C, Sun Y, et al. Janus anisotropic hybrid particles with tunable size from patchy composite spheres[J]. Macromolecules, 2013, 46(1): 188-193.

[42] Sun Y, Liang F, Qu X, et al. Robust reactive Janus composite particles of snowman shape[J]. Macromolecules, 2015, 48(8): 2715-2722.

[43] Sun D, Si Y, Song X M, et al. Bi-continuous emulsion using Janus particles[J]. Chemical Communications, 2019, 55(32): 4667-4670.

[44] Oh J S, Lee S, Glotzer S C, et al. Colloidal fibers and rings by cooperative assembly[J]. Nature Communications, 2019, 10(1): 1-10.

[45] Saito N, Kagari Y, Okubo M. Effect of colloidal stabilizer on the shape of polystyrene/poly (methyl methacrylate) composite particles prepared in aqueous medium by the solvent evaporation method[J]. Langmuir, 2006, 22(22): 9397-9402.

[46] Saito N, Kagari Y, Okubo M. Revisiting the morphology development of solvent-swollen composite polymer particles at thermodynamic equilibrium[J]. Langmuir, 2007, 23(11): 5914-5919.

[47] Saito N, Nakatsuru R, Kagari Y, et al. Formation of "snowmanlike" polystyrene/poly (methyl methacrylate)/toluene droplets dispersed in an aqueous solution of a nonionic surfactant at thermodynamic equilibrium[J]. Langmuir, 2007, 23(23): 11506-11512.

[48] Ge X, Wang M, Ji X, et al. Effects of concentration of nonionic surfactant and molecular weight of polymers on the morphology of anisotropic polystyrene/poly(methyl methacrylate) composite particles prepared by solvent evaporation method[J]. Colloid and Polymer Science, 2009, 287 (7), 819-827.

[49] Fan X, Zhang Q, Zhang H, et al. Synthesis of PS/Ag asymmetric hybrid particles via phase separation and self-assembly[J]. Particuology, 2013, 11(6): 768-775.

[50] Kikuchi S, Shoji R, Yoshida S, et al. Fabrication of inverse core-shell and Janus-structured microspheres of blends of poly (4-butyltriphenylamine) and poly (methyl methacrylate)[J]. Colloid and Polymer Science, 2020, 298(3): 251-261.

[51] Lu W, Chen M, Wu L. One-step synthesis of organic-inorganic hybrid asymmetric dimer particles via miniemulsion polymerization and functionalization with silver[J]. Journal of Colloid and Interface Science, 2008, 328(1): 98-102.

[52] Liu Y, Ma Y, Liu L, et al. Facile synthesis of core-shell/hollow anisotropic particles via control of cross-linking during one-pot dispersion polymerization[J]. Journal of Colloid and Interface

Science, 2015, 445: 268-276.

[53] Jiang K, Liu Y, Yan Y, et al. Combined chain-and step-growth dispersion polymerization toward PSt particles with soft, clickable patches[J]. Polymer Chemistry, 2017, 8(8): 1404-1416.

[54] Parpaite T, Otazaghine B, Caro A S, et al. Janus hybrid silica/polymer nanoparticles as effective compatibilizing agents for polystyrene/polyamide-6 melted blends[J]. Polymer, 2016, 90: 34-44.

[55] Wang Y, Zhang C, Tang C, et al. Emulsion interfacial synthesis of asymmetric Janus particles[J]. Macromolecules, 2011, 44(10): 3787-3794.

[56] Sun Y, Liang F, Qu X, et al. Robust reactive Janus composite particles of snowman shape[J]. Macromolecules, 2015, 48(8): 2715-2722.

[57] Shi S, Zhang L, Zhang G, et al. Jellyfish-like janus polymeric cage[J]. Macromolecules, 2020, 53(6): 2228-2234.

[58] Wei D, Ge L, Lu S, et al. Janus particles templated by Janus emulsions and application as a pickering emulsifier[J]. Langmuir, 2017, 33(23): 5819-5828.

[59] Ge L, Cheng J, Wei D, et al. Anisotropic particles templated by cerberus emulsions[J]. Langmuir, 2018, 34(25): 7386-7395.

[60] Liang F, Liu J, Zhang C, et al. Janus hollow spheres by emulsion interfacial self-assembled sol-gel process[J]. Chemical Communications, 2011, 47(4): 1231-1233.

[61] Liang F, Shen K, Qu X, et al. Inorganic Janus nanosheets[J]. Angewandte Chemie International Edition, 2011, 123(10): 2427-2430.

[62] Ji X, Zhang Q, Liang F, et al. Ionic liquid functionalized Janus nanosheets[J]. Chemical Communications, 2014, 50(43): 5706-5709.

[63] Chen Y, Liang F, Yang H, et al. Janus nanosheets of polymer-inorganic layered composites[J]. Macromolecules, 2012, 45(3): 1460-1467.

[64] Jia F, Liang F, Yang Z. Janus mesoporous nanodisc from gelable triblock copolymer[J]. ACS Macro Letters, 2016, 5(12): 1344-1347.

[65] Yang H, Liang F, Wang X, et al. Responsive Janus composite nanosheets[J]. Macromolecules, 2013, 46(7): 2754-2759.

[66] Cao Z, Wang G, Chen Y, et al. Light-triggered responsive Janus composite nanosheets[J]. Macromolecules, 2015, 48(19): 7256-7261.

[67] Ji X, Zhang Q, Qu X, et al. Poly (ionic liquid) Janus nanosheets towards dye degradation[J]. RSC Advances, 2015, 5(28): 21877-21880.

[68] Yang H, Liang F, Wang X, et al. Responsive Janus composite nanosheets[J]. Macromolecules, 2013, 46(7): 2754-2759.

[69] Liu J, Wang P, Zhou M, et al. Tailored Janus silica nanosheets integrating bispecific artificial receptors for simultaneous adsorption of 2,6-dichlorophenol and Pb(II)[J]. Journal of Materials Chemistry A, 2019, 7(27): 16161-16175.

[70] Chen X, Wu F, Tang J, et al. Anisotropic emulsion constructed boronate affinity imprinted Janus nanosheets for stir bar sorptive extraction of cis-diol-containing catechol[J]. Chemical Engineering Journal, 2020, 395: 124995.

[71] Yao J, Ma Y, Liu J, et al. Janus-like boronate affinity magnetic molecularly imprinted

nanobottles for specific adsorption and fast separation of luteolin[J]. Chemical Engineering Journal, 2019, 356: 436-444.

[72] Chen H, Fu W, Li Z. Temperature and pH responsive Janus silica nanoplates prepared by the sol-gel process and postmodification[J]. Langmuir, 2019, 36(1): 273-278.

[73] Vafaeezadeh M, Breuninger P, Lösch P, et al. Janus interphase organic-inorganic hybrid materials: novel water-friendly heterogeneous catalysts[J]. ChemCatChem, 2019, 11(9): 2304-2312.

[74] Vafaeezadeh M, Wilhelm C, Breuninger P, et al. A Janus-type heterogeneous surfactant for adipic acid synthesis[J]. ChemCatChem, 2020, 12(10): 2695-2701.

[75] Meng Q B, Yang P, Feng T, et al. Phosphomolybdic acid-responsive Pickering emulsions stabilized by ionic liquid functionalized Janus nanosheets[J]. Journal of Colloid and Interface Science, 2017, 507: 74-82.

[76] Xia L, Zhang H, Wei Z, et al. Catalytic emulsion based on janus nanosheets for ultra-deep desulfurization[J]. Chemistry-A European Journal, 2017, 23(8): 1920-1929.

[77] Yang J, Xu X, Liu Y, et al. Preparation of $SiO_2@TiO_2$ composite nanosheets and their application in photocatalytic degradation of malachite green at emulsion interface[J]. Colloids and Surfaces A: Physicochemical and Engineering Aspects, 2019, 582: 123858.

[78] Xu X, Liu Y, Gao Y, et al. Preparation of Au@silica Janus nanosheets and their catalytic application[J]. Colloids and Surfaces A: Physicochemical and Engineering Aspects, 2017, 529: 613-620.

[79] Huang M, Guo H. The intriguing ordering and compatibilizing performance of Janus nanoparticles with various shapes and different dividing surface designs in immiscible polymer blends[J]. Soft Matter, 2013, 9(30): 7356-7368.

[80] Hou Y, Zhang G, Tang X, et al. Janus nanosheets synchronously strengthen and toughen polymer blends[J]. Macromolecules, 2019, 52(10): 3863-3868.

[81] Guan J, Gui H, Zheng Y, et al. Stabilizing polymeric interface by Janus Nanosheet[J]. Macromolecular Rapid Communications, 2020, 41(19): 2000392.

[82] Nie H, Liang X, He A. Enthalpy-enhanced Janus nanosheets for trapping nonequilibrium morphology of immiscible polymer blends[J]. Macromolecules, 2018, 51(7): 2615-2620.

[83] Han X, Wu L, Zhang H, et al. Inorganic-organic hybrid Janus fillers for improving the thermal conductivity of polymer composites[J]. ACS Applied Materials & Interfaces, 2019, 11(13): 12190-12194.

(李媛媛，桂豪冠，梁福鑫)

第5章　分子内交联制备 Janus 纳米颗粒

5.1　单链纳米颗粒

5.1.1　引言

高分子科学的优势在于其提供了一种可以设计功能性应用的分子结构的方法。因此，发展新型的制备聚合物和复杂大分子结构的方法学，并以此来设计新型的大分子功能体系越来越引起化学研究工作者的极大兴趣。随着对大分子基础研究的深入和其与日俱增的复杂性来看，聚合物的精确构筑越来越引人深思。从聚合物结构学的观点来看，这贯穿了整个 20 世纪的研究热点，即从简单线型聚合物的合成到更多的复合结构，如嵌段共聚物、刷子状聚合物、超支化大分子和树枝状大分子等[1]。同时在功能区域建立的这个层面上，从原本构筑聚合物的基本材料单元到引入精细的刺激响应功能域、自修复系统，以及各种具有催化活性和光电效应的功能单元等一系列深入的研究。在此飞速发展的领域中，一种被称为有机纳米颗粒(organic nanoparticles, ONPs)的纳米材料应运而生，这种材料是通过单分子链折叠技术(single-chain collapse technology, SCCT)在分子尺度上对蜷缩的聚合物单分子链进行改性，赋予其多种新型的性质和功能[2-4]。在自然界中聚合物的精确折叠结构普遍存在，如蛋白质，其结构精确、复杂且完美，以至于目前的人工合成手段难以望其项背。受此启发单分子链折叠技术近些年来发展迅猛，聚合物单链纳米颗粒(single-chain nanoparticles, SCNPs)则应运而生，SCNPs 是以单个的聚合物大分子链为前驱体，在分子层级上实现单个大分子链内的交联和功能化的一种新型纳米材料，其在聚合催化、生物医药载体和传感器等领域有着不可忽视的潜在应用价值，对研究生命科学的意义也颇为深远[5]。

1956 年，Kuhn 等[6]首次提出了分子内交联的概念(图 5-1)。当双官能度的交联剂的一个官能团与单根分子链的官能团发生反应后，另一个官能团会与跟该分子链相邻的另一分子链上的官能团发生反应，使原本独立的两根分子链连接成为分子量更大的分子链，体系浓度显著增大，最后形成凝胶。而当分子链处于极稀溶液中时，双官能度交联剂的一个官能团与单根分子链的官能团发生反应后，由于分子链间距足够远，分子链间不会发生缠结，另一个官能团只会跟同一根链上的相邻官能团发生反应，交联反应只发生在单根分子链的内部，不会发生在分子间。这种只发生在聚合物单根分子链内部的交联反应就称作分子内交联。

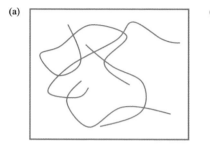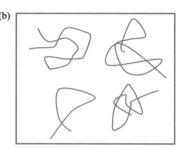

图 5-1　聚合物交联反应
(a) 浓溶液中分子间交联；(b) 稀溶液中分子内交联

　　自此以后 SCNPs 经过半个多世纪的发展已经日臻成熟，大量的新的合成方法和功能应用研究不断涌现[7-10]。SCNPs 的制备可以分为三步[11]：①SCNPs 前驱体聚合物的设计与合成，有效的合成方法为可控/活性自由基聚合[ATRP、NMP(氮氧稳定自由基法)及 RAFT 等]；②功能化修饰前驱聚合物，为下一步交联反应提供活性交联位点，此步有时与第一步不分先后，也可以先对聚合单体进行功能化修饰，再通过聚合获得相应的前驱聚合物；③前驱聚合物的分子内交联，此步骤是 SCNPs 的核心，反应条件的控制和合成策略的选择是获得形貌优良的单分散纳米颗粒的关键。ATRP[12-14]和 RAFT[15-17]等可控自由基聚合的高速发展为 SCNPs 的多样化发展提供了坚实的基础。自 1998 年 Rizzardo 等[18]首次提出 RAFT 聚合的概念以后，RAFT 聚合发展迅速，已经成为目前聚合物合成最有效的方法之一。RAFT 聚合因其具有可聚合官能团的容忍度高，对于各种乙烯类单体广泛适用，所制备的聚合物分子量分布较窄且组成控制性好以及实验条件要求低等优点，已经在各种 SCNPs 前驱聚合物的制备中大量应用。

　　按照产生 SCNPs 交联点连接方式的不同，诱导聚合物分子链内部坍缩交联的方法可分为三类(图 5-2)[8]：①同质单功能基团交联，相同的单一侧链基团之间发生交联反应；②异质双功能基团交联，不同的两种侧链基团之间发生交联反应；③外加交联剂，引入新的交联剂实现分子内交联，所选择的聚合物分子内交联的方法也会反过来影响 SCNPs 的形貌结构和潜在应用。

　　在近十年，SCNPs 的研究迅猛发展，涌现出大量新的研究成果，研究者们详细地讨论了 SCNPs 的合成方法、合成体系和其潜在应用，以下将按照制备 SCNPs 的不同化学方法进行分类讨论，即通过不可逆共价键分子内交联，通过可逆共价键分子内交联以及通过非共价键分子内交联。

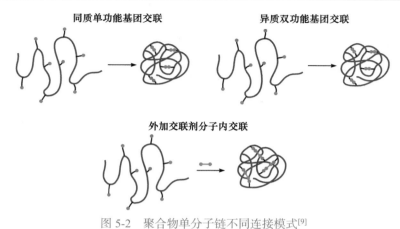

图 5-2　聚合物单分子链不同连接模式[9]

5.1.2　SCNPs 的制备方法

1. 基于共价键的方法制备 SCNPs

SCNPs 技术发展至今，针对其合成所研究的绝大多数制备方法都是基于共价键相互作用的化学方法。其中，自由基偶联反应、点击化学反应、苯并环丁烯二聚反应、Bergmann 环化反应以及 Diels-Alder 连接反应等应用得最为频繁。通过共价键交联所制备的 SCNPs 的最大特点是由于化学键合作用不可逆，其形态结构稳定且一般不具有刺激响应性。因此想要获得具有稳定紧密结构的 SCNPs，基于共价键的合成方法是最佳的选择；但缺点同样明显，通过共价键交联制备的 SCNPs 失去了其动态特性，因此不适合一些仿生应用。

1) 基于 Friedel-Crafts 烷基化反应

早期的关于聚合物分子内交联的研究多数采用的前驱聚合物为聚苯乙烯及其功能化衍生物。一般地，交联反应是通过聚合物苯环侧基上氯甲基的氯与苯环发生 Friedel-Crafts 烷基化反应来实现的。然而对比分子内交联前后发现，体系结构和动态性质的变化却微乎其微，如前所述，分子内交联对体系影响减小的一个可能原因是大分子主链局部小区域交联形成小环[19]。且早期的这些研究中，分子内交联的交联度普遍不高也是一个重要的原因。为了提高交联度，Davankov 等[20]采用类似的交联机制获得了在高分子构象上更为刚性的交联颗粒。其研究的中心思想是，找到一种使前驱聚合物的每个单元都参与到交联反应中来的方法。如图 5-3 所示，研究者采用分子量单分散的无规聚苯乙烯($M_w = 330000$)作为起始聚合物，一氯二甲醚作为侧基改性剂，对其侧链进行氯化改性，获得了氯甲基的物质的量占 50 %的改性聚苯乙烯。然后，在稀溶液(0.5 mg/mL)的环境下采用四氯化锡($SnCl_4$)作为催化剂进行了分子内交联，获得了相应的 SCNPs。

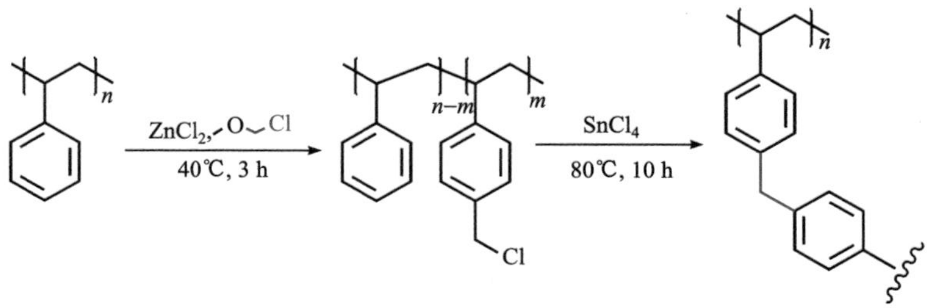

图 5-3　基于 Friedel-Crafts 烷基化反应的 PS 分子内交联

2) 基于自由基偶联反应

自由基引导的分子内交联比较少见，其中包含一种高能 γ 脉冲射线辐射法，该方法采用高能 γ 射线对聚合物大分子链进行辐射电离，使得聚合物分子自身产生自由基，然后偶联交联。所产生的羟基自由基和氢原子通过脱氢作用，在聚合物大分子链上原位生成了自由基交联位点。此方法的优点在于不需要使用特殊的单体，也不需要外加交联剂。然而缺点是，调控交联的方式是分子内还是分子间的主要参数为每一大分子链上的所产生的自由的数量和浓度，而这又很难进行精确地控制。Ulanski 等[21,22]用此方法研究了聚丙烯酸(polyacrylic acid，PAA)和聚乙烯醇(polyvinyl alcohol，PVA)等一系列水溶性聚合物的分子内交联。研究者们首先采用 1.1 kGy 能量的电子束照射 PVA 水溶液(0.02 mol/L)，制备了分子内交联形成的微凝胶，进行了初步的探究。后来，Kadlubowski 等[23]对 PAA 的自由基引导的分子内交联进行了更详细的研究，研究发现当产生的自由基以碳元素中心为多数时，交联为分子内交联。通过改变前驱聚合物溶液的初始浓度和样品对辐射吸收的剂量，可以实现对这些纳米凝胶的平均分子量和尺寸的控制(图 5-4)。

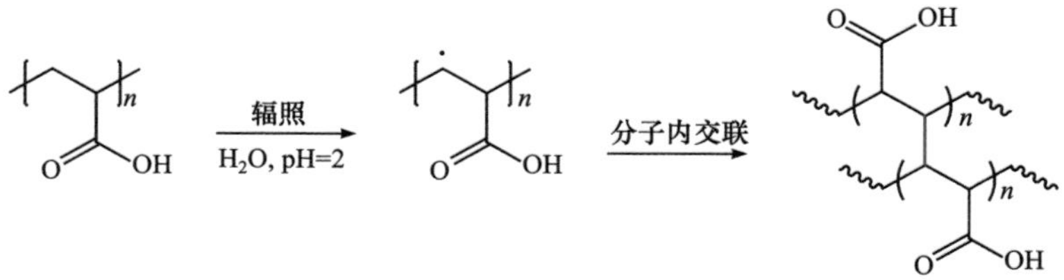

图 5-4　辐照诱导自由基分子内交联 PAA

3) 基于热引发偶联反应

苯并环丁烯(benzocylcobutene，BCB)开环偶联反应也是一类用于分子内交联的重要反应。为了更好地阻止反应过程中分子间交联的竞争反应，Hawker 等[24]以 BCB 开环加成反应为基础，采取了一种连续加料的方法制备了结构良好的 SCNPs(图 5-5)。分子内交联的关键是要保证具有反应活性的大分子交联链段的局部浓度要足够低，对此连续加料的方法与传统的方法相比更有优势，只需满足交联反应迅速、高效且不可逆。在本研究中,聚合物溶解在苄基乙醚中以溶液(0.1 g/mL)的形式按照一定的滴加速度(12.8 mL/h)滴加到一定量的热溶剂(120 mL,250℃)中,且整个过程在氩气保护下高速搅拌,体系在 0.1 mol/L 以下的浓度范围内未发生分子间交联的迹象。连续加料的方法的主要意义在于这让 SCNPs 的大规模合成成为可能。

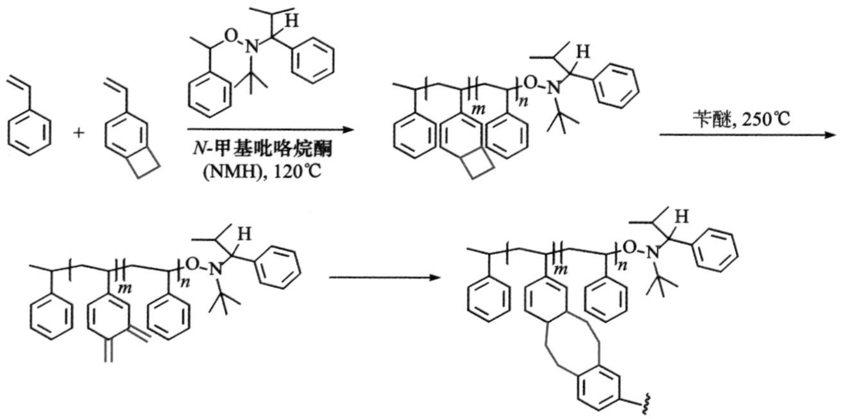

图 5-5　基于 BCB 开环偶联反应的分子内交联

虽然采用 BCB 开环反应制备 SCNPs 有诸多的优点,但是冗长复杂的合成步骤以及较低的产率使得其他研究人员不得不考虑更为方便的替代策略。Harth 等[25]研究了具有五元环结构的苯砜作为开环反应的功能基团,在 250 ℃的条件下,苯并噻吩二氧化物释放出二氧化硫(SO₂)二聚形成邻喹啉甲烷。采用苯乙烯(90%)-苯砜乙烯(10%)无规共聚物(M_w = 30000,PDI = 1.20)作为前驱聚合物,以二苄基乙醚为溶剂,在 250℃条件下通过连续加料的方法制备了 SCNPs(图 5-6),其中反应温度的选择是基于聚合物的 DSC 曲线在250℃时出现了一个放热的极大值点。尺寸排斥色谱(SEC)和 ¹H NMR 的分析结果均表明基于苯砜二聚反应制备 SCNPs 是行之有效的。

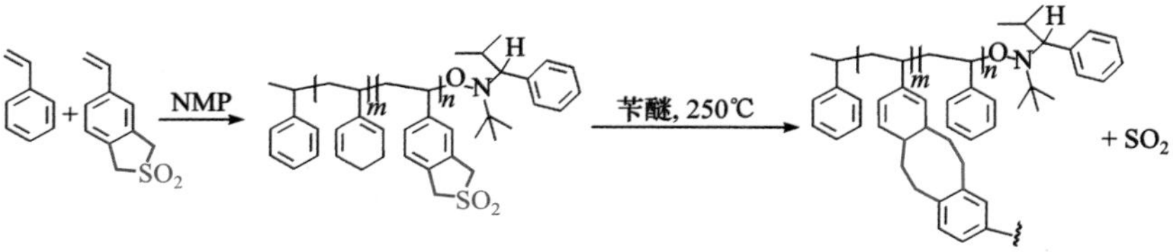

图 5-6　基于苯砜二聚反应的 PS 分子内交联

4) 基于光引发环加成反应

紫外光引发的 5,6-二亚甲基环已-1,3-二烯(o-quinodimethane, oQDM)衍生物与马来酰亚胺的 Diels-Alder 环加成反应是另一种重要的可常温批量实现的化学反应[26]，且不需要外加其他金属催化剂。Altintas 等[27]就采用了此种化学方法，以经过 4-羟基-2,5-二甲基二苯甲酮和马来酰亚胺侧基改性的 PS 衍生物为前驱聚合物，进行分子内交联得到相应的 SCNPs(图 5-7)。本研究中，体系的交联浓度为 0.01 mg/L。

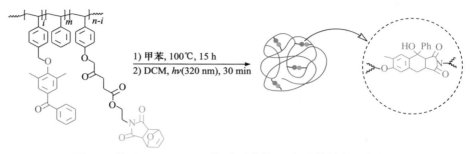

图 5-7   基于 Diels-Alder 环加成反应的 PS 衍生物的分子内交联

5) 基于胺类的季铵化反应

采用二元卤代烷和含有二甲胺侧基的聚合物的季铵化反应也可以制备具有两亲性的 SCNPs[28]。Wen 等[29]探究了采用季铵盐化反应制备蝌蚪形 SCNPs 的方法，且所制备的 SCNPs 可以进行自组装形成囊泡结构。研究者首先采用可逆加 RAFT 聚合制备了 PDMAEMA-*b*-PS 量嵌段共聚物作为前驱聚合物，以二碘丁烷作为外加交联剂与 PDMAEMA 链段上的甲氨基发生季铵盐化反应，制备了主链上带有电荷的 SCNPs(图 5-8)。分子内交联的 *c*PDMAEMA 链段一端连接着 PS 的无规线团，形成了"球-链"状的双亲结构，*c*PDMAEMA 链段的尺寸决定了其自组装后形成微胶束结构还是囊泡结构。在水性溶液中，SCNPs 自组装形成球形颗粒，球壳为亲水的 *c*PDMAEMA，球核为疏水的 PS，而在环己烷中则正相反。

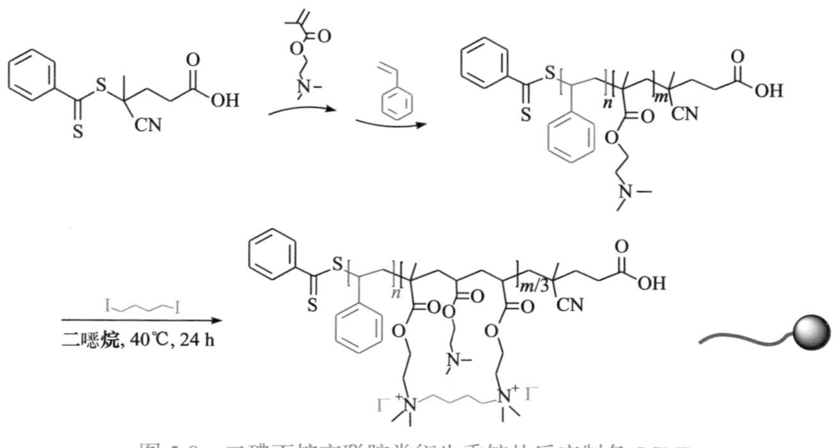

图 5-8   二碘丁烷交联胺类衍生季铵盐反应制备 SCNPs

之后 Wen 等[30]进一步研究发现，这种具有两亲性的 SCNPs 的自组装行为受其颗粒表面电荷密度的影响巨大。随着 cPDMAEMA 成季铵盐反应程度的提高，自组装形成的胶束颗粒尺寸增大，这是由于 SCNPs 表面正电荷密度逐渐增加，致使颗粒之间电荷排斥力增大，为了平衡斥力的增大，最小化胶束体系的自由能，自组装体尺寸变大。

另外一种制备 SCNPs 季铵化反应是利用吡啶侧基和烷基二元卤化物的反应。Zhu 等[31]报道了采用一种商业化的含有吡啶链段的 ABC 三嵌段共聚物(SVEO)制备 SCNPs 的方法，该共聚物中含有一端为较长的 PS 疏水链段，另一端为较长的 PEG 亲水链段，中间是一段较短的作为交联链段的 P2VP 链段(图 5-9)。在该研究中值得注意的是，以二溴丁烷(DBB)作为外加交联剂对中间的 P2VP 链段进行选择性地分子内交联，实现了在相对高体系浓度(20 mg/mL)下的分子内交联。在如此高的浓度下实现分子内交联，这得益于前驱聚合物中可交联的 P2VP 链段两侧 PS 和 PEG 链段对其在交联反应过程中起到的体积屏蔽作用。

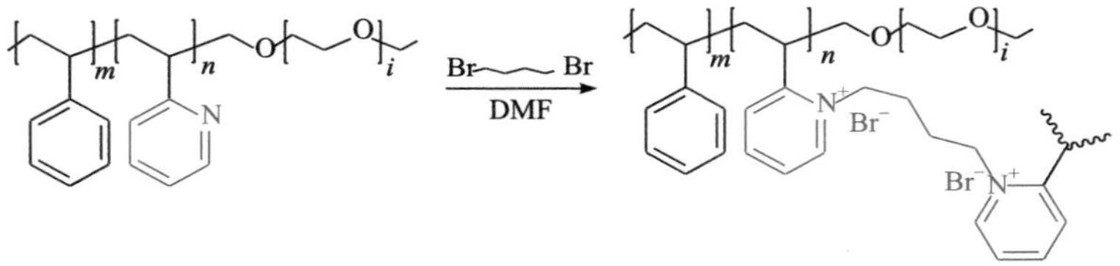

图 5-9　二溴丁烷交联吡啶季铵化反应制备 SCNPs

2. 基于动态共价键的方法制备 SCNPs

在过去的几十年间，动态共价键化学从出现到发展至今已经慢慢成为有机和高分子化学家们的有力工具。动态共价键不仅具有所有一般共价键所有的性质特征，同时在受到外界环境刺激(如温度、pH、氧化剂或还原剂以及电压变化等)时断裂或重新生成，以此作出响应[32, 33]。一般而言，动态共价成键方式促进了柔性高分子结构的发展，并提供了一种从热力学而非动力学的层面上对聚合物形态结构进行调控的方法[34-36]。另外，动态共价键重要的性质是提供了一种可以实现单体交换的可能性。因此在制备 SCNPs 的过程中，对线型高分子采用动态共价键的交联方式可以制备出具有结构自适应性、对外界刺激具有响应性的纳米颗粒[37,38]。交联键的动态可逆性使得纳米颗粒内部的功能单元不断复合和释放，这种结构上具有动态性的聚合物材料被广泛应用到载药研究中，用以探究药剂分子的受控释放。以下将展开讲述目前常用的几种用于制备 SCNPs 的动态共价键方法。

1) 基于双硫键化学反应

双硫键化学反应毫无疑问是动态共价键化学中最重要的一类反应[39-41]。而且，二硫键化学反应也是自然界中蛋白质共价桥联的方法之一。因此采用二硫键化学反应制备 SCNPs 也就不足为奇了。Ravi 等[42,43]在早期研究了一种水溶性聚丙烯酰胺采用二硫键分子内交联的实例。在该研究中，作者制备了基于聚丙烯酰胺的蛋白质模拟大分子。采用两步法在聚丙烯酰胺前驱聚合物的侧链上引入巯基，然后在稀溶液(3 mg/mL)中氧化巯基，从而实现了分子内交联制备 SCNPs(图 5-10)。虽然固有黏度和均方回转半径的测试结果表明实现了分子内交联，但是动态光散射(DLS)和 AFM 的测试结果中仍然存在一些尺寸在 20~200 nm 的纳米凝胶，这些是由二硫键分子间交联造成的，作者推测这可能是由于前驱聚合物在体系中的高分散性。

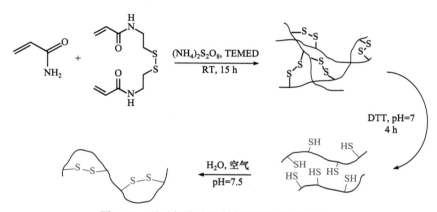

图 5-10　通过氧化巯基制备聚丙烯酰胺 SCNPs

　　Berda 等[43]研究了一种基于二硫键反应的可逆 SCNPs 的制备过程。在此研究中，作者采用一种具有氧化还原响应的对氨基苯二硫作为外加交联剂，聚降冰片烯-异戊酸酐(采用 Grubbs 第三代催化剂制备)作为前驱聚合物，通过酸酐的开环与交联剂上的氨基反应在极稀的条件下制备了具有氧化还原响应的可逆SCNPs(图 5-11)。通过 DTT 对交联剂中的二硫键进行还原反应，实现了体系中动态共价键的断裂，SCNPs 交联点消失。

　　所得到的带有巯基侧基的线型聚合物又可以在 FeCl$_3$ 催化作用下发生氧化反应重新实现分子内交联，从而实现 SCNPs 结构的可逆性。无论是起始的通过外加交联剂得到的 SCNPs，还是后来再次分子内交联得到的 SCNPs 均表现出小尺度且大小相近。

　　2) 基于酰腙化学反应

　　Fulton 等[44]通过 RAFT 聚合制备了带有醛基侧基的前驱聚合物(PVBA)，引入带有二酰肼基团的交联剂生成具有可逆性的腙键，成功制备了分子内交联可逆的SCNPs。在此研究中，为了实现分子内交联体系浓度控制在 0.1 mmol/L，超过此浓度将会发生分子间交联，通过控制交联剂的加入量实现了对交联密度的控制

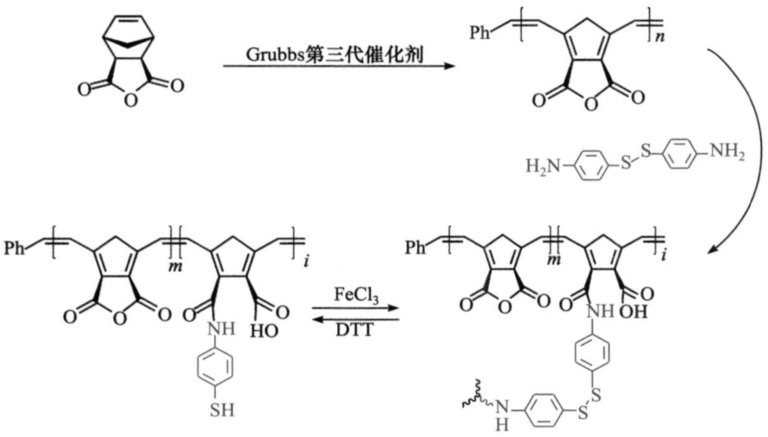

图 5-11　通过二硫键反应制备动态可逆 SCNPs

(图 5-12)。通过加入酰肼类和烷基胺类的有机小分子与残余的酰腙基团之间的反应进行后改性，从而引入大量的功能基团以对 SCNPs 颗粒表面进行功能化修饰。研究者将前驱聚合物采用单酰肼基的小分子进行修饰(100 %修饰率)，然后在三氟乙酸催化下以二酰肼作为交联剂发生交换反应，最终获得 SCNPs。通过动态共价键交换反应来调控 SCNPs 的结构，从而验证了所制备的 SCNPs 具有结构自适应性。

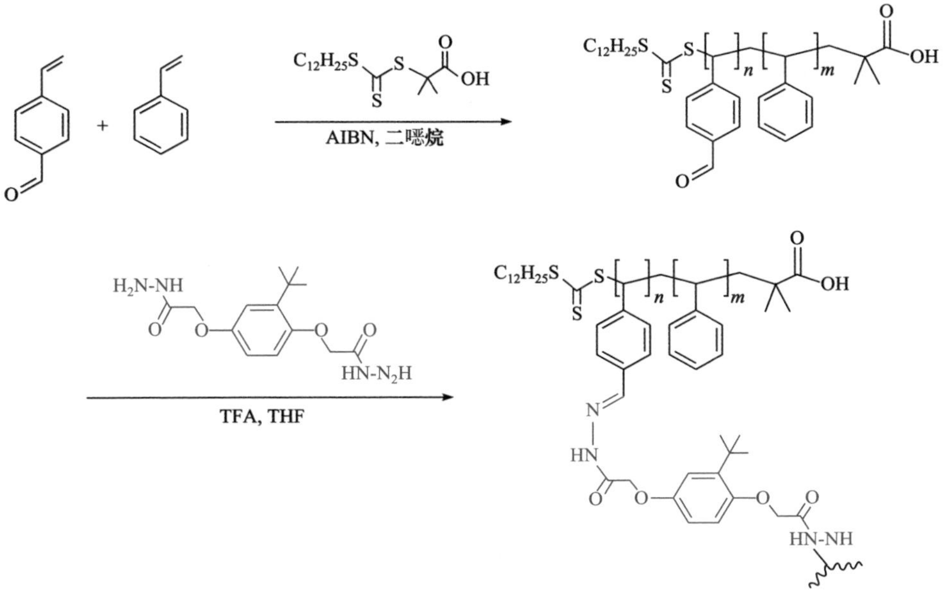

图 5-12　通过双酰肼交联 PVBA 合成 SCNPs

3) 基于可逆环加成反应

香豆素及其衍生物基团非常适合用于制备具有光刺激响应的聚合物[45]，含有香豆素的聚合物能够在 UV 光照下实现可逆反应(图 5-13)，从而可以用于制备基于动态共价键的 SCNPs。

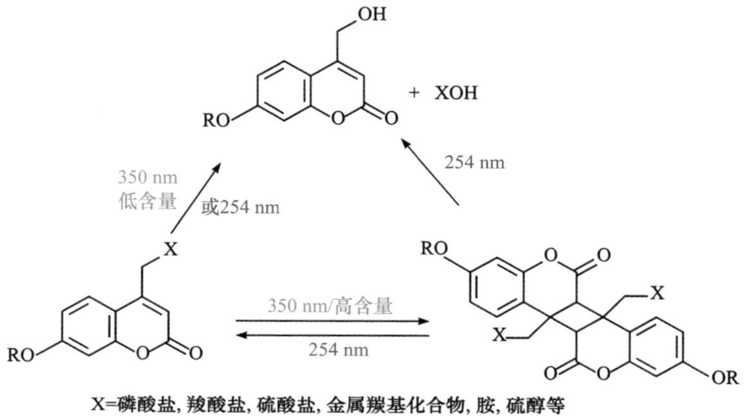

X=磷酸盐, 羧酸盐, 硫酸盐, 金属羰基化合物, 胺, 硫醇等

图 5-13　香豆素类的光化学反应

Fan 等[46]采用侧链带有香豆素基团的聚酯(CAPPG)作为前驱聚合物，制备了一种光响应的 SCNPs。在此研究中，采用 UV 紫外光($\lambda > 320$ nm)作为引发光源，引发含有香豆素侧基的聚合物在极稀体系浓度(0.2 mg/mL)下发生分子内交联，成功获得了 SCNPs，并且通过控制 UV 光照射时间实现了对 SCNPs 尺寸的调控。且当采用 254 nm 波长的 UV 照射 SCNPs 时，基于香豆素的交联键断裂，实现了分子内交联的可逆。

3. 基于非共价键的方法制备 SCNPs

采用非共价键相互作用制备的 SCNPs，能够实现聚合物的热力学动态稳定塌缩，因此近来也引起了研究者极大的兴趣。非共价键能够通过改变反应的环境条件(如 pH、溶剂极性、浓度和温度等)实现可逆成键。由于这些反应的能量壁垒相对较低[47]，因此可以此开发具有特殊应用的交联形态可控的 SCNPs。

1) 基于氢键相互作用

氢键[48]是理解很多合成大分子或天然生物大分子空间构象的关键。对氢键的深入研究有助于研究者们预测蛋白质的二级或三级结构，以此来指导人工合成大分子组装体。Hawker 等[49]很早就研究了一类采用具有自补型氢键(SHB)的树枝状大分子作为侧基的线型聚合物。以此作为前驱聚合物，非极性的甲苯和弱极性

THF 作为混合溶剂，THF 的存在通过竞争作用削弱了前驱聚合物中的氢键作用，随着体系中 THF 的蒸发，聚合物中氢键在极稀浓度下逐渐形成，从而获得 SCNPs，此研究为采用氢键制备 SCNPs 做出了开创性的贡献。

2) 基于 π-π 堆积相互作用

Gillissen 等[50]以侧基改性的 BTA-BiPy 为前驱聚合物，通过同一大分子不同链段之间 π-π 堆积作用制备了具有传感功能的 SCNPs。通过提高 BTA-BiPy 侧基官能化程度或改变溶剂极性，可以实现聚合物塌缩构象致密程度的调控。在此研究中，作者通过紫外可见光荧光光谱对 SCNPs 塌缩交联过程进行了全程跟踪，随着交联程度的增加，二吡啶的旋转自由度降低导致荧光吸收的增加。DLS 和(静态光散射)进一步的测试显示随着溶剂极性的改变，SCNPs 的尺寸明显减小，且利用双吡啶对过渡金属离子的亲和性，所制备的 SCNPs 颗粒可以用作离子传感器。

3) 基于主客体相互作用

主客体相互作用在生物医药领域已经引起了研究者们极大的兴趣，这种化学键本质上讲是一个带有空腔结构的主体分子与对应合适的客体分子的瞬时短暂的结合作用[51]。腔体类分子有天然大分子(如环糊精类)和合成大分子(如葫芦状杯型、杯状芳烃和柱状芳烃等)两大类[52]。主客体相互作用的应用在超分子纳米技术领域中非常重要，其形成是基于多种基本的非共价键相互作用，如疏水相互作用和分子间的几何结构拟合作用。基于主客体相互作用的特点，其在制备具有刺激相应可逆 SCNPs 的领域里发展迅速。β-环糊精(β-CD)可以和未带电荷的二茂铁通过主客体相互作用形成 1∶1 的复合物，而对带电荷的二茂铁的包覆作用则较弱，这二者的转换可以通过外加电压刺激来实现调控，基于此可以制备具有电响应的可逆 SCNPs。Pu 等[53]以带有 β-CD 侧基的聚 N-(2-羟乙基)丙烯酰胺为前驱聚合物，桥联双二茂铁为交联剂进行了分子内交联，制备了具有电响应的可逆 SCNPs，所制备的 SCNPs 可以在外界电信号刺激下能够发生从无规线团到纳米颗粒的可逆转变(图 5-14)。作者利用两个电极对体系进行恒定电压的刺激研究了所制备的 SCNPs 的电信号刺激响应性及可逆性。首先，采用+1.5 V 的电压对 SCNPs 处理 3 h，SCNPs 的流体力学直径从 10.1 nm 增加到 12.2 nm，此时二茂铁中铁离子的生成造成了其与 β-环糊精之间的主客体作用的消失，从而导致交联键的破坏，SCNPs 转变为无规线团；然后，采用-1.5 V 的电压对 SCNPs 处理 3 h，SCNPs 的流体力学直径又减小至 10.1 nm，此时二茂铁中铁离子得到电子而还原，其与 β-环糊精之间的主客体作用重新生成，无规线团分子内交联再次生成了 SCNPs，并且这个循环过程在反复进行时，SCNPs 的形态可逆过程表现出了较好的稳定性。

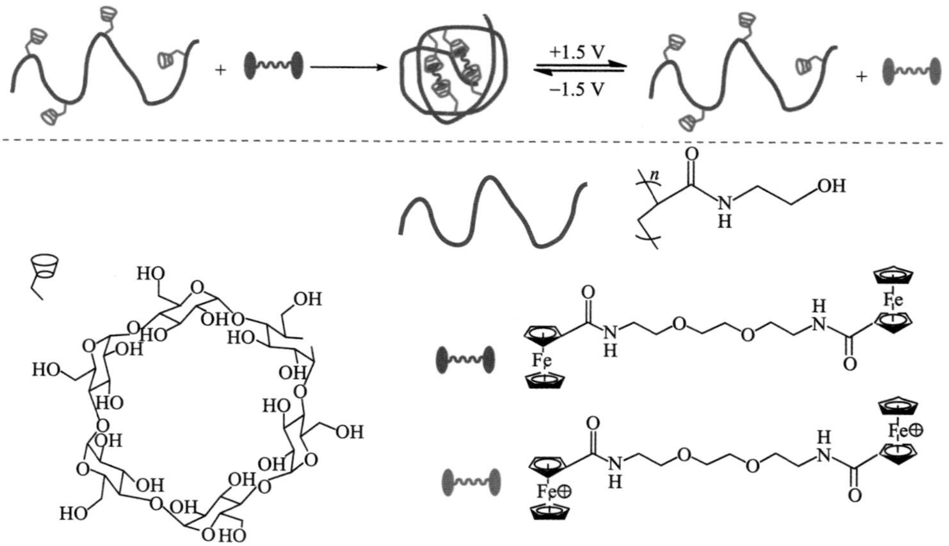

图 5-14　通过主客体相互作用分子内交联制备电响应的 SCNPs

4) 基于有机金属络合作用

化学催化体系不管是应用在工业生产中还是实验室研究中，都对我们的日常生活起到了重要作用，催化剂不仅可以活化惰性原料，而且还可以改善反应条件，提高产物的选择性和产率[54]。但是目前的催化体系研究中，仍存在很多需要提高的地方，如均相催化剂，虽然通常比非均相体系表现出更高的催化活性，但是却更难以分离，往往留在最终产品中导致产品的使用性能下降或使用环境受到限制[55]。因此，许多化学反应都需要特制的催化剂，选择性地合成所需的底物，大大增加了催化剂的使用成本。事实上，自然界早就存在这样一套完备优秀的催化体系，给我们提供了指导模板，这就是在生物体内大量存在且每天都在发挥重要作用的酶，近年来研究者们一直在努力模仿构建类似生物酶一样完美精细的催化体系，并且在替代传统催化体系方面已经向前迈出了坚实的一步。在分子水平上研究自然界的复杂行为过程，并将这些研究成果应用到新型催化剂的设计和合成中去，模仿自然界的催化体系将有助于新型先进催化剂的快速发展。

对于酶的模拟研究者们最早是采用各种人工聚合物制备了非天然折叠体和树枝状大分子。而发展至今，具有研究前景的一种新方法是设计制备 SCNPs 模拟天然酶的空间分子折叠结构，在此具有特殊功能的纳米结构单元被引入功能聚合物。受酶的多肽链在空间形成可承载催化单元空腔结构的启发，可以设计金属离子催化剂作为催化单元，SCNPs 作为提供空腔结构的母体材料，制备高效新型的催化体系。这种全新的方法同时结合了金属掺入和 SCNPs 构建的过程，外部引入的金属离子不仅为 SCNPs 提供了所需的催化功能，而且同时作为 SCNPs 结构构成元素而发挥作用。

5) 多种作用协同配合

具有复杂生物功能的大分子如蛋白质和酶都是结构精细控制的生物大分子，自然界的这种精细控制程度目前人工合成中还有很长的路要走。蛋白质动态折叠形成的复杂空间结构如α-螺旋和β-片层，是由分子内的氢键作用、芳香族 π-π 堆积以及疏水相互作用等共同作用的结果。Altintas 等[56]最近研究了一种基于多氢键和主客体相互作用制备的 SCNPs 的分步展开机理。研究者制备了一种 ABCD 四嵌段的前驱聚合物，其 AD 两嵌段可以通过氢键相互作用发生分子内交联，BC 两嵌段可以通过主客体相互作用发生分子内交联。结果表明，SCNPs 的展开过程的正交性、逐步性和顺序独立性是控制动态可逆 SCNPs 的关键。

4. 高固含量下 SCNPs 的制备

时至今日，SCNPs 合成研究已经相当成熟，对其形成机理的一些基本问题的描述也基本清晰，但对于 SCNPs 提供大量实用功能的应用和全面的描述仍然存在很多不足之处，其中高固含量下实现 SCNPs 的批量化制备仍然是一个巨大的挑战。1997 年，Liu 等[57]报道了一种采用两嵌段共聚物制备"蝌蚪状"两亲性 SCNPs，前驱聚合物首先经过亲疏水作用进行了预折叠形成核壳结构，聚合物体系的最终固含量为 2 mg/mL。2002 年，Hawker 等[24]提出了一种"连续加料"的方法，将前驱聚合物预先配置成一定浓度的浓溶液，然后以一定的速率(12.8 mL/h)逐步滴加到 250℃纯的反应溶剂中去，通过热引发的苯并环丁烯偶联反应，边加料边交联，在 25 mg/mL 的固含量下合成了 SCNPs。反应中慢速滴加是避免分子间交联的关键，它保证了聚合物有效反应浓度时刻保持在低位。2008 年，Cheng 等[31]报道了一种三嵌段共聚物制备 SCNPs 的方法，前驱聚合物的交联链段为中间一段，两边嵌段体积屏蔽效应为分子内交联提供了保护，固含量达到 20 mg/mL。与之类似，可以在聚合物中引入带有 PEO 侧基的聚合单体，使前驱聚合物具有两亲性，在分子内交联之前选择合适的溶剂使聚合物预先坍缩折叠，以此来提高 SCNPs 合成的固含量。Sawamoto 等[58]研究了一种带有 PEO 侧链的前驱聚合物的 SCNPs 制备，通过调节前驱聚合物中 PEO 侧链的比例在 6 wt%的浓度下制备了 SCNPs，但是所制备的前驱聚合物涉及复杂的化学过程，且由于需要 PEO 侧基的保护，因此可作为前驱体的聚合物种类受到了限制。

近年来出现了一种新型的高固含量下合成 SCNPs 的方法，此方法由清华大学的杨振忠课题组率先提出[59]，即静电调控的分子内交联合成 SCNPs，有效解决了高固含量下 SCNPs 的合成问题。其核心的思想在于，采用合适单官能度的电荷改性剂，对前驱聚合物的主链进行电荷修饰，使主链部分变为聚电解质，长程静电排斥作用的引入使位于不同分子链上的可交联链段彼此分开，保证了交联反应时互不影响。该方法具有普适性，对于含乙烯吡啶均聚物、嵌段共聚物和无规共聚物都有很好的效果(图 5-15)。特别地，对于三嵌段共聚物 PS-*b*-P4VP-*b*-PEO，在静电调控和体积屏蔽的共同作用下，合成固含量可高达 300 mg/mL。

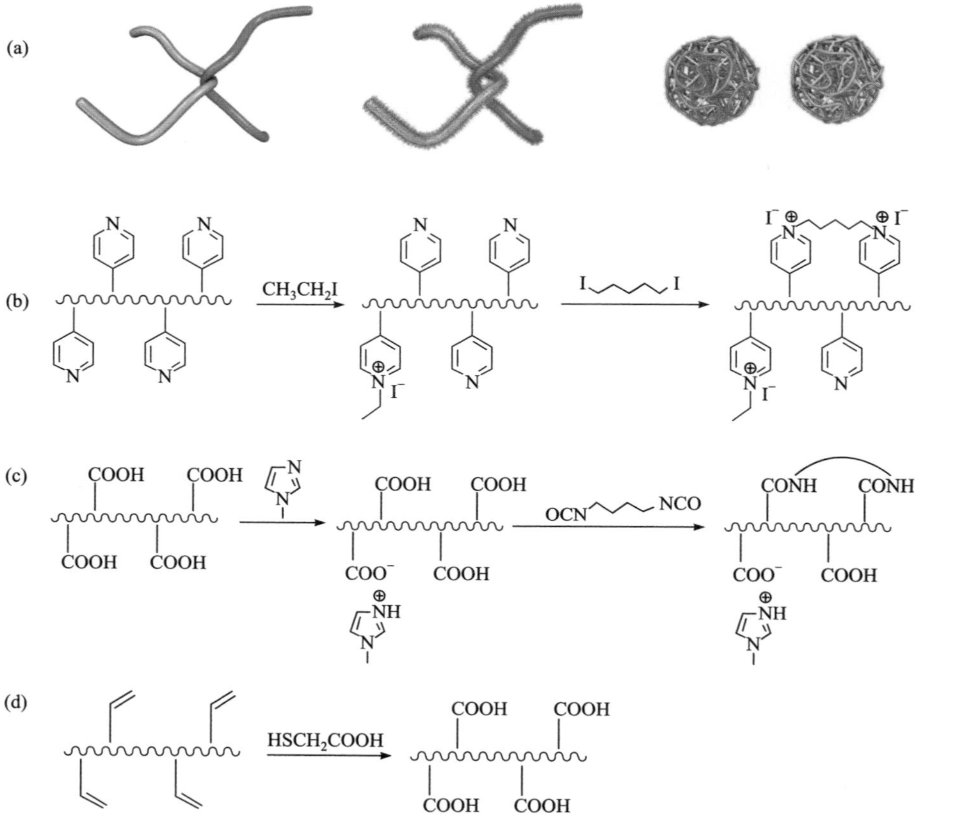

图 5-15　几种典型聚合物的静电调控分子内交联合成 SCNPs

5. 多元 SCNPs 的制备

目前文献中的 SCNPs 以单交联域的一元纳米颗粒为主，二元或者二元以上的多交联域的 SCNPs 研究甚少。Sawamoto 等[60]在 2017 年最早报道了采用无规/嵌段共聚物逐步分子内交联制备聚合物胶体单链二聚体(PCD)。文章中采用活性自由基聚和后改性的方法制备了聚合物前驱体，并采用逐步交联的方式成功制备了PCD。随后，Chen 等[61]也报道了一种通过先分子内交联再通过特性自组装筛选获得 PCD 的方法。在此研究中，首先将嵌段共聚物 PHEMA-*b*-PDMAEMA 进行修

饰改性，制备前驱聚合物(PMAEP-*r*-PHEMA)-*b*-PDMAEMA，PMAEP 嵌段和
PDMAEMA 嵌段分别为两种可交联的区域，随后加入合适的交联剂，采用逐步交
联的方法直接对两个区域分别进行分子内交联，所得产物为混合物，除了 PCD
外，还含有大量的其他无规交联颗粒和双区域融合颗粒，再通过特性自组装法
(EAS)将所需要的 PCD 筛选分离出来，最终获得了比较纯净的 PCD 颗粒。最
近，Yang 等[62]又提出了一种新型的合成 PCD 的方法，此方法将静电调控分子
内交联引入到了 PCD 颗粒的合成中，在高固含量(20 mg/mL)下成功制备了二
元 SCNPs。

5.1.3　SCNPs 的形貌

　　SCNPs 的一个重要的特征就是可以通过选择不同单体和合成条件来精确调
控产物的微观形貌，如球形、蝌蚪形、哑铃形等结构。迄今，研究者们已经对一
系列分子内交联合成 SCNPs 的微观形貌的调控进行了深入系统的研究。

1. 球形 SCNPs

　　Pomposo 等[63]对许多分子内交联体系的小角中子散射(SANS)和小角 X 射线
散射(SAXS)的结果进行了计算机模拟，以公式 $R_H^{SEC} = KM_w^v$ 的标度系数 v 作为对
象，发现大部分分子内交联的 SCNPs 在溶液中的标度系数 v 都在 1/3(溶液中聚
合物为紧密球形)至 0.59(Flory 系数，代表溶液中聚合物为松散线团)之间，证
明其在溶液中都不是以紧密的球形存在，而是以类似内部无序蛋白的开放疏松
结构存在。

　　基于 Pomposo 等的上述研究可知，分子内交联得到的大部分颗粒都是松散球
形的，若想得到紧密球形颗粒，需要至少满足两点要求：交联剂分子线性尺寸足
够长和交联密度足够大。如使用尺寸较长的巯基乙二醇作为交联剂[64]，得到的纳
米颗粒的标度系数 $v = 0.37$，非常接近紧密球形的 $v = 1/3$。此外，也有在溶液中
合成近似球形结构纳米颗粒的方法，如使用亲水的 PEO 侧链对疏水主链进行保
护，然后在水性溶液中进行折叠坍缩[58]，或者利用带电荷的双亲性共聚物进行分
子内交联的方法[65]等。

2. 蝌蚪形 SCNPs

　　蝌蚪形单链纳米颗粒(SCNPs)通常是由具有不同热力学特性的球形头部和链
状尾部所组成的特殊结构的 SCNPs。1997 年刘国军课题组首次以两嵌段聚合物为
前驱聚合物通过分子内交联获得了蝌蚪形的 SCNPs[66]。在之后的几十年中，研究
者们陆续将各种反应应用到了合成蝌蚪形 SCNPs，包括 Diels-Alder 反应[24]、吡啶

季铵化反应[31]、CuAAC 点击反应[67]、氨基的季铵化反应[29,30]、自由基偶联反应[68]、缩聚反应[69]等。例如，以 RAFT 活性自由基聚合合成的两亲性嵌段共聚物 PS-b-PDMAEMA 作为前驱聚合物，二碘丁烷作为 PDMAEMA 嵌段的分子内交联剂，可得到具有亲水头部和疏水尾部的蝌蚪形 SCNPs。这种两亲性蝌蚪形纳米颗粒在自组装方面具有明显的优势，可以组装形成球状、囊泡状、管状、环状等多种形貌。

3. 哑铃形 SCNPs

Lutz 等合成了哑铃形纳米颗粒[69]。采用 NMP 活性自由基聚合合成的 ABC 三嵌段共聚物作为前驱聚合物，A 嵌段带有五氟苯基侧基，C 嵌段为带有保护的 N-炔丙基马来酰亚胺侧基。小分子乙二胺作为分子内交联剂交联 A 嵌段，再利用脱保护的炔基偶联反应交联 C 嵌段，得到了哑铃形纳米颗粒。

4. 其他特殊结构 SCNPs

Weck 等首先利用分子内交联得到"发夹状"SCNPs[70]。使用开环易位聚合(ROMP)合成了三嵌段聚合物 ABC 作为前驱聚合物，A 嵌段带有脲基鸟苷侧基，C 嵌段带有二氨基萘啶侧基。利用 AC 嵌段之间的脲基鸟苷-二氨基萘啶(UG-DAN)氢键形成"发夹状"SCNPs。之后他们又利用苯环和五氟苯环间的 π-π 堆积作用进行分子内交联，得到了"发夹状"SCNPs[71]。

5.1.4　SCNPs 的应用

大部分聚合物应用重点放在大分子聚集体如凝胶、液晶、组装体等尺寸较大的材料上，其性能是很多聚合物分子链集合的结果。随着单分子交联/折叠技术迅速发展，越来越转向更小单元——聚合物单链。通过对分子链结构精密控制，发现单根聚合物分子链可成为具有特殊性能的独立单元。20 世纪 80 年代以来，树状分子作为一种特殊单分子，在催化、选择性吸收、光捕获等领域成功应用，更加激发了人们对单分子作为功能单元的兴趣。单分子纳米颗粒应用探索主要集中在催化剂、传感器、纳米医学、功能元器件等领域。

1. 传感器

Palmans 等[50]以含二联吡啶取代的三酰胺苯(BiPy-BTA)聚合物为基础制备了检测铜离子的传感器。BiPy-BTA 分子含有 7 个苯环，能在合适的条件下通过 π-π 堆积作用形成 SCNPs。对于小分子 BiPy-BTA，聚集作用将导致其最大

紫外吸收峰的波长 λ_{max} 从 355 nm 增加到 365 nm，伴随 385 nm 峰消失。对于负载有 BiPy-BTA 侧基的聚合物，当溶剂为 THF 时，λ_{max} 为 356 nm，证明此时分子链为伸展状态；在 THF 与甲基环己烷的混合溶剂(体积比为 0.2：1)中，λ_{max} 增加到 363 nm，说明混合溶剂中聚合物分子链发生了折叠。结合光散射结果，可判定折叠仅发生在单根分子链内。过渡金属离子与 BiPy-BTA 间存在配位作用，强于 BiPy-BTA 分子间 π-π 堆积作用，因此过渡金属离子能够"打开"BiPy-BTA 聚集体。Palmans 等以铜离子为例，借助荧光光谱测试证明了得到的 SCNPs 可作为检测金属离子的传感器。BiPy-BTA 聚集体具有荧光性，特征发射峰为 520 nm。等量 Fe^{3+}、Cr^{3+}、V^{3+}、Mn^{3+}、Zr^{3+} 和 Cu^{2+} 分别与 SCNPs 反应，初始荧光强度记为 I_0，反应后荧光强度记为 I，绘制了不同金属离子的 I_0/I 柱状图，发现在这几种离子中 Cu^{2+} 终止荧光的能力最强，即 SCNPs 传感器对 Cu^{2+} 最为灵敏。

2. 纳米医学

二硫键对生物还原剂如谷胱甘肽(GSH)、硫氧还蛋白、过氧化物还原酶等非常重要。Akshi 等[72, 73]用两亲性多肽制备了尺寸在 30～200 nm 之间可调的纳米颗粒作为药物和疫苗的载体，发现载体尺寸对于控制免疫反应十分重要；他们优化了实验方案，将交联控制在分子内，制备了分子内交联的多肽纳米颗粒。首先合成了亲水多肽聚 γ-谷氨酸(PGA)，在侧链上部分修饰疏水氨基酸苯丙氨酸(Phe)，得到双亲性多肽。合适浓度下，Phe 残基由于疏水作用聚集引发分子链折叠得到 SCNPs。Akshi 等制备了系列不同 Phe 接枝量的多肽，聚合物溶液浓度保持恒定(10 mg/mL)，发现对于接枝量为 12%、27%、35%和 42%的多肽，该浓度下得到的 SCNPs 的颗粒尺寸随接枝量增大先减小后增大(峰值为 35%接枝量)。聚合物分子中亲水-疏水平衡控制着聚集尺寸，调控其应用性能。Akshi 等通过调节水溶液中氯化钠(NaCl)的浓度对纳米颗粒尺寸进行调控，发现 NaCl 浓度增加会使颗粒尺寸减小，为 SCNPs 的制备和调控提供了简便方法。稳定性在材料应用时也是一必要因素，Akshi 等测试了不同接枝量、不同盐浓度、不同聚合物浓度的 SCNPs 溶液在 4℃条件下储存 30 天后尺寸的变化，发现 SCNPs 具有很好的结构稳定性。

3. 催化领域

SCNPs 在催化领域的应用主要可分为两种：SCNPs 作为制备催化剂的"纳米反应器"，以 SCNPs 为载体，复合催化剂；催化剂或者催化剂前驱体参与制备 SCNPs 的过程，在得到 SCNPs 的同时复合催化剂。Zhao 等[74]以香豆素光二聚交联得到的 SCNPs 为反应器，原位生长了纳米金催化剂。聚甲基丙烯酸二甲氨基乙酯(DMAEMA)嵌段不能发生光交联反应,只有聚甲基丙烯酸香豆素酯(CMA)嵌段能反应,可通过调节 P(DMAEMA-co-CMA)中 CMA 的含量来控制交联度,得到不同的 SCNPs。DMAEMA 中叔胺能与多种金属离子配位,可作为还原剂原位得到相应的金属纳米颗粒。Roesky 等[75]利用 4-(二苯基膦)苯乙烯可与铂离子(Pt^{2+})形成稳定配合物,制备了可催化烯丙醇与胺之间反应的 SCNPs 催化剂。改变溶剂极性可实现对聚合物"溶解-沉淀"行为的控制,意味着负载催化剂的 SCNPs 可通过类似的方法分离回收和重复利用。作为催化剂的 SCNPs 和作为反应物的烯丙醇与苯胺同系物在苯中均能很好分散,反应为均相催化反应。100℃下加热反应 24 h,待体系恢复到室温后加入 SCNPs 沉淀剂甲醇即可将 SCNPs 从体系中分离。Roesky 等对分离出来的 SCNPs 结构进行了分析,结合 1 H NMR 和 SEC 结果,催化后的 SCNPs 不仅仍保持单链折叠状吸附位点,还可以作为金纳米颗粒稳定剂和还原剂。聚合物分子链发生折叠后,更多的氯金酸能够在聚合物链附近聚集并保留。整个反应时间约 180 min,制得的金纳米颗粒尺寸约 6 nm。SCNPs 催化剂与小分子催化剂双(三苯基膦)二氯化钯相比催化能力差别不大,且 SCNPs 更容易分离回收。

生物体内的生理环境复杂,而生物酶促反应却高速、无害且具有选择性,因此发展人工合成酶技术具有巨大的潜在价值。Zimmerman 等[76]用 $CuSO_4$ 分子内交联聚合物模拟生物酶,通过季铵化反应修饰含咪唑侧基以增加分子链的水溶性,加入交联剂 $CuSO_4$,室温搅拌 12 h 得到 SCNPs。对于水溶液中 SCNPs,季铵化的咪唑侧基具有亲水性,分布在颗粒表面;连接着 Cu^{2+} 的氨基酸残基和疏水性二甲酰亚胺主链被包裹在颗粒内部。铜离子催化叠氮-炔环加成反应(CuAAC)是一种重要的"点击"反应,催化剂为铜离子。SCNPs 具有催化中心 Cu^{2+},存在能与疏水性反应物接触的微区,可用于 CuAAC 反应。选择芳香族叠氮和炔烃作为底物,成环反应后的产物往往具备荧光特性,方便跟踪反应。Zimmerman 等在 NCI-H460 细胞和 MDA-MB-231 细胞中以 3-叠氮-7-羟基香豆素和 7-乙炔香豆素为反应物,不添加 SCNPs 的细胞在波长 500 nm 处不具有荧光特性;添加 SCNPs 的细胞具有荧光特性,证明了 SCNPs 在细胞内具有催化能力。底物与催化剂的结合对于整个催化反应影响巨大,如果底物先与有着更强亲和性的大分子结合,那么空间位阻的存在将使底物不能与 SCNPs 结合,从而阻碍催化反应。只有自由的底物才能发生催化反应,为基于片段的药物发现(fragment-based drug discovery)的研究提供了一种思路[77, 78]。

4. 分子器件

精密设计的大分子可用于制作单分子链聚合物元器件。相比于传统聚集体器件,单分子器件最突出的优点是小尺寸效应和原子经济性[79]。单分子器件可以允许电学、光学或者化学信号从一个方向定向传递到另一方向。Meyer 等[80]展示了含钌的单分子链器件在光捕获和能量定向传递方面的应用。在自然界中，光合作用是典型的将光能通过系列电子和能量传递转化为化学能的过程，叶绿素分子吸收光能变成激发态，通过分子间能级将光能定向传递至反应中心。在反应中心，光能将通过系列电子传递过程转化为化学能。Ru^{2+}多吡啶配体具有和叶绿素分子类似的光捕获和传递能力，可被用来设计人造光合作用器件。Meyer 等通过精确调控分子链上不同含 Ru^{2+}配体数量、位置和排列，实现了光能在分子链的定向传递，这种传递只发生在单根分子链上，聚合物溶液浓度不会对光能单链传递产生影响。Hisaeda 等[81]在此基础上引入光催化中心维生素 B_{12}，Ru^{2+}的多吡啶配体捕获并将光能传递到活性中心维生素 B_{12}，成功将苯乙基溴转化为乙苯和苯乙烯，初步实现了人造光合作用。

单链 Janus 纳米颗粒集成了高分子单链的性能和纳米颗粒功能，引起了广泛的关注。其制备方法一般分为两种，一种是对嵌段共聚物其中一段进行分子内交联得到纳米颗粒，另一种是对现有无机纳米颗粒通过"grafting from"或者"grafting to"方式接枝单根高分子链。

5.2　单官能团无机颗粒的接枝

多面体低聚倍半硅氧烷(POSS)、多金属氧酸盐(POM)和 C_{60} 等单官能团纳米颗粒可作为"头"通过可控自由基聚合[82]、点击化学[83]或开环聚合[84]接枝单根高分子链，得到蝌蚪状单链 Janus 纳米颗粒。但是需要严格计量化学反应和随后色谱纯化才能得到单官能团的无机纳米颗粒，从而保证颗粒表面接枝单根高分子链[85]。这些无机颗粒缺少功能性。

Cheng 等[86-92]基于单官能团的 POSS 和 C_{60}，设计合成了系列单链接枝的纳米颗粒，作为新型自组装材料库。这些"巨大表面活性剂"的化学结构可以通过改变"头"和"尾"构件的组成和结构系统调节。Wang 课题组[93-96]基于单官能团 POM，接枝了 PS、PEG 和 PCL 等系列聚合物单链。POSS 分子通常具有笼形刚性 3 D 结构，直径通常在 1～3 nm 之内。POSS 分子容易修饰笼结构(如 T8 和 T12)和表面官能度[97]。通过改变 POSS 笼子外围官能团，调节"头"与聚合物尾部相互作用。因此，基于 POSS 分子的纳米颗粒已被广泛用于制备巨大表面活性剂。

为了通过可控活性自由基聚合或点击反应在 POSS 上接枝单根高分子链，单官能团的 POSS 分子可分为 POSS ATRP 引发剂、POSS RAFT 试剂和可点击反应的 POSS(图 5-16)。所接的聚合物链可以是均聚物、嵌段共聚物或者无规共聚物。表 5-1 给出了一些近几年代表性的单根高分子链接枝 POSS 的例子。

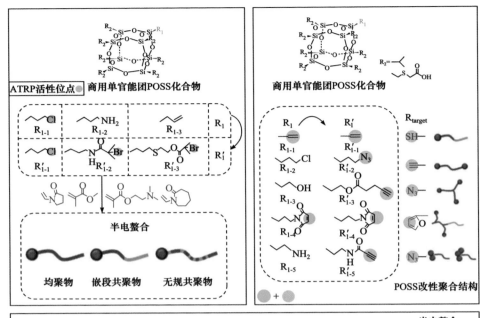

图 5-16　单官能团 POSS：POSS ATRP 引发剂、POSS RAFT 试剂和可点击反应的 POSS[97]

表 5-1　单链聚合物-POSS

POSS 类型	取代基	POSS-聚合物	参考文献
POSS ATRP 引发剂		POSS-PSPMA	[98]
POSS ATRP 引发剂		POSS-poly(VCap-co-VP-co-SBMA)	[99]
POSS RAFT 试剂		POSS 接枝 PAAs	[100]
可点击反应 POSS		HPOSS-PEG$_{3800}$	[86]
可点击反应 POSS		POSS-b-PEG$_{500}$	[101]

续表

POSS 类型	取代基	POSS-聚合物	参考文献
可点击反应 POSS	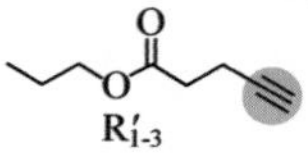 R'$_{1-3}$	POSS-PS	[91]
可点击反应 POSS	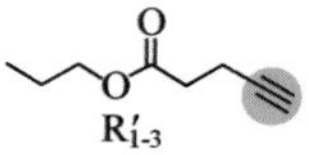 R'$_{1-3}$	DPOSS-PS	[102]
可点击反应 POSS	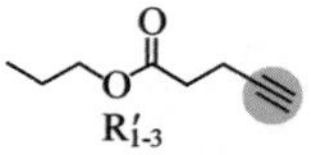 R'$_{1-3}$	FPOSS-PS-PEG	[83]

　　He 等[84]结合开环聚合和巯基-双键的点击反应，制备了 7R-POSS-PCL 单链 Janus 纳米颗粒。如图 5-17 所示，从单羟基和七乙烯基取代的 POSS(VPOSS-OH)

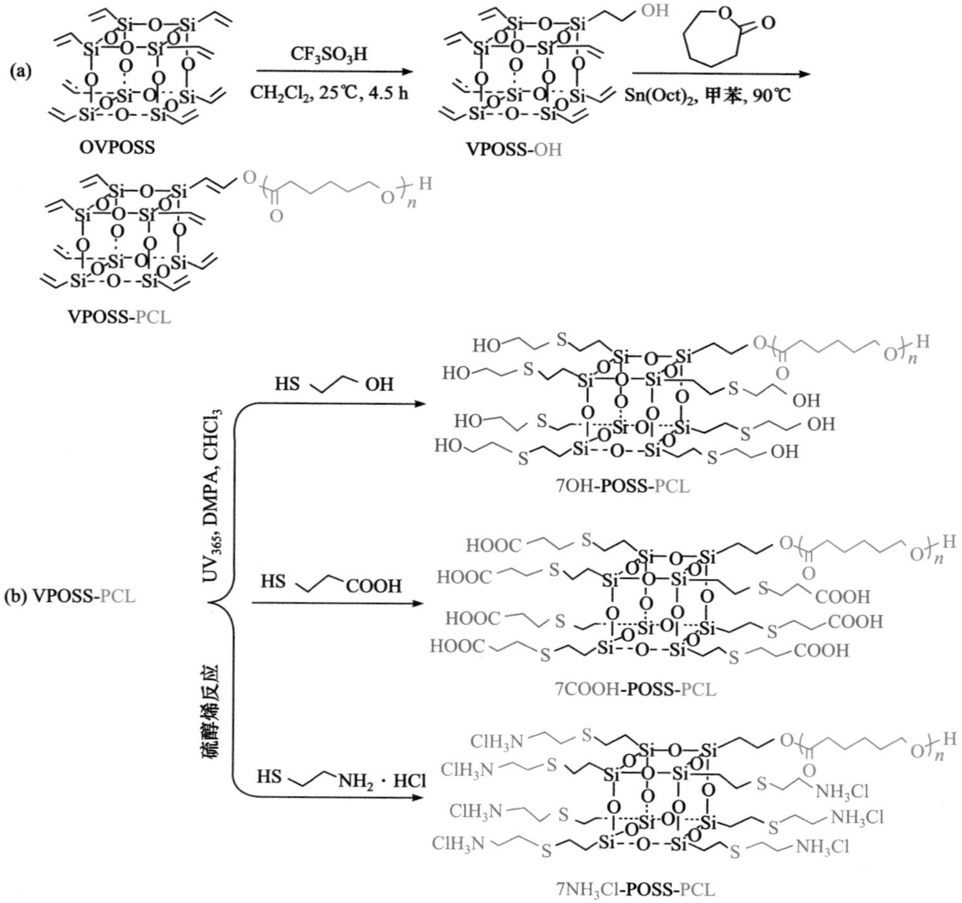

图 5-17　开环聚合和巯基-双键的点击反应结合合成 7R-POSS-PCL[84]

开始，首先通过 ε-CL 的开环聚合(ROP)在辛酸亚锡催化下合成分子量可控和分子量分布窄的 PCL 链，得到 PCL 单链接枝的 VPOSS。为了使 POSS 头具有可调节极性的功能，通过高效的巯基-双键的点击反应将三种亲水基团(包括羟基、羧酸和铵盐)安装到 POSS 分子的外围。

5.2.1　无模板法

Liu 等[103]报道了一种无模板制备 PEG-Au-PS 单链 Janus 纳米颗粒的方法，基于双亲性三嵌段共聚物 PEG-b-P(LAMP-co-GMA)-b-PS，中间嵌段由于 1,2-二硫杂环戊烷官能团可键接 Au 纳米颗粒(图 5-18)。当 Au 纳米颗粒(Au NP)尺寸小于或等于中间嵌段的流体力学尺寸时，因为中间嵌段可以包裹 Au NP 的周围，PEG 和 PS 嵌段提供额外空间位阻，可实现单个三嵌段聚合物链对 Au NP 的单官能化。所得的 PEG-Au-PS 单链 Janus 纳米颗粒可以在水溶液中自发自组装成各种形态，包括杂化胶束、(支化)棒、囊泡和大型复合胶束。

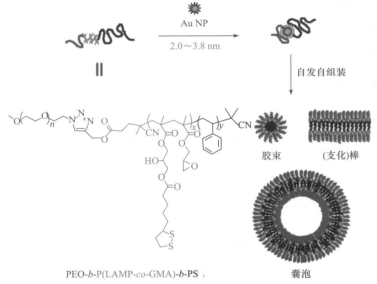

图 5-18　无模板法制备单个金纳米颗粒复合双亲三嵌段共聚物[103]

5.2.2　固相合成

Huo 等利用聚苯乙烯 Wang 树脂通过固相合成制备单官能团的 Au 纳米颗粒(图 5-19)。Worden 等[104]将带有乙酰基保护的巯基的双官能团 6-巯基己酸以酯键附在树脂上，乙酰基脱保护后的巯基与丁硫醇盐保护的金纳米颗粒发生配体置换。

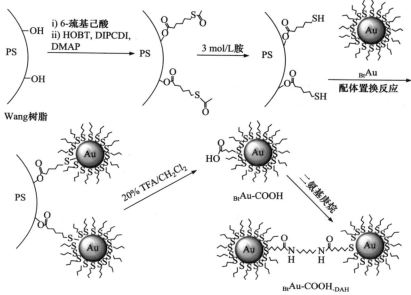

图 5-19　固相合成法制备单官能团的金纳米颗粒[104]

树脂微珠变黑，表明发生了有效的配体置换。洗去未交换的纳米颗粒，与树脂结合的纳米颗粒在三氟乙酸 CH_2Cl_2 溶液中脱离，得到单羧基官能团的 Au 纳米颗粒。附着在金纳米颗粒上的官能团上的数量由树脂官能团密度控制。当树脂表面官能团密度足够低时，能确保表面配体置换反应后只有一个官能团接枝到颗粒表面。该方法制备效率低，并且适用体系有限。

5.2.3　快速终止法

Yao 等报道了通过快速终止反应将阴离子活性聚合物单链 PS 接枝到氯硅烷改性的 Fe_3O_4 纳米颗粒表面[105]。聚合物 PS 线团尺寸大于纳米颗粒直径时，由于空间立体阻碍作用，保证 Fe_3O_4 纳米颗粒表面接枝单根高分子链。对颗粒表面的氯进行季铵盐化改性赋予颗粒表面正电荷和亲水特性，得到的颗粒具有双亲性，即制备了 Janus 复合纳米颗粒。PS 通过染色后在透射电镜下呈现降落伞非对称结构。基于颗粒表面残留氯，可引发 ATRP 接枝在颗粒表面制备功能性聚合物，如温敏聚合物 PNIPAM，对应的 Janus 复合纳米颗粒具有温敏性[图 5-20(a)]。该方法可在高固含量(10 wt%)下制备高分子单链-Fe_3O_4 Janus 复合纳米颗粒。该方法具有普适性，可扩展到阳离子活性聚合。如 Jing 等在含有氨基的 Fe_3O_4 纳米颗粒表面通过快速阳离子聚合引入单链聚(4-氯甲基苯乙烯)[106]。基于聚合物主链的苄基氯官能团，通过 ATRP 聚合反应接枝甲基丙烯酸二乙氨基乙酯(DEAMA)/OEGMA，得到核/

壳结构聚合物刷，其具有装载及 pH 响应控制释放特性[图 5-20(b)]。Fe_3O_4 颗粒表面的氨基为体系的靶向识别和磁操控提供了物质基础。

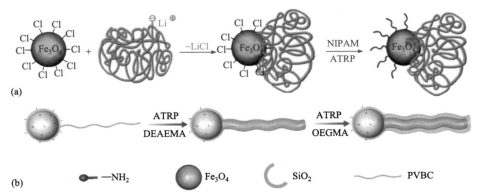

图 5-20　快速终止制备高分子单链-Fe_3O_4 Janus 复合纳米颗粒[105, 106]

ATRP. 原子转移自由基聚合；NIPAM. N-异丙基丙烯酰胺；OEGMA. 甲基丙烯酸寡聚乙二醇酯；
DEAEM. 二乙氨基乙酯

5.2.4　ssDNA-Au

　　Claridge 等制备了单根 ssDNA 修饰的金纳米颗粒[107]。当摩尔比为 1∶1 的 ssDNA-SH 和金纳米颗粒混合时，ssDNA 通过巯基与金颗粒表面发生配位作用，由于存在有效空间位阻屏蔽作用，理论上可控制在金颗粒表面接枝 DNA 的数目。实验结果表明金纳米颗粒上接枝 DNA 的相对数目随机分布。单根 DNA 接枝的金纳米颗粒需要电荷分离方法纯化得到。连有两条 DNA 的金纳米颗粒或者更多条的金纳米颗粒可通过其他方法分离得到，如图 5-21 所示。

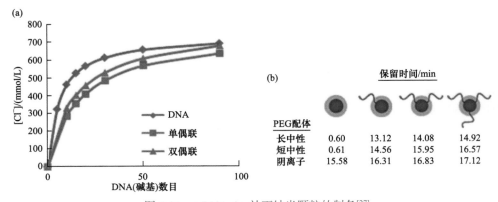

图 5-21　ssDNA-Au 补丁纳米颗粒的制备[27]

参 考 文 献

[1] Klapper M, Nenov S, Haschick R, et al. Oil-in-oil emulsions: a unique tool for the formation of polymer nanoparticles[J]. Accounts of Chemical Research, 2008, 41(9): 1190-1201.

[2] Tumarkin E, Kumacheva E. Microfluidic generation of microgels from synthetic and natural polymers[J]. Chemical Society Reviews, 2009, 38(8): 2161-2168.

[3] Pecher J, Mecking S. Nanoparticles of conjugated polymers[J]. Chemical Reviews, 2010, 110(10): 6260-6279.

[4] Lattuada M, Hatton T A. Synthesis, properties and applications of Janus nanoparticles[J]. Nano Today, 2011, 6(3): 286-308.

[5] Dobson C M. Protein folding and misfolding[J]. Nature, 2003, 426(6968): 884-890.

[6] Kuhn V W, Majer H. Die selbstvernetzung von fadenmolekülen[J]. Die Makromolekulare Chemie: Macromolecular Chemistry and Physics, 1956, 18(1): 239-253.

[7] Gonzalez-Burgos M, Latorre-Sanchez A, Pomposo J A. Advances in single chain technology[J]. Chemistry Society, 2015, 44: 6122-6142.

[8] Mavila S, Eivgi O, Berkovich I, et al. Intramolecular cross-linking methodologies for the synthesis of polymer nanoparticles[J]. Chemical Reviews, 2016, 116(3): 878-961.

[9] Hanlon A M, Lyon C K, Berda E B. What is next in single-chain nanoparticles?[J]. Macromolecules, 2016, 49(1): 2-14.

[10] Rothfuss H, Knöfel N D, Roesky P W, et al. Single-chain nanoparticles as catalytic nanoreactors[J]. Journal of the American Chemical Society, 2018, 140(18): 5875-5881.

[11] Rubio-Cervilla J, Barroso-Bujans F, Pomposo J A. Merging of zwitterionic ROP and photoactivated thiol-yne coupling for the synthesis of polyether single-chain nanoparticles[J]. Macromolecules, 2016, 49(1): 90-97.

[12] Matyjaszewski K. Atom transfer radical polymerization (ATRP): current status and future perspectives[J]. Macromolecules, 2012, 45(10): 4015-4039.

[13] Matyjaszewski K, Tsarevsky N V. Macromolecular engineering by atom transfer radical polymerization[J]. Journal of the American Chemical Society, 2014, 136(18): 6513-6533.

[14] Discekici E H, Anastasaki A, Read de Alaniz J, et al. Evolution and future directions of metal-free atom transfer radical polymerization[J]. Macromolecules, 2018, 51(19): 7421-7434.

[15] Boyer C, Bulmus V, Davis T P, et al. Bioapplications of RAFT polymerization[J]. Chemical Reviews, 2009, 109(11): 5402-5436.

[16] Keddie D J, Moad G, Rizzardo E, et al. RAFT agent design and synthesis[J]. Macromolecules, 2012, 45(13): 5321-5342.

[17] Hill M R, Carmean R N, Sumerlin B S. Expanding the scope of RAFT polymerization: recent advances and new horizons[J]. Macromolecules, 2015, 48(16): 5459-5469.

[18] Chiefar I J, Chong Y K, Ercole F, et al. Living free-radical polymerization by reversible addition-fragmentation chain transfer: the RAFT process[J]. Macromolecules, 1998, 31: 5559-5562.

[19] Antonietti M, Sillescu H, Schmidt M, et al. Solution properties and dynamic bulk behavior of

intramolecular cross-linked polystyrene[J]. Macromolecules, 1988, 21(3): 736-742.

[20] Davankov V A, Ilyin M M, Tsyurupa M P, et al. From a dissolved polystyrene coil to an intramolecularly-hyper-cross-linked "Nanosponge" [J]. Macromolecules, 1996, 29(26): 8398-8403.

[21] Ulanski P, Janik I, Rosiak J M. Radiation formation of polymeric nanogels[J]. Radiation Physics and Chemistry, 1998, 52: 289-294.

[22] Ulański P, Kadłubowski S, Rosiak J M. Synthesis of poly (acrylic acid) nanogels by preparative pulse radiolysis[J]. Radiation Physics and Chemistry, 2002, 63(3-6): 533-537.

[23] Kadlubowski S, Grobelny J, Olejniczak W, et al. Pulses of fast electrons as a tool to synthesize poly (acrylic acid) nanogels. Intramolecular cross-linking of linear polymer chains in additive-free aqueous solution[J]. Macromolecules, 2003, 36(7): 2484-2492.

[24] Harth E, Horn B V, Lee V Y, et al. A facile approach to architecturally defined nanoparticles via intramolecular chain collapse[J]. American Chemistal Society, 2002, 124(29): 8653-8660.

[25] Croce T A, Hamilton S K, Chen M L, et al. Alternative o-quinodimethane cross-linking precursors for intramolecular chain collapse nanoparticles[J]. Macromolecules, 2007, 40(17): 6028-6031.

[26] Segura J L, Martin N. O-quinodimethanes: efficient intermediates in organic synthesis[J]. Chemical Reviews, 1999, 99(11): 3199-3246.

[27] Altintas O, Willenbacher J, Wuest K N R, et al. A mild and efficient approach to functional single-chain polymeric nanoparticles via photoinduced Diels-Alder ligation[J]. Macromolecules, 2013, 46(20): 8092-8101.

[28] Bütün V, Lowe A B, Billingham N C, et al. Synthesis of zwitterionic shell cross-linked micelles[J]. Journal of the American Chemical Society, 1999, 121(17): 4288-4289.

[29] Wen J, Yuan L, Yang Y, et al. Self-assembly of monotethered single-chain nanoparticle shape amphiphiles[J]. ACS Macro Letters, 2013, 2(2): 100-106.

[30] Wen J, Zhang J, Zhang Y, et al. Controlled self-assembly of amphiphilic monotailed single-chain nanoparticles[J]. Polymer Chemistry, 2014, 5(13): 4032-4038.

[31] Cheng L, Hou G, Miao J, et al. Efficient synthesis of unimolecular polymeric Janus nanoparticles and their unique self-assembly behavior in a common solvent[J]. Macromolecules, 2008, 41(21): 8159-8166.

[32] Rowan S J, Cantrill S J, Cousins G R L, et al. Dynamic covalent chemistry[J]. Angewandte Chemie International Edition, 2002, 41(6): 898-952.

[33] Jin Y, Yu C, Denman R J, et al. Recent advances in dynamic covalent chemistry[J]. Chemical Society Reviews, 2013, 42(16): 6634-6654.

[34] Lehn J M. Dynamers: dynamic molecular and supramolecular polymers[J]. Progress in Polymer Science, 2005, 30(8-9): 814-831.

[35] Maeda T, Otsuka H, Takahara A. Dynamic covalent polymers: reorganizable polymers with dynamic covalent bonds[J]. Progress in Polymer Science, 2009, 34(7): 581-604.

[36] Otto S. Dynamic molecular networks: from synthetic receptors to self-replicators[J]. Accounts of Chemical Research, 2012, 45(12): 2200-2210.

[37] Shema-Mizrachi M, Pavan G M, Levin E, et al. Catalytic chameleon dendrimers[J]. Journal of the American Chemical Society, 2011, 133(36): 14359-14367.

[38] Jackson A W, Fulton D A. Making polymeric nanoparticles stimuli-responsive with dynamic covalent bonds[J]. Polymer Chemistry, 2013, 4(1): 31-45.

[39] Otto S, Furlan R L E, Sanders J K M. Selection and amplification of hosts from dynamic combinatorial libraries of macrocyclic disulfides[J]. Science, 2002, 297(5581): 590-593.

[40] Corbett P T, Tong L H, Sanders J K M, et al. Diastereoselective amplification of an induced-fit receptor from a dynamic combinatorial library[J]. Journal of the American Chemical Society, 2005, 127(25): 8902-8903.

[41] Black S P, Sanders J K M, Stefankiewicz A R. Disulfide exchange: exposing supramolecular reactivity through dynamic covalent chemistry[J]. Chemical Society Reviews, 2014, 43(6): 1861-1872.

[42] Aliyar H A, Hamilton P D, Remsen E E, et al. Synthesis of polyacrylamide nanogels by intramolecular disulfide cross-linking[J]. Journal of Bioactive and Compatible Polymers, 2005, 20(2): 169-181.

[43] Tuten B T, Chao D, Lyon C K, et al. Single-chain polymer nanoparticles via reversible disulfide bridges[J]. Polymer Chemistry, 2012, 3(11): 3068-3071.

[44] Murray B S, Fulton D A. Dynamic covalent single-chain polymer nanoparticles[J]. Macromolecules, 2011, 44(18): 7242-7252.

[45] Trenor S R, Shultz A R, Love B J, et al. Coumarins in polymers: from light harvesting to photo-cross-linkable tissue scaffolds[J]. Chemical Reviews, 2004, 104(6): 3059-3078.

[46] Fan W, Tong X, Yan Q, et al. Photodegradable and size-tunable single-chain nanoparticles prepared from a single main-chain coumarin-containing polymer precursor[J]. Chemical Communications, 2014, 50(88): 13492-13494.

[47] Müller-Dethlefs K, Hobza P. Noncovalent interactions: a challenge for experiment and theory[J]. Chemical Reviews, 2000, 100(1): 143-168.

[48] Hill D J, Mio M J, Prince R B, et al. A field guide to foldamers[J]. Chemical Reviews, 2001, 101(12): 3893-4012.

[49] Seo M, Beck B J, Paulusse J M J, et al. Polymeric nanoparticles via noncovalent cross-linking of linear chains[J]. Macromolecules, 2008, 41(17): 6413-6418.

[50] Gillissen M A J, Voets I K, Meijer E W, et al. Single chain polymeric nanoparticles as compartmentalised sensors for metal ions[J]. Polymer Chemistry, 2012, 3(11): 3166-3174.

[51] Rodell C B, Mealy J E, Burdick J A. Supramolecular guest-host interactions for the preparation of biomedical materials[J]. Bioconjugate Chemistry, 2015, 26(12): 2279-2289.

[52] Ma X, Zhao Y. Biomedical applications of supramolecular systems based on host-guest interactions[J]. Chemical Reviews, 2015, 115(15): 7794-7839.

[53] Wang F, Pu H, Che X. Voltage-responsive single-chain polymer nanoparticles via host-guest interaction[J]. Chemical Communications, 2016, 52(17): 3516-3519.

[54] Nájera C, Beletskaya I P, Yus M. Metal-catalyzed regiodivergent organic reactions[J]. Chemical Society Reviews, 2019, 48(16): 4515-4618.

[55] Liang Y, Wei J, Qiu X, et al. Homogeneous oxygenase catalysis[J]. Chemical Reviews, 2018, 118(10): 4912-4945.

[56] Fischer T S, Schulze‐Sünninghausen D, Luy B, et al. Stepwise unfolding of single-chain nanoparticles by chemically triggered gates[J]. Angewandte Chemie International Edition, 2016, 55(37): 11276-11280.

[57] Tao J, Liu G. Polystyrene-block-poly(2-cinnamoylethyl methacrylate) tadpole molecules[J]. Macromolecules, 1997, 30(8): 2408-2411.

[58] Terashima T, Sugita T, Fukae K, et al. Synthesis and single-chain folding of amphiphilic random copolymers in water[J]. Macromolecules, 2014, 47(2): 589-600.

[59] Xiang D, Chen X, Tang L, et al. Electrostatic-mediated intramolecular cross-linking polymers in concentrated solutions[J]. CCS Chemistry, 2019, 1(5): 407-430.

[60] Matsumoto M, Terashima T, Matsumoto K, et al. Compartmentalization technologies via self-assembly and cross-linking of amphiphilic random block copolymers in water[J]. Journal of the American Chemical Society, 2017, 139(21): 7164-7167.

[61] Jiang L, Xie M, Dou J, et al. Efficient fabrication of pure, single-chain Janus particles through their exclusive self-assembly in mixtures with their analogues[J]. ACS Macro Letters, 2018, 7(11): 1278-1282.

[62] Lang F, Xiang D, Wang J, et al. Janus Colloidal dimer by intramolecular cross-linking in concentrated solutions[J]. Macromolecules, 2020, 53(6): 2271-2278.

[63] Pomposo J A, Perez-Baena I, Lo Verso F, et al. How far are single-chain polymer nanoparticles in solution from the globular state? [J]. American Chemical Society, 2014, 3: 767-772.

[64] Perez-Baena I, Asenjo-Sanz I, Arbe A, et al. Efficient route to compact single-chain nanoparticles: photoactivated synthesis via thiol-yne coupling reaction[J]. Macromolecules, 2014, 47(23): 8270-8280.

[65] Mistry J K, van de Mark M R. Aziridine cure of acrylic colloidal unimolecular polymers (CUPs)[J]. Journal of Coatings Technology and Research, 2013, 10(4): 453-463.

[66] Tao J, Liu G. Polystyrene-block-poly(2-cinnamoylethyl methacrylate) tadpole molecules[J]. Macromolecules, 1997, 30(8): 2408-2411.

[67] Altintas O, Willenbacher J, Wuest K N R, et al. Mild and efficient approach to functional single-chain polymeric nanoparticles via photoinduced Diels-Alder ligation[J]. Macromolecules, 2013, 46: 8092-8101.

[68] Xu F, Fang Z, Yang D, et al. Water in oil emulsion stabilized by tadpole-like single chain polymer nanoparticles and its application in biphase reaction[J]. ACS Applied Materials & Interfaces, 2014, 6(9): 6717-6723.

[69] Roy R K, Lutz J F. Compartmentalization of single polymer chains by stepwise intramolecular cross-linking of sequence-controlled macromolecules[J]. Journal of the American Chemical Society, 2014, 136(37): 12888-12891.

[70] Romulus J, Weck M. Single-chain polymer self-assembly using complementary hydrogen bonding units[J]. Macromolecular Rapid Communications, 2013, 34(19): 1518-1523.

[71] Lu J, Ten Brummelhuis N, Weck M. Intramolecular folding of triblock copolymers via

quadrupole interactions between poly(styrene) and poly(pentafluorostyrene) blocks[J]. Chemical Communications, 2014, 50(47): 6225-6227.

[72] Kim H, Uto T, Akagi T, et al. Amphiphilic poly (amino acid) nanoparticles induce size-dependent dendritic cell maturation[J]. Advanced Functional Materials, 2010, 20(22): 3925-3931.

[73] Akagi T, Piyapakorn P, Akashi M. Formation of unimer nanoparticles by controlling the self-association of hydrophobically modified poly(amino acid)s[J]. Langmuir, 2012, 28(11): 5249-5256.

[74] He J, Tremblay L, Lacelle S, et al. Preparation of polymer single chain nanoparticles using intramolecular photodimerization of coumarin[J]. Soft Matter, 2011, 7(6): 2380-2386.

[75] Knöfel N D, Rothfuss H, Willenbacher J, et al. Platinum (Ⅱ)-crosslinked single-chain nanoparticles: an approach towards recyclable homogeneous catalysts[J]. Angewandte Chemie International Edition, 2017, 56(18): 4950-4954.

[76] Bai Y, Feng X, Xing H, et al. A highly efficient single-chain metal-organic nanoparticle catalyst for alkyne-azide "click" reactions in water and in cells[J]. Journal of the American Chemical Society, 2016, 138(35): 11077-11080.

[77] Chen J, Wang J, Bai Y, et al. Enzyme-like click catalysis by a copper-containing single-chain nanoparticle[J]. Journal of the American Chemical Society, 2018, 140(42): 13695-13702.

[78] Lipinski C, Hopkins A. Navigating chemical space for biology and medicine[J]. Nature, 2004, 432: 855-861.

[79] Okawa Y, Mandal S K, Hu C, et al. Chemical wiring and soldering toward all-molecule electronic circuitry[J]. Journal of the American Chemical Society, 2011, 133(21): 8227-8233.

[80] Sykora M, Maxwell K A, DeSimone J M, et al. Mimicking the antenna-electron transfer properties of photosynthesis[J]. Proceedings of the National Academy of Sciences, 2000, 97(14): 7687-7691.

[81] Concepcion J J, House R L, Papanikolas J M, et al. Chemical approaches to artificial photosynthesis[J]. Proceedings of the National Academy of Sciences, 2012, 109(39): 15560-15564.

[82] Hussain H, Shah S M. Recent developments in nanostructured polyhedral oligomeric silsesquioxane-based materials via 'controlled' radical polymerization[J]. Polymer International, 2014, 63(5): 835-847.

[83] Hsu C H, Dong X H, Lin Z, et al. Tunable affinity and molecular architecture lead to diverse self-assembled supramolecular structures in thin films[J]. ACS Nano, 2016, 10(1): 919-929.

[84] Qian Q, Xu J, Zhang M, et al. Versatile construction of single-tailed giant surfactants with hydrophobic poly(ε-caprolactone) tail and hydrophilic POSS head[J]. Polymers, 2019, 11(2): 311-318.

[85] Zhang W B, Yu X, Wang C L, et al. Molecular nanoparticles are unique elements for macromolecular science: from "nanoatoms" to giant molecules[J]. Macromolecules, 2014, 47(4): 1221-1239.

[86] Dong X H, van Horn R, Chen Z, et al. Exactly defined half-stemmed polymer lamellar crystals

with precisely controlled defects' locations[J]. The Journal of Physical Chemistry Letters, 2013, 4(14): 2356-2360.

[87] Li Y, Wang Z, Zheng J, et al. Cascading one-pot synthesis of single-tailed and asymmetric multitailed giant surfactants[J]. ACS Macro Letters, 2013, 2(11): 1026-1032.

[88] Feng X, Zhu S, Yue K, et al. T_{10} polyhedral oligomeric silsesquioxane-based shape amphiphiles with diverse head functionalities via "click" chemistry[J]. ACS Macro Letters, 2014, 3(9): 900-905.

[89] Lin Z, Lu P, Yu X, et al. Sequential "click" synthesis of "nano-diamond-ring-like" giant surfactants based on functionalized hydrophilic POSS/C_{60} tethered with cyclic polystyrenes[J]. Macromolecules, 2014, 47(13): 4160-4168.

[90] Lin Z, Lu P, Hsu C H, et al. Hydrogen-bonding-induced nanophase separation in giant surfactants consisting of hydrophilic [60] fullerene tethered to block copolymers at different locations[J]. Macromolecules, 2015, 48(16): 5496-5503.

[91] Yue K, Liu C, Huang M, et al. Self-assembled structures of giant surfactants exhibit a remarkable sensitivity on chemical compositions and topologies for tailoring sub-10 nm nanostructures[J]. Macromolecules, 2017, 50(1): 303-314.

[92] Yu X, Zhong S, Li X, et al. A giant surfactant of polystyrene-(carboxylic acid-functionalized polyhedral oligomeric silsesquioxane) amphiphile with highly stretched polystyrene tails in micellar assemblies[J]. Journal of the American Chemical Society, 2010, 132(47): 16741-16744.

[93] Han Y, Xiao Y, Zhang Z, et al. Synthesis of polyoxometalate-polymer hybrid polymers and their hybrid vesicular assembly[J]. Macromolecules, 2009, 42(17): 6543-6548.

[94] Tang J, Li X Y, Wu H, et al. Tube-graft-sheet nano-objects created by a stepwise self-assembly of polymer-polyoxometalate hybrids[J]. Langmuir, 2016, 32(2): 460-467.

[95] Tang J, Ma C, Li X Y, et al. Self-assembling a polyoxometalate-PEG hybrid into a nanoenhancer to tailor PEG properties[J]. Macromolecules, 2015, 48(8): 2723-2730.

[96] Yu S J, Han Y K, Wang W. Unravelling concentration-regulated self-assembly of a protonated polyoxometalate-polystyrene hybrid[J]. Polymer, 2019, 162: 73-79.

[97] Chen F, Lin F, Zhang Q, et al. Polyhedral oligomeric silsesquioxane hybrid polymers: well-defined architectural design and potential functional applications[J]. Macromolecular Rapid Communications, 2019, 40(17): 1900101.

[98] Ma L, Li J, Han D, et al. Synthesis of photoresponsive spiropyran-based hybrid polymers and controllable light-triggered self-assembly study in toluene[J]. Macromolecular Chemistry and Physics, 2013, 214(6): 716-725.

[99] Li C, Bai S, Li X, et al. Amphiphilic copolymers containing POSS and SBMA with N-vinylcaprolactam and N-vinylpyrrolidone for THF hydrate inhibition[J]. ACS Omega, 2018, 3(7): 7371-7379.

[100] Cao Y, Xu S, Li L, et al. Physically cross-linked networks of POSS-capped poly (acrylate amide) s: synthesis, morphologies, and shape memory behavior[J]. Journal of Polymer Science Part B: Polymer Physics, 2017, 55(7): 587-600.

[101] Yu C B, Ren L J, Wang W. Synthesis and self-assembly of a series of nPOSS-b-PEO block

copolymers with varying shape anisotropy[J]. Macromolecules, 2017, 50(8): 3273-3284.

[102] Yue K, Huang M, Marson R L, et al. Geometry induced sequence of nanoscale Frank-Kasper and quasicrystal mesophases in giant surfactants[J]. Proceedings of the National Academy of Sciences, 2016, 113(50): 14195-14200.

[103] Hu J, Wu T, Zhang G, et al. Efficient synthesis of single gold nanoparticle hybrid amphiphilic triblock copolymers and their controlled self-assembly[J]. Journal of the American Chemical Society, 2012, 134(18): 7624-7627.

[104] Worden J G, Shaffer A W, Huo Q. Controlled functionalization of gold nanoparticles through a solid phase synthesis approach[J]. Chemical Communications, 2004, (5): 518-519.

[105] Yao X, Jing J, Liang F, et al. Polymer-Fe_3O_4 composite Janus nanoparticles[J]. Macromolecules, 2016, 49(24): 9618-9625.

[106] Jing J, Jiang B, Liang F, et al. Bottlebrush-colloid Janus nanoparticles[J]. ACS Macro Letters, 2019, 8(6): 737-742.

[107] Claridge S A, Liang H W, Basu S R, et al. Isolation of discrete nanoparticle-DNA conjugates for plasmonic applications[J]. Nano Letters, 2008, 8(4): 1202-1206.

(杨振忠)

第6章 金基有机无机杂化非对称纳米颗粒的制备及其生物学应用

6.1 引   言

6.1.1 非对称颗粒

非对称颗粒如双面神(Janus)和补丁(patch)颗粒因它们独特的光学、磁性和表面性质等，已经受到学术界的广泛关注。Janus 颗粒的概念是由 P. G. de Gennes 于 1991 年率先提出的，这类颗粒的典型特征是：同时拥有两个物理或化学性质不一样的表面[1]。Patch 颗粒可以看作是 Janus 颗粒的一种延伸，是指表面含有精确可控补丁的一类颗粒，根据补丁数目的不同，Patch 颗粒可分为单补丁、双补丁、六补丁、十二补丁等类型[2]。Janus 颗粒和 Patch 颗粒的主要区别在于，Janus 颗粒含有两个相等的相分离区域，而 Patch 颗粒的相分离区域则是不相等的[3]，但是，某些情况下，Janus 颗粒也可以被看作是一种特殊的单补丁 Patch 颗粒。随着研究的不断深入，各种形貌的非对称颗粒被相继开发出来，包括球形、棒状、哑铃形、圆柱状和盘状等。根据组成的不同，这些非对称颗粒又可被归为有机-有机、无机-无机、有机-无机杂化三个不同类型，它们拥有不同的特点和性能，在传感、催化、生物医药等诸多领域具有重要的应用价值[4]。

6.1.2 Au 基非对称纳米颗粒

有机物具有质量轻、易成形、性质调控方便等特点，而无机纳米颗粒(NPs)则具有丰富的物理性能(如机械、光学、电学、磁性等)，有机-无机杂化非对称 NPs 融合了这两类组分各自的优势，相对于纯有机或无机的非对称 NPs，这类 NPs 具有更丰富的性能和广阔的应用前景。构成该类型颗粒的无机组分种类繁多，常见的有 Au、Ag、SiO_2、TiO_2、Fe_3O_4、ZnO 等[4]，其中，Au NPs 因其独特且可控的光学性质，被广泛应用于光热治疗、药物释放、生物传感与成像等领域。Au NPs 可以与光发生相互作用，光的电磁场会引起 Au NPs 的表面传导电子发生集体相干振荡，并与光发生共振，产生局域表面等离子体共振现象(LSPR)[5]。LSPR 的出现会导致 Au NPs 对光的强烈吸收，这种等离子体吸收可以通过改变 Au NPs 的尺寸、形貌等进行调节，从而使材料呈现丰富多样的颜色[6]。Au NPs 在吸收可见或近红外光的同时，会伴随着热量的产生，这种光热性能可以被用于肿瘤的光热/光声成像以及光热治疗。此外，Au NPs 的生物安全性、高的 X 射线吸收系数，使它也可以作为 X 射线造影剂用于生物成像中[7]。鉴于 Au NPs 拥有诸多优异的性能，本章将重点围绕 Au 基双面神及补丁纳米颗粒的制备和生物学应用进行综述。

6.2　Au 基非对称纳米颗粒的种类及制备

6.2.1　基于小分子配体的 Au 基非对称纳米颗粒

1. 选择性表面修饰

选择性表面修饰是制备非对称结构的一种常见策略，其基本思路是：将颗粒固定在气-液、固-液或液-液的界面，使颗粒的一面被保护起来，另一面被暴露出来，再利用物理或化学的方法对暴露的一面进行改性，从而获得具有非对称结构的颗粒[8]。Chen 等采用 Langmuir-Blodgett(LB)工艺在气-液界面制备具有双亲性质的 Au NPs，他们将表面带有己硫醇的 Au NPs 分散在水面上，经过机械压缩，Au NPs 在水面形成一个紧密的单层，然后向单层的水下面注入亲水性的 3-硫基-1,2-丙二醇(MPD)，颗粒与水接触一面的配体被 MPD 取代，而与空气接触的一面则保留疏水性的己硫醇[9]。然而，这一方法并不适用于比 MPD 分子链更长的 2-硫基乙氧基乙醇(MEA)，为此，Chen 等对前面的工艺进行了改进，他们借助 LB 技术将水面上形成的 Au NPs 单层转移至干净的玻璃基底上，然后将玻璃基底浸入到含有 MEA 的溶液中，配体交换反应则只发生在颗粒与水相直接接触的那一面，所制备的 Au NPs 的双亲性质通过接触角测试、核磁共振等表征得到了验证[10]。Bishop 等采用一种较为简单的方法在液-液界面制备出具有双亲性质的 Au NPs，他们首先将表面修饰十二胺的 Au NPs 分散在油/水两相混合物的甲苯相中，然后加入等量的两种竞争性配体——亲水性的 11-硫基十一烷酸(MUA)和疏水性的十二硫醇(DDT)，由于十二胺与 Au NPs 的结合较弱，在激烈的搅拌下十二胺会被与 Au NPs 结合性更强的 MUA 和 DDT 所代替，最终自发形成具有 Janus 形貌的 Au NPs 来降低这两种不相容液体之间的界面自由能(图 6-1)[11]。

2. 有机小分子的自发相分离

有机分子的自发相分离也是制备图案化 NPs 的常见方法，当两种尺寸不匹配的有机分子引入到 NPs 表面时，它们通常不是无规随机地分散在 NPs 表面，而是会自发地分离成不同的区域[12]。通过选用不同的配体组合，可以获得性能丰富的纳米结构，该方法具有简单低廉、易规模化等优点[8]。有机小分子配体在 NPs 表面上的最终形貌(条纹状或 Janus 状)是由它们在界面上的相分离焓和构象熵共同决定的，配体的自组装通常是向降低相分离焓和增加构象熵的方向进行。从焓的角度分析，当两种配体在 NPs 表面各自紧密堆积时，形成的界面数量越少、界面线长度越短，则相分离焓越低，此时倾向于形成 Janus 状 NPs；从熵的角度分析，当长链配体周围分布较多的短链配体时，长链配体可以拥有更多的自由体积来活动，有利于构象熵的增加，此时倾向于形成条纹状 NPs。小分子配体在 NPs 表面的形貌与 NPs 的尺寸也有关系，粒径较小的 NPs，倾向于形成 Janus 形貌(图 6-2)，这是因为，较小的曲率半径满足了每个配体活动所需要的自由体积，此时相分离

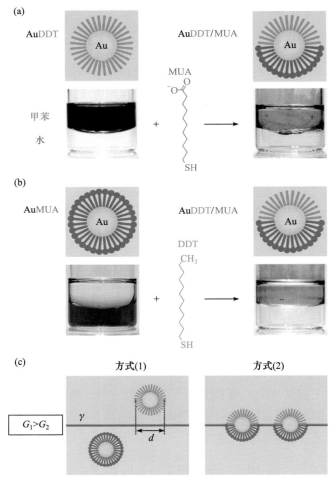

图 6-1　Au NPs 在水-甲苯界面的非对称表面修饰[11]

(a) DDT 配体首先被加入，形成油溶性的 Au NPs，然后加入 MUA 配体；(b) MUA 配体首先被加入，形成水溶性的 Au NPs，然后加入 DDT 配体；(c) 双亲性 Au NPs 在水-甲苯界面自发形成的示意图

焙对 NPs 的最终形貌起主导作用。研究表明，当 NPs 尺寸小于 1.5 nm 时，易形成 Janus 形貌；当尺寸大于 3 nm 时，易形成条纹状形貌；当尺寸在 1.5～3 nm 范围内时，则有望形成这两种形貌的混合结构[12, 13]。

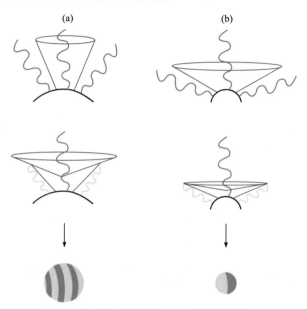

图 6-2　(a)大曲率半径 Au NPs 表面的配体分布；(b)小曲率半径 Au NPs 表面的配体分布[12]

3. 图案化纳米颗粒的形貌表征

图案化 NPs 的性能如润湿性、催化性、细胞渗透能力等与配体在其表面的分布方式密切相关，采用适当的表征手段来确定配体壳层的几何形貌对指导图案化 NPs 的实际应用尤为重要。目前用于表征 Au NPs 表面配体形貌的技术大致可以分为显微和谱学两大类。扫描隧道显微镜(STM)和原子力显微镜(AFM)是常见的表征配体壳层形貌的显微设备[14]。借助 STM 的高分辨率，Stellacci 研究组在包覆二元配体混合物的 Au NPs 表面发现了类似波纹或条纹状的区域，而当辛硫醇和3-巯基丙酸的比例是 2：1 时，Au NPs 表面呈现了厚度约为 1 nm 的条纹状结构[15]。显微技术对样品的制备要求较高，并且每次只能表征少量的 NPs，容易出现偶然性误差，不具有代表性。相对于显微技术，谱学表征反映的是样品颗粒的整体特征，常见的技术有核磁共振波谱、小角中子散射(SANS)、FT-IR 光谱、紫外-可见吸收光谱、质谱等。然而，光谱表征也存在一些缺陷，如对样品的均一性要求高；只能对配体的壳层形貌进行大致的判断，无法确定形貌的详细特征[14]。为了提高对配体壳层形貌的判断，人们尝试将实验技术手段与理论计算模拟进行有机联合，进而弥补单一表征手段的不足[16-18]。Stellacci 等将 SANS 与多相建模相结合，并证明了这种方法能够区分具有相似表面形貌结构的 NPs。他们对 Au NPs 使用三种配体的混合物进行表面修饰,即氘化正十二硫醇-正十二硫醇(dDDT-DDT)、11-巯基十一烷酸-正十二硫醇(MUA-DDT)、正丁硫醇-11-巯基十一烷酸(BT-MUA)。对于 dDDT-DDT 修饰的 NPs,两种配体倾向以无规随机的方式分布在 NPs 表面,因为此时的配体壳层处于热力学平衡状态;对于 MUA-DDT 和 MUA-BT 修饰的NPs,MUA 与 DDT、BT 因链长及极性的差异性,导致 NPs 表面分别出现 Janus和条纹状形貌。SANS 数据和 3D 模型(图 6-3)均证明了上述论断,该研究为准确判断 NPs 表面的配体形貌提供了新的方法[17]。

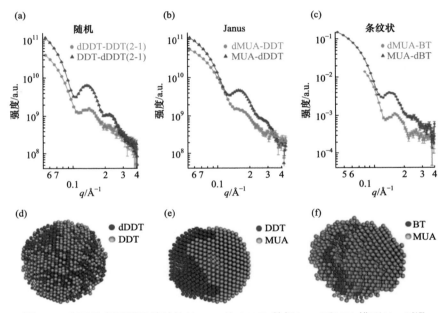

图 6-3　表面具有不同形貌结构的 NPs 的 SANS 数据(a～c)和 3D 模型(d～f)[17]

6.2.2　基于聚合物配体的 Au 基非对称纳米颗粒

相比于小分子配体,聚合物的尺寸与 NPs 相当,能够更有效地调控颗粒间的长程相互作用和范德瓦耳斯相互作用,并为 NPs 提供更广阔的可调参数空间。

1. 选择性表面修饰

对颗粒表面进行选择性修饰是制备各向异性 NPs 最直观有效的方法。非球形NPs(如 Au 或 Ag 的纳米棒、方块、片等)表面具有不同晶面,与配体分子间的相互作用存在差异,从而较易实现表面选择性修饰并可获得离散分布的配体补丁。例如,Au 纳米棒的两端和长轴对 CTAB 配体的亲和力不一样,两端(111)晶面上CTAB 的吸附密度比长轴(100)晶面的低,利用这种差异性,Nie 等通过配体交换将巯基封端的聚苯乙烯(PS)接枝到 Au 棒的两端,进而获得类似于双亲性三嵌段共聚物的"聚合物线团-Au 纳米棒-聚合物线团"结构[图 6-4(a)][19]。类似地,2-萘硫酚对 Au 纳米三角棱柱的平面和顶点的吸附能力也不一样,Chen 等利用这一性质,首先在 Au 纳米三角棱柱的顶点处吸附上 2-萘硫酚,然后借助疏水相互作用引入聚苯乙烯-b-聚丙烯酸(PS-b-PAA)[图 6-4(b)],通过调节 2-萘硫酚和 Au 纳米三角棱柱之间的浓度比例可以控制 Patch 在颗粒表面的分布情况[20]。对于各向同性的球形 NPs,利用聚合物配体对其进行选择性修饰的难度一般较大。固-液界面法简单可控,是选择性修饰球形 NPs 的一种有效方法。Li 等联合固态"grafting to"和"grafting from"技术,在球形 Au NPs 相对立的两个面接枝上不同类型的聚合物链。首先将巯基封端的聚氧化乙烯(HS-PEO)通过溶致结晶形成厚度约为 12 nm 的层状单晶,其暴露在表面的巯基可以用来固定 Au NPs,通过配体交换在 Au NPs 顶部修饰带有巯基的引发剂,然后利用原子转移自由基聚合反应在含有引发剂的一面生长聚甲基丙烯酸甲酯,最终获得具有双亲性质的 Janus NPs[21]。虽然固-液界面法可适用的颗粒尺寸范围较广,但是由于界面上供颗粒锚固的固态表面积有限,该策略难以实现非对称颗粒的大批量制备。

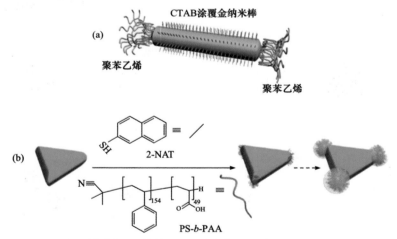

图 6-4　(a)巯基封端的 PS 接枝在 Au 纳米棒的两端[19];(b)Au 纳米三角棱柱的顶点处形成 Patch 的示意图[20]

2. 聚合物配体在纳米颗粒表面的相分离图案化

聚合物配体在 NPs 表面通过相分离能够呈现出不同的链构象和空间排布,从而打破 NPs 原有的对称性。Kumacheva 课题组借助 Au—S 键在球形 Au NPs 表面均匀接枝聚合物配体 PS,然后采用选择性溶剂诱导的方法实现 PS 在 Au NPs 表面的相分离图案化。他们发现,当把接枝改性的 Au NPs 分散在 PS 分子的良溶剂——*N,N*-二甲基甲酰胺(DMF)中，纳米颗粒表面形成的是厚度均匀的聚合物壳层；而当加入体积分数(C_w)约为 4%的非溶剂水时，Au NPs 表面的 PS 链会塌缩聚集，形成以 PS 微相区为"补丁"的图案化 Au NPs[图 6-5(a)]。补丁的数量和形貌与 NPs 的内核尺寸(D)、配体聚合物链的均方根末端距(R)有关系[图 6-5(b)]。当 D/R = 1.3(D = 20 nm 且 PS 分子量 M_n = 50000)，98%的球形 NPs 形成的是单一补丁结构；当 D/R = 2.6(D = 34 nm 且 PS 分子量 M_n = 50000)，单补丁和双补丁 NPs 的产率分别为 34%和 53%。补丁的形成也与聚合物配体在纳米颗粒表面的接枝密度 σ 相关，当 σ 较低时，容易形成离散的补丁结构，而当 σ 较高时，则易形成均匀的核壳结构[图 6-5(c)]。此外，该制备方法具有普适性，适用于不同组成、形状的纳米颗粒[图 6-5(d)][22]。

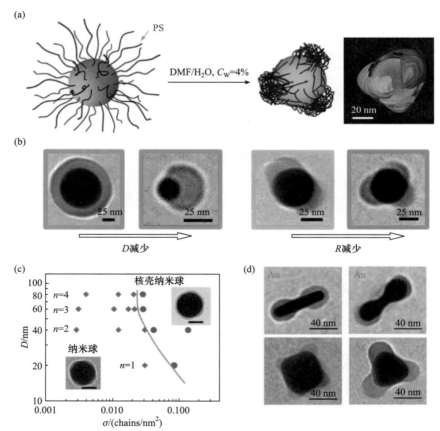

图 6-5　(a)选择性溶剂诱导 PS 在 Au NPs 表面形成"锚固胶束"；(b)颗粒内核尺寸和配体尺寸对聚合物补丁形成的影响；(c)球形 Au NPs 表面形成补丁的相图，插图标尺为 50 nm；(d)不同组成、形状 NPs 表面形成的聚合物补丁[22]

　　非球形的 Au NPs 将诱导接枝的聚合物配体产生更为特殊的表面补丁结构及分布。例如，相同分子量的 PS 配体(M_n = 50000)在 Au 纳米方块表面相分离时，倾向于在曲率较高的 8 个顶点和 12 条棱边区域形成补丁。当纳米方块被刻蚀为尺寸相当的球体时，由于表面曲率改变，PS 补丁的数目和分布将重新分配。理论计算进一步证实了补丁数目和分布取决于聚合物配体的表面能和伸展能之间的平衡[23]。对于具有一定长径比的 Au 纳米棒(长度介于 190~300 nm，横截面半径介于 9~15 nm)，通过选用不同长度的 PS 配体(M_n 分别为 20000、50000、104500 和 135000)，并调节接枝密度于 0.07~0.3 chains/nm² 之间，可形成手性螺旋、随机无序、核壳等丰富的表面图案化结构[24]。

　　疏水均聚物配体虽然可以在 Au NPs 表面通过相分离制备不同的补丁颗粒，但受限于胶体稳定性，制备浓度非常低，制约了其的应用探索。采用双亲性嵌段共聚物配体，也可在 Au NPs 表面形成补丁结构[25, 26]，更重要的是，嵌段共聚物的亲水链段能够大幅提升补丁 NPs 在水溶液中的稳定性，从而提高制备浓度。例如，Kumacheva 课题组将三硫酯封端的聚苯乙烯-b-聚(4-乙烯基苯甲酸)[P(St-b-4VBA)]接枝在 Au NPs 表面，经过离心纯化除去未接枝的嵌段共聚物后，通过添加不良溶剂诱导相分离，最终可制备浓度较高且分散稳定的补丁 Au NPs[26]。这一方法虽然提高了浓度，但补丁颗粒的结构种类单一。此外，这类以 Au—S 键链接的聚合物(均聚物或嵌段共聚物)配体在 Au NPs 表面相分离构筑聚合物补丁的新策略存在一个关键问题：可逆 Au—S 键所导致的动态脱附或吸附的巯基(或三硫酯)封端的聚合物配体对聚合物补丁形成的影响机制尚不清楚。为此，Nie 等报道了一种高效的基于嵌段-无规共聚物胶束化来宏量制备高质量补丁 NPs 的方法[图 6-6(a)]。该方法利用了一种独特的巯基封端的三嵌段共聚物——聚乙二醇-b-聚(苯乙烯-r-丙烯酸)-b-聚苯乙烯[PEO-b-P(St-r-AA)-b-PSt-SH]，将聚合物与 Au NPs 直接混合在 DMF 溶液中，部分聚合物通过配体交换接枝到 Au NPs 表面，加入不同含量的不良溶剂水，经加热-冷却处理，即可制得均匀的、数目和形貌可控的聚合物补丁 Au NPs。通过调整聚合物结构、链长、Au NPs 尺寸以及水含量，可制备豌豆状、单斑块、双斑块、三斑块、多斑块($n > 3$)和开口构象的补丁 NPs[图 6-6(b)]。实验和模拟计算揭示：未接枝的双亲性聚合物自组装所形成的活性胶束可作为聚合物配体的"蓄水池"，它既可防止在热处理过程中 Au 颗粒表面聚合物配体彻底脱落而影响颗粒稳定性，又可在降温过程中恰当地促进溶液中聚合物配体在聚合物斑块上的吸附和相分离，形成结构对称的均匀补丁颗粒。三嵌段聚合物中间的随机嵌段[即聚(苯乙烯-r-丙烯酸)]赋予了该体系较大的实验参数调控窗口，从而实现对聚合物配体在聚合物斑块和活性胶束间动态交换的精确操控。相较于传统方法，该制备手段避免了 NPs 表面改性后繁复的离心提纯步骤，且在整个制备过程中，胶体具备优异的稳定性[27]。

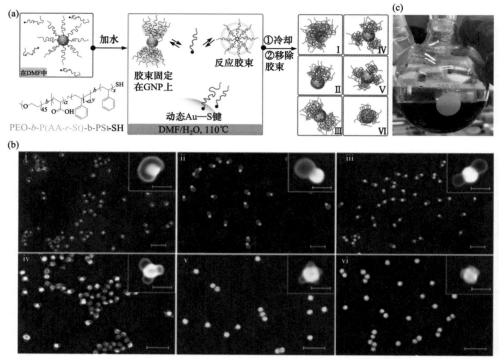

图 6-6   (a)嵌段-无规共聚物胶束调节 Patch 形成的示意图；(b)六种典型的补丁纳米颗粒，大图和插图的标尺分别为 200 nm、50 nm；(c)豌豆状补丁 Au NPs 溶液的宏观照片[27]

    Chen 等选用疏水性不同的小分子配体，如巯基封端的疏水磷脂分子和亲水的二乙胺，共同修饰球形 Au NPs，通过控制亲疏水小分子配体的摩尔比来实现嵌段共聚物胶束在 NPs 表面的选择性覆盖，从而获得以聚合物胶束为补丁的非对称 Au NPs。具体地，若不加入亲水的二乙胺，仅用疏水磷脂分子修饰 Au 纳米球，选择性溶剂将诱导 PS_{154}-b-PAA_{60} 塌缩覆盖于整个疏水的 NPs 表面，形成核壳杂化结构；当二乙胺的投入量是磷脂分子的 132 倍时，PS_{154}-b-PAA_{60} 则倾向于在 Au 纳米球一侧相分离胶束化，形成偏心结构的补丁 NPs[图 6-7(a)]。该方法是利用小分子配体对无机 NPs 表面能进行调控，改变嵌段共聚物疏水链段、NPs 和溶剂之间的相互润湿性，最终的补丁形貌取决于三相界面张力的平衡[28]。最近，Chen 等利用 PS-b-PAA 作为掩膜，通过热处理可以促使 PS-b-PAA 在非球形 Au NPs 表面进行形貌结构的转变[图 6-7(b)]，该过程展现出良好的动力学可控性，并且首次在 Au 纳米棒表面获得了聚合物螺旋图案[29]。

6.2.3　基于 DNA 的 Au 基非对称纳米颗粒

DNA 具有分子识别和可程序化的特点，除了具备传统生物学上的遗传功能外，也可以作为配体或模板来诱导等离子体纳米颗粒的合成和自组装[30]。DNA 分子链含有 4 种不同的碱基，即腺嘌呤(A)、鸟嘌呤(G)、胸腺嘧啶(T)和胞嘧啶(C)，其中 A 与 T、C 与 G 之间能够形成碱基配对。基于这种独特的碱基配对原则，单链 DNA 分子可以特异性地与其互补链杂交，形成稳定的双螺旋结构。随着 DNA 折纸技术的问世以及 DNA 纳米技术的蓬勃发展，可以通过对单链 DNA 序列及组装模块的设计，制备具有空间可寻址的、表面修饰位点可控分布的精准纳米结构[31, 32]。

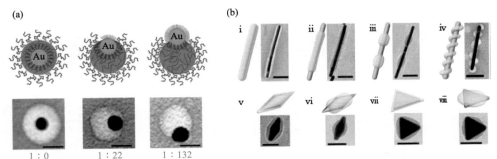

图 6-7　(a)小分子配体摩尔比(磷脂分子：二乙胺)对球形 Au NPs 表面聚合物胶束位置的影响，标尺为 50 nm[28]；(b)非球形 Au NPs 表面补丁形貌结构的可控转变，(ⅰ～ⅳ)标尺为 100 nm；(ⅴ～ⅷ)标尺为 50 nm[29]

具有特定几何形状与修饰位点的 DNA 框架常常被用于制备 DNA-Au 杂化 Patch 纳米颗粒。Mao 等采用两类不同的硫醇化单链 DNA 对 Au NPs 进行表面改性，其中的一类 DNA 链可与 DNA 四面体上的 DNA 链杂化，使 Au NPs 包裹在 DNA 四面体内部，形成 Au NPs@DNA 四面体结构，Au NPs 上的另一类 DNA 链则用来结合表面修饰该 DNA 互补链的 Au NPs，通过采用不同形状的 DNA 纳米笼，可以制备出"价态"数量和方向均可控的组装基元[33]。Tian 等利用 DNA 折纸技术制备了八面体框架模板，DNA 八面体内部含有伸向框架中心的单链 DNA，该单链 DNA 被用来固定尺寸为 10 nm 的 Au NPs，DNA 八面体的端点位置含有另一类 DNA 单链的黏性末端，它们可以作为组装基元之间的连接点，通过选择性地激活端点位置 DNA 单链的黏性末端，可以调控组装基元中 Patch 的位置和数量[图 6-8(a)][34]。上述方法制备的 Patch 纳米颗粒均有一个特点，即 DNA 框架被永久固定在纳米颗粒上，增加了纳米结构的复杂性。最近，一种分子打印策略被提出来，其基本原理是：将具有分子识别信息的 DNA 链负载在 DNA 框架模板中，然后将该 DNA 链从模板转移至纳米颗粒上，在这个过程中，DNA 框架只是充当一个过渡模板，可以被去除[图 6-8(b)][35]。Huang 等采用分子打印技术将 DNA 二十面体纳米笼中的图案化信息转移至 Au NPs 表面，他们首先制备了两个相对应的半二十面体，然后将其与 Au NPs 混合，这两个半二十面体组装成一个完整的二十面体的同时，也将 Au NPs 包覆其中，半二十面体上负载了可与 Au NPs 形成 Au—S 键的 DNA 悬垂链，当 DNA 悬垂链转移至 Au NPs 表面后，便可去除 DNA 纳米笼模板[36]。Gang 等则采用了一种非共价键合的方式——链置换反应，将 DNA 框架中的图案化信息转移到了 Au NPs 表面，Au NPs 中 Patch 的类型和空间位置可以通过改变 DNA 链的类型以及选用不同几何结构的 DNA 框架进行调节[37]。

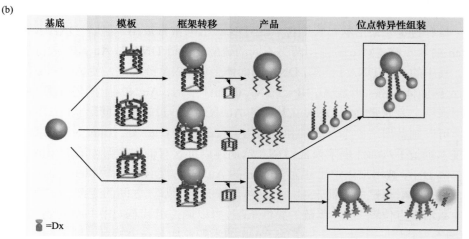

图 6-8　(a)DNA 框架用作永久模板制备补丁 Au NPs [34]；(b)分子打印策略制备补丁 Au NPs，
其中的 DNA 框架用作过渡模板[35]

　　除了采用 DNA 框架制备具有精确补丁数目的 Patch 颗粒外，Fan 等直接通过对单链 DNA 序列的设计，实现了对颗粒表面可"成键"Patch 数目的精准控制。单链 DNA 中的聚腺嘌呤(polyA)片段与 Au 具有强烈的络合作用，导致 polyA 片段优先被吸附到 Au NPs 表面，并使非 polyA 片段在溶液中伸展。可"成键"Patch 的化学计量可以通过控制单链 DNA 中交替排列的 polyA 和非 polyA 片段的序列、顺序和长度等因素来调节，进而获得"价键"数目可控的 Patch 颗粒。例如，二嵌段的单链 DNA(polyA-非 polyA)可用于制备一价 Patch 颗粒，而三嵌段单链 DNA (非 polyA-polyA-非 polyA)可用于制备二价 Patch 颗粒，其余的依此类推[图 6-9(a)]。然而，该方法得到的是各种价态颗粒的混合物，需要进行进一步的分离提纯[38]。Weizmann 等也提出了一种聚合物包覆-DNA 单链改性两步法，他们首先利用聚苯乙烯-b-聚丙烯酸对 Au NPs 表面进行选择性修饰，然后利用单链 DNA 对未被共聚物包覆的区域进行改性，由此得到具有特异结合性能的 Patch 纳米颗粒[图 6-9(b)]。该方法适用于不同组成、尺寸和形状的 NPs[39]。

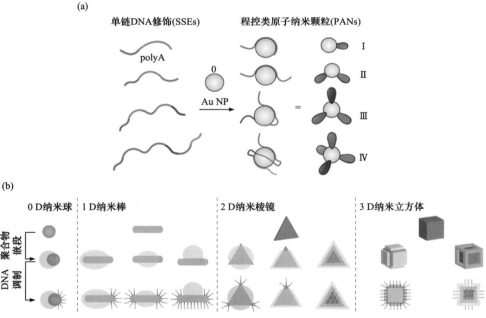

图 6-9　(a)含有 polyA 片段的单链 DNA 修饰制备补丁 Au NPs[38]；(b)聚合物包覆-DNA 单链改性两步法制备补丁 Au NPs[39]

图中 0、Ⅰ～Ⅳ 依次代表 0 个、1～4 个价键

6.2.4　Au 基非对称囊泡

　　除了通过在 NPs 表面直接修饰补丁来获得非对称结构外，也可以将表面均匀

修饰聚合物的 NPs 与其他组分(如嵌段共聚物、嵌段共聚物修饰的 NPs)通过共组装的方式，在更大的尺度下(亚微米、微米)制备各向异性的非对称组装体结构[40, 41]。

Nie 课题组将有机的分子双亲物和无机 NPs 双亲物相结合，借助共组装技术，制备了系列具有非对称结构的囊泡。他们首先将双亲性嵌段共聚物均匀接枝的 Au NPs(Au@PS$_{x1}$-b-PEO$_{y1}$)和游离的 PS$_{x2}$-b-PEO$_{y2}$ 溶解在四氢呋喃中，然后加入水，引发上述两类物质发生共组装，通过调节 Au NPs 的尺寸、双亲性共聚物的嵌段长度，获得 Patch 状、Janus 状等多种不同形态的组装体结构[图 6-10(a)]。实验和计算研究表明：不同纳米组装体结构的形成是由这两种双亲物尺寸的不匹配性、聚合物链的缠结和 Au@PS$_{x1}$-b-PEO$_{y1}$ 的移动等因素共同作用的结果。此外，Au@PS$_{x1}$-b-PEO$_{y1}$ 之间存在的熵的吸引力在控制囊泡膜中双亲物的相分离中也扮演着重要的角色[42]。在此基础上，他们将体系拓展到了 Au@ PS-b-PEO/PS-b-PAA/Fe$_3$O$_4$ 的三元组装体系中，其中 PS-b-PAA 为游离的双亲性嵌段共聚物，Fe$_3$O$_4$ 为表面带有油酸配体的磁性纳米颗粒。通过调节混合物中 NPs 的尺寸和质量分数，可以获得球形和半球形的 Janus 囊泡，其中 Au NPs 和 Fe$_3$O$_4$ NPs 在囊泡中的分布情况不一样，Au NPs 集中在囊泡的一个面上，而 Fe$_3$O$_4$ NPs 则均匀分布在整个囊泡中[43]。此外，Nie 课题组还将微流控技术引入到杂化 Janus 状囊泡的制备中，与传统的组装技术相比，微流控技术具有许多优点，如连续自动的加工处理、合成条件的精确控制和高重复性等。其制备过程如下：将含有分子双亲物和无机 NPs 双亲物的四氢呋喃溶液引入到如图 6-10(b)所示的中央管道中，再从两个侧面管道中引入水流，水对于双亲共聚物中的 PS 嵌段来说是非溶剂，并且可与四氢呋喃混溶。当这两种混溶液体沿着管道横向方向扩散混合时，会改变两相边界处分子双亲物和无机 NPs 双亲物的溶剂量，最终触发杂化 Janus 囊泡的形成[44]。

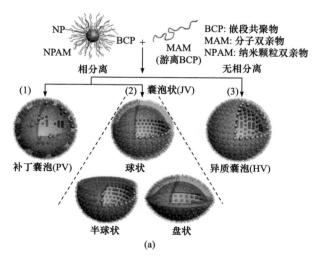

(a)

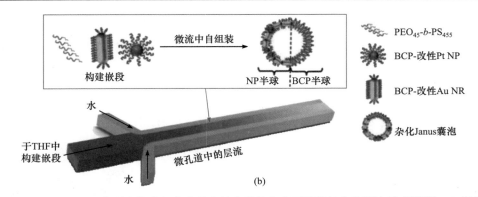

图 6-10 (a)二元双亲混合物共组装成具有特定形状和表面图案的杂化囊泡示意图[42]；(b)微流
控技术制备杂化 Janus 囊泡示意图[44]

6.3 性质与应用

6.3.1 自组装构筑新结构

1. 聚合物诱导的自组装

由纳米颗粒作为基本单元构筑的有序超结构体具有比单个颗粒更为丰富的性
能，因此近年来备受科研工作者的关注。憎溶剂的作用是一种驱动 NPs 自组装的
常见方式，其基本过程是：将表面接枝聚合物配体的 NPs 分散在良溶剂中，然后
通过加入非溶剂/盐、改变温度等措施降低配体在溶液中的溶解性，为了减少这种
不利的聚合物-溶剂相互作用，配体会在 NPs 表面自发形成离散的补丁并且 NPs
之间也会相互靠近聚集，进而形成多级的有序结构[45]。借鉴分子聚合的理念，
Kumacheva 研究组利用 Au 纳米棒长轴和末端对配体的选择性吸附，在末端修饰了
各种带有巯基的聚合物配体如聚苯乙烯(PS)[19]、聚 N-异丙基丙烯酰胺(PNIPAm)[46]、
聚(苯乙烯-co-异戊二烯)[47]等，这些聚合物配体类似于分子单体中的官能团，在一
定的条件下，可以发生“聚合反应”，形成一系列具有特定形貌的组装体结构。例
如，将末端接枝 PS 的 Au 纳米棒分散在 PS 的良溶剂如二甲基甲酰胺(DMF)或四
氢呋喃(THF)中，通过调节溶剂中水的比例，改变 PS 的溶解性，由此产生的憎溶
剂作用可以驱动 Au 纳米棒组装成环状、线状和纳米球状等多种不同的形貌结构
(图 6-11)[19]。利用这种方法，他们还将 Au 纳米棒和钯纳米棒结合在一起，获得
了具有类共聚物的组装体结构[48]。除了可以通过调节溶剂的量来触发自组装外，
Au 的光热转换性能也可以被用来实现这一过程。末端修饰了聚 N-异丙基丙烯酰
胺(PNIPAm)的 Au 纳米棒，在激光的照射下产生热量并转移至 PNIPAm 分子上，

破坏了 PNIPAm 与水分子之间的氢键作用，增加了 PNIPAm 的疏水性，由此引发了 Au 纳米棒的自组装[46]。最近，Kumacheva 研究组又提出了一种"补丁形成—NPs 自组装"分步进行的新策略，他们在 Au NPs 表面接枝了 P(St-*b*-4VBA)，靠近 NPs 表面的 PS 嵌段在 DMF 和水的混合物中可以形成补丁，而远离 NPs 表面的 P(4VBA)嵌段则起到稳定补丁 NPs 的作用，当加入乙酸铜后，P(4VBA)嵌段发生交联反应，引发 NPs 自组装。这种方法可以避免因补丁形成和 NPs 自组装同时进行而导致 NPs 组装体的结构可控性较差的问题[26]。

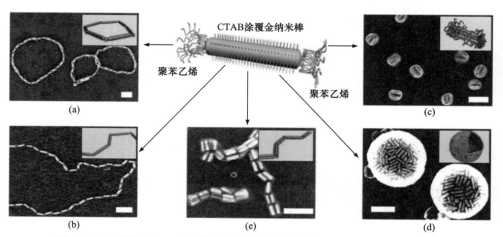

图 6-11　PS 修饰的 Au 纳米棒在选择性溶剂中的自组装结构体的 SEM 照片

(a) 环状(DMF：水 = 94：6，质量比，下同)；(b) 线状(DMF：水 = 80：20)；(c) "边对边"的纳米棒束(THF：水 = 94：6)；(d) 纳米球(THF：水 = 80：20)；(e) 束状纳米棒链(DMF：THF：水 = 42.5：42.5：15)，所有图片的标尺为 100 nm[19]

2. DNA 诱导的自组装

DNA 诱导 Au NPs 自组装也已经引起学术界的广泛关注，利用 DNA 分子链的特异性和选择性，可以制备具有不同维度、形态的组装体结构，如零维的"小分子"结构[图 6-12(a)]、一维的"聚合物"结构[图 6-12(b)]和二维的"晶格"结构[图 6-12(c)]。零维自组装体在三个维度上均是纳米尺寸，这类自组装体类似于化学中的简单小分子，组装体结构中的 NPs 可以看作是"原子"，而 DNA 杂化链可以看作是"共价键"[33, 38]。一维自组装体可与化学中的"链式聚合物"进行类比，而构成该组装体的 Au NPs 可以看作是"单体"。这类 Au NPs 的表面通常含有两个被激活的 DNA 补丁，它可以与另一 Au NPs(含有两个互补 DNA 补丁)发生"聚合反应"，组装体的形态结构可以通过改变两个补丁在 Au NPs 表面的相对位置来进行调控。例如，当两个补丁在 Au NPs 表面呈 180°分布时，得到的是链式结构；而当补丁在 Au NPs 表面呈 90°分布时，得到的是锯齿形结构[49]。二维自组装体则只有一个维度是纳米尺寸，构成该类组装体结构的 Au NPs 含有多个 DNA 补丁，并且这些补丁处于同一平面，当它们在 Au NPs 表面呈对称分布时，便可得到具有周期性"晶格"结构的自组装体[34, 49]。当前，尽管开发的自组装体结构种类繁多，但缺乏对它们进行科学的归纳分类，按照维度的不同对其进行分类是一个看似可行的方法，但这种分类也存在一些不足的地方，如很多链式自组装体在三个维度上均是纳米尺寸，但它们在结构上却更接近于"聚合物"，因此，更加科学系统的分类方法对于未来的研究是必要的。

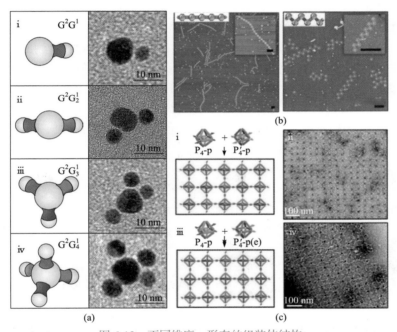

图 6-12　不同维度、形态的组装体结构

(a) 零维"小分子"自组装体[38]；(b) 一维"聚合物"自组装体[49] (标尺均为 200 nm)；(c) 二维"晶格"结构自组装体[34]

6.3.2　生物成像及传感

1. 生物成像

高空间分辨率的无创成像技术对于及时发现各种病理及其治疗具有重要意义。常见的成像技术有：磁共振成像(MRI)、光学成像(OI)、计算机断层扫描(CT)、光声成像(PA)等。然而，这些技术也存在一定的局限性，如 MRI 和 CT 的灵敏度较差，而 OI 的空间分辨率较低。因此，开发一种新型纳米材料来用作多模式成像技术的造影剂将对细胞标记和体内成像非常有利。非对称性颗粒可以将不同功能的材料集于一体，具有丰富的组成和表面化学性质，在生物成像领域展现出

巨大的应用潜力[50-52]。Chen 等报道了一种具有双层结构的等离子体-磁性囊泡[图 6-13(a)]，并探索了其作为造影剂用于 MRI 和 PA 成像的可能性。他们首先采用微波加热法合成了 Janus Au-Fe$_3$O$_4$ NPs，然后利用配体交换法分别在 Au 和 Fe$_3$O$_4$ 的表面接上双亲性质相反的有机聚合物，接枝之后的 Au-Fe$_3$O$_4$ NPs 拥有与传统双亲性二元共聚物类似的性质，最后通过自组装技术将其构筑成双层囊泡结构。得益于 Au NPs 之间的等离子体耦合以及 Fe$_3$O$_4$ NPs 之间的磁偶极子相互作用，所制备的囊泡表现出增强的光学和磁性性能，并且可以同时作为 PA 和 MRI 的双重造影剂[图 6-13(b)][53]。Nie 课题组也采用自组装技术制备了系列 Janus 囊泡结构，并挑选了性能较为优异的半球形 Janus 囊泡(含有 50 nm 的 Au NPs 和 15 nm 的 Fe$_3$O$_4$ NPs)作为造影剂，他们将 Janus 囊泡经静脉注射到携带 U87MG 肿瘤的小鼠体内，研究了磁场的施加对 MRI 和 PA 成像效果的影响。与没有磁场的对照组相比，磁场的施加可以促进 Janus 囊泡在肿瘤组织处的聚集，进而使 PA 和 MRI 的信号强度提高了 2～3 倍[43]。Filice 等制备了一种杂化的 Janus 纳米颗粒 Fe$_3$O$_4$@SiO$_2$-Au，其结构如图 6-13(b)所示，其中 Fe$_3$O$_4$ NPs 被介孔 SiO$_2$ 包覆并构成 Janus 的一面，

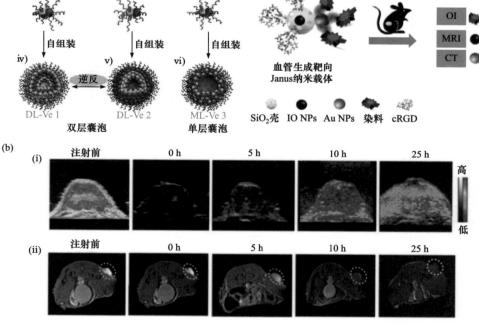

图 6-13　(a)具有双层结构的等离子体-磁性囊泡制备示意图[53]；(b)注射双层囊泡前后肿瘤组织的光声图像(ⅰ)和磁共振图像(ⅱ)[53]；(c)Janus Fe$_3$O$_4$@SiO$_2$-Au 纳米颗粒用于小鼠体内肿瘤组织处的多模式成像[54]

而 Au NPs 构成 Janus 的另一面，通过选择性修饰，他们进一步在 Au 的表面连接了荧光分子 Alexa Fluor 647，在 SiO₂ 的一面连接了肿瘤靶向分子 cRGD。研究表明，所制备的纳米材料可在携带纤维肉瘤的小鼠体内同时实现 MRI(Fe$_3$O$_4$)、CT(Au)和 OI(荧光分子)三种模式的成像[54]。

2. 生物传感

发展出高灵敏、低成本的微型传感器用于生物分子检测，在生物医用领域具有重要的应用价值。生物传感器通常含有两个功能元件：一个是识别元件，其作用是识别并与目标分析物发生特异性结合；另一个是传导元件，其作用是采集信号[55]。表面功能化的 NPs 可以作为一种生物传感器，先前已经开发出基于均质 NPs 的生物传感器，为了确保 NPs 能与特定的细胞相结合，需要在这类颗粒表面修饰一层靶向配体，然而这无疑阻碍了均质 NPs 的传感过程，降低了传感能力[56]。非对称颗粒的成功制备和发展，为上述问题提供了很好的解决方案。Lee 等制备了一面是粗糙的 Au 涂层，另一面是聚苯乙烯的珊瑚状 Janus 颗粒，并将其作为纳米探针，同时实现对肿瘤细胞的靶向和传感研究(图 6-14)。该 Janus 颗粒的粗糙 Au 表面可以增加分析物的吸附容量并提高 SERS 信号的强度，同时，另一面的聚苯乙烯修饰了靶向抗体 anti-HER-2，使其可以选择性地附着到乳腺癌细胞上[57]。Tseng 等进一步发展了一种集靶向识别、药物释放和实时监测于一体的多功能 Janus NPs，他们首先采用氧等离子体对市售荧光聚苯乙烯珠进行处理，使其上表

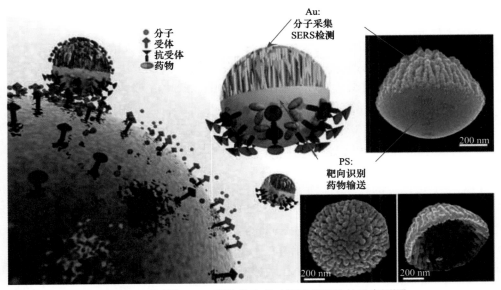

图 6-14　珊瑚状 Janus 颗粒作为多功能纳米探针的示意图[57]

面产生凹凸不平的褶皱，同时对整个表面进行羧基化改性，然后再在褶皱的上表面沉积一层 Au，得到的 Janus NPs 可以同时进行 SERS 和荧光检测。利用 Janus NPs 结构和表面化学的不对称性，他们在羧基化的聚苯乙烯表面接枝了抗体 anti-CD44，用于肿瘤细胞的靶向识别，同时在 Au 的表面通过 Au—S 键接枝了抗肿瘤药物。研究表明，所制备的 Janus NPs 对 HeLa 细胞的靶向能力比正常的软骨细胞高出 12 倍，并且可以通过二硫键的裂解来释放药物。此外，他们还采用共聚焦显微镜和拉曼成像验证了 Janus NPs 具有持久的单颗粒荧光能力和优异的生物分子传感能力[58]。

6.3.3 光热治疗

光热治疗(PTT)是一种常见的治疗肿瘤的技术，它是利用光热转换剂将光能转化为热能，使肿瘤部位的温度升高，进而杀死癌细胞。相对于传统的治疗方法如手术、化疗和放疗，PTT 具有微创治疗、副作用少和特异性高等优势[59,60]。在利用 PTT 治疗肿瘤的过程中，近红外光(NIR)辐射是必不可少的，尤其是波长范围在 750~1000 nm(NIR-Ⅰ)和 1000~1350 nm(NIR-Ⅱ)区间的辐射，因为大部分的生物成分(如蛋白质、胶原、水等)在这两个波段的吸收并不明显。此外，近红外光还具有组织穿透能力强和远程控制的优势。为了充分发挥 PTT 的治疗效果，光热转换剂的选择和使用也尤为重要。理想的光热转换剂应该具有高的光热转换效率、良好的生物安全性和易于功能化等特点。Au 基纳米材料由于其成熟的合成工艺、精确可调的光谱吸收、良好的稳定性和易于表面改性等优点，成为目前研究最多的光热转换剂之一[60-62]。

由于癌细胞的复杂性，单一的治疗方式往往难以起到良好的效果，将多种治疗模式集于一体，充分发挥协同效应，是治疗肿瘤的有效方法，也是当前的研究热点之一[63-66]。Zhang 等发展了一种章鱼状的 Janus NPs，该纳米材料同时具备主动靶向、化疗和光热治疗等多种功能(图 6-15)。他们首先采用一种简单可重复的方法制备均一的 Au-PAA Janus NPs，然后将其作为模板在 PAA 和 Au 的一面分别生长介孔二氧化硅(mSiO₂)和 Au 枝，并采用乳糖酸(LA)和甲氧基-聚(乙二醇)-硫醇(mPEG-SH)分别对 Janus 的两面进行改性，其中乳糖酸具有肿瘤靶向性，而 mPEG-SH 可以提高颗粒的稳定性和生物相容性，最后再将抗肿瘤药物盐酸阿霉素(DOX)负载到上述的 Janus NPs 中。与单独的 PTT 或化学疗法相比，在 808 nm 近红外光的照射下，负载 DOX 的该 Janus NPs 在细胞和动物水平上均显示出更高的毒性，表明了化学-光热联合治疗的有效性[67]。Wang 等设计了一种多功能的 Janus 纳米材料，该颗粒的一端是三角形纳米 Au，另一端是 mSiO₂，他们将带有叶酸的聚乙二醇接枝在 Janus 颗粒表面，用于对肝癌细胞的靶向识别，随后将抗肿瘤药物 Tirapazamine 负载在介孔孔道中。体内和体外实验证明了该纳米材料对肿瘤组织具有放射-光热联合的治疗效果，此外，负载的 Tirapazamine 可在酸性环境中释放出来，并在肿瘤组织处产生能破坏 DNA 的自由基，进一步增强了治疗效果[68]。为了弥补单一光热转换剂转换效率低下的问题，Li 等将普鲁士蓝 NPs 和 Au NPs 联合起来，制备的 Janus 纳米颗粒展现了优异的光热转换效率(49.4%)，比单纯的鲁士蓝 NPs 高出 9.9%。他们还在该 Janus 纳米颗粒中负载了 DOX，并且利用纳米 Au 的高分辨性，同时实现了 CT 成像、化学治疗和光热治疗等功能，有效地抑制了肿瘤的生长[69]。

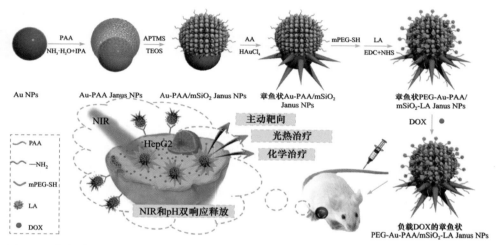

图 6-15　集主动靶向、化学治疗、光热治疗于一体的章鱼状 Janus NPs 的制备及其生物学应用[67]

6.3.4　自推进式纳米马达

自推进式纳米马达是一类人工合成的纳米装置，它们可以将外界其他形式的能量转化为机械能，从而主动执行多种复杂的任务，在纳米医学领域具有广阔的应用前景[70]。纳米马达的自推进移动一般可以通过局部化学反应或者外源性刺激来实现，根据驱动机理和方式的不同，可以分为化学驱动[71]、光驱动[72]、电驱动[73]、磁驱动[74]和超声驱动[75]等。光由于具有可逆性、远程可控性、能量可调性等特点，成为纳米马达的主要驱动方式之一[72]。根据所用波长范围的不同，又可细分为紫外光(10～380 nm)驱动、可见光(380～780 nm)驱动和红外光(780 nm～1 mm)驱动。然而，紫外线辐射会对生物体造成一定的损伤，限制了其在生物医学领域的应用，相比之下，近红外光具有更好的生物相容性以及对组织介质较高的穿透性，因此常被用来刺激纳米马达在生物体内的迁移[70]。

Xuan 等设计了一种近红外光驱动的介孔 SiO₂-Au Janus 纳米马达[图 6-16(a)]用于癌细胞的靶向治疗。他们在纳米马达的 SiO₂ 面包覆了一层巨噬细胞的细胞膜 (MPCM)，其目的是减少生物体内游离杂质的吸附以及提高对癌症细胞的精准识别。当采用近红外光照射时，Au 半面的光热效应使 Janus 纳米马达出现热梯度现象，由此产生的热泳力抑制了纳米马达在体内做无规的布朗运动，推动它们定向穿过癌细胞的细胞膜，最终实现客体分子的准确注入[76]。Shao 等选用聚(乙二醇)-b-聚(D，L-乳酸)(PEG-PDLLA)嵌段共聚物为有机基体，将其组装成聚合物囊泡，然后在囊泡的半面包覆一层 Au，制备了一种光热驱动且可生物降解的纳米马达[图 6-16(b)]。他们在共聚物的两个嵌段中间引入了对 pH 敏感的苯甲亚胺键，这有利于促进 PEG 链在酸性环境下的断裂。所制备的聚合物囊泡纳米马达能够顺利穿过细胞膜，释放抗癌药物 DOX 和荧光素标记的牛血清白蛋白[77]。Xing 等报道了一种 Janus 介孔 SiO$_2$-Pt@Au 纳米马达，他们首先对介孔 SiO$_2$ 进行氨基化改性并引入 Cu^{2+}(SiO$_2$-NH$_2$-Cu^{2+})，将 L-半胱氨酸修饰的 Au NPs (AuNPs-cys)组装在 SiO$_2$-NH$_2$-Cu^{2+}表面，L-半胱氨酸中的—COOH 可以与 Cu^{2+}形成配位络合作用，最后将 Pt NPs 选择性地喷镀在颗粒表面，得到具有 pH 响应性的、多重推进模式的 Janus 纳米马达。初始阶段，Pt 和 Au NPs 之间相对孤立，电子无法进行传输，H$_2$O$_2$ 在 Pt 表面可以发生催化降解反应，此时纳米马达进行的是自扩散泳(self-diffusiophoretic)模式的推进。在催化过程中，H$_2$O$_2$ 溶液的弱酸性环境会使 Cu^{2+} 和—NH$_2$ 之间配位键裂解，相对于 Pt 面，非 Pt 面的 pH 要低些，因此非 Pt 面的 Au NPs-cys 会率先从介孔 SiO$_2$ 表面脱离，这部分解吸下来的带有 Cu^{2+}的 Au NPs-cys-Cu^{2+}会与 Pt 面剩余的带有—COOH 的 Au NPs-cys 重新结合，形成较大的 Au

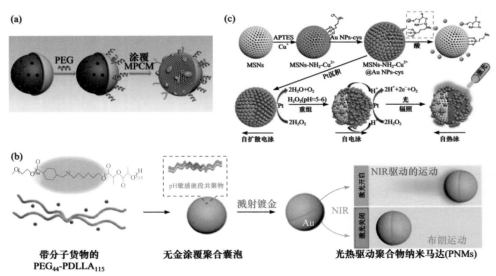

图 6-16　(a)MPCM 包覆的介孔 SiO$_2$-Au Janus 纳米马达制备示意图[76]；(b)聚合物囊泡纳米马达的设计策略示意图[77]；(c)Janus 介孔 SiO$_2$-Pt@Au 纳米马达的制备及各种推进模式转换机理图[78]

NPs 聚集体并与 Pt NPs 发生接触，使电子在 Au NPs 和 Pt NPs 之间的传输成为可能，此时纳米马达进行的是自电泳(self-electrophoresis)模式的推进。同时，相对于孤立的 Au NPs，Au NPs 聚集体拥有更强烈的光热效应，在激光照射下，产生热梯度，使纳米马达发生自热泳(self-thermophoretic)模式的推进[图 6-16(c)][78]。

6.3.5　催化及其他

纳米 Au 具有与 Pd、Pt 不同的催化特性，在 CO 氧化、醇氧化等反应中已经显示出较高的催化活性。纳米 Au 的催化活性与尺寸大小及载体种类密切相关。粒径小的 Au NPs，表面位点所占比例高，Au 原子在表面的数目也会增加，进而可以提高催化活性。Au 的载体不同，其催化活性和反应机理也不一样[79]。尽管应用于催化领域的 Janus 颗粒种类繁多，但是很少涉及具有聚合物外壳包覆的 Janus 颗粒的催化研究。Kirillova 等设计了一种毛状的杂化 Janus NPs 催化剂，该 Janus NPs 是由 SiO₂ 内核和两种不同性质的聚合物外壳构成的，SiO₂ 的一面被疏水性的聚苯乙烯包覆，另一面被亲水性的聚丙烯酸包覆，具有催化活性的 Au 或 Ag NPs 则被固定在聚丙烯酸壳中。制备的 Janus NPs 催化剂显示了较高的界面活性和油/水乳液稳定性，并在极少用量的情况下就可以还原亚甲基蓝、曙红 Y 和对硝基苯酚[80]。

Janus 胶体颗粒的另一个重要应用是作为固体表面活性剂将油/水不相溶的混合物乳化。这类 Janus 颗粒的典型特征是表面具有双亲性，即一面亲水，另一面疏水[81]。Fernandez 等研究了亲水性配体的类型对 Janus Au NPs 界面活性的影响，他们采用疏水性的正己硫醇对 Au NPs 的一面进行修饰，采用亲水性的 3-巯基-1,2-丙二醇(MPD)或 2-(2-巯基乙氧基)乙醇(MEE)对 Au NPs 的另一面进行修饰。结果表明，相对于 MEE，MPD 修饰的 Au NPs 在水/气和水/油界面均展现了较高的活性，这可能是因为 MPD 分子结构拥有较短的烃链和较多的末端羟基[82]。Fernandez 等进一步研究了聚合物外壳和扩散剂的种类(水、水和氯仿混合物、氯仿)对 Au NPs 界面活性的影响，他们采用疏水性的聚苯乙烯和亲水性的聚乙二醇对 Au NPs 进行修饰，制备得到补丁 Au NPs。相对于均一的亲水的 Au NPs(仅用聚乙二醇进行修饰)，补丁 Au NPs 在三种扩散剂中均展现出较高的界面活性。此外，纯氯仿是最佳的扩散剂，在水/气界面的表面张力可达到 60 mN/m[83]。

6.4　小结与展望

非对称颗粒通过将两种或多种物理/化学性质不同的成分集合到同一结构中，可以赋予纳米材料更为丰富多样的功能。其中，有机无机杂化的非对称 NPs 结合了有机分子和无机 NPs 不同的互补性质,使其在生物医用领域得到了广泛的关注和研究。构成非对称 NPs 的无机组分种类繁多,鉴于 Au NPs 的独特性能和优势,本章主要以纳米 Au 为出发点,并根据合成过程中选择的配体以及制备方法的不同,将有机无机杂化的非对称 NPs 分为四类:基于小分子配体的 Au 基非对称 NPs、基于聚合物配体的 Au 基非对称 NPs、基于 DNA 的 Au 基非对称 NPs 以及 Au 基非对称囊泡。针对这些非对称 NPs,目前已有多种制备策略被开发出来,这些策略拥有各自的优点和缺陷。例如,选择性表面修饰方法,尤其是"固-液"界面法具有简单易控制的特点,适用于不同尺寸的颗粒,然而这种方法难以实现规模化,也难以制备出超过两个 Patch 的非对称 NPs。此外,对于"液-液"、"液-气"界面法,由于热运动和旋转,纳米尺度的小颗粒容易在界面处移动,固定化的失败会导致表面各向同性的 NPs 的出现。又如,有机相分离方法简单低廉、易于规模化,并且可以通过优化配体组成来获得具有不同图案的非对称 NPs,然而这种方法难以精确控制 Patch 的形成,所制备的非对称 NPs 会经常出现一些瑕疵。为了满足日益增长的应用需求,未来需要开发出更多简单易实施的方法来宏量制备尺寸均一可控、形貌复杂多变、化学不均一性增加的非对称 NPs。本章也重点介绍了有机无机杂化的 Au 基非对称 NPs 在自组装、生物成像及传感、光热治疗、纳米马达等生物医用领域的应用。相对于各向同性的 NPs,各向异性的非对称 NPs 利用其微观结构的优势,可以将多种功能集于一体,进而发挥最大的生物医疗效果。例如,非对称 NPs 表面修饰或负载的有机分子可以用于靶向识别、药物缓释,而无机组分可以同时实现生物成像、光热治疗等功能。然而,针对非对称 NPs 的研究还仅仅停留在实验阶段,如何实现从基础理论研究向实际临床应用的过渡是当前科学界、工业界需要思考的问题,也是未来的研究重点。

参 考 文 献

[1] de Gennes P G. Soft matter (Nobel lecture)[J]. Angewandte Chemie International Edition, 1992, 31(7): 842-845.

[2] Li W, Palis H, Merindol R, et al. Colloidal molecules and patchy particles: complementary concepts, synthesis and self-assembly[J]. Chemical Society Reviews, 2020, 49(6): 1955-1976.

[3] Loget G, Kuhn A. Bulk synthesis of Janus objects and asymmetric patchy particles[J]. Journal of Materials Chemistry, 2012, 22(31): 15457-15474.

[4] Hu J, Zhou S, Sun Y, et al. Fabrication, properties and applications of Janus particles[J]. Chemical Society Reviews, 2012, 41(11): 4356-4378.

[5] Cao J, Sun T, Grattan K T V. Gold nanorod-based localized surface plasmon resonance biosensors: a review[J]. Sensors and actuators B: Chemical, 2014, 195: 332-351.

[6] Zeng S, Yong K T, Roy I, et al. A review on functionalized gold nanoparticles for biosensing applications[J]. Plasmonics, 2011, 6(3): 491-506.

[7] Elahi N, Kamali M, Baghersad M H. Recent biomedical applications of gold nanoparticles: a review[J]. Talanta, 2018, 184: 537-556.

[8] He J, Liu Y, Hood T C, et al. Asymmetric organic/metal (oxide) hybrid nanoparticles: synthesis and applications[J]. Nanoscale, 2013, 5(12): 5151-5166.

[9] Pradhan S, Xu L, Chen S. Janus nanoparticles by interfacial engineering[J]. Advanced Functional Materials, 2007, 17(14): 2385-2392.

[10] Pradhan S, Brown L E, Konopelski J P, et al. Janus nanoparticles: reaction dynamics and NOESY characterization[J]. Journal of Nanoparticle Research, 2009, 11(8): 1895-1903.

[11] Andala D M, Shin S H R, Lee H Y, et al. Templated synthesis of amphiphilic nanoparticles at the liquid-liquid interface[J]. ACS Nano, 2012, 6(2): 1044-1050.

[12] Kim H, Carney R P, Reguera J, et al. Synthesis and characterization of Janus gold nanoparticles[J]. Advanced Materials, 2012, 24(28): 3857-3863.

[13] Singh C, Ghorai P K, Horsch M A, et al. Entropy-mediated patterning of surfactant-coated nanoparticles and surfaces[J]. Physical Review Letters, 2007, 99(22): 226106.

[14] Ong Q, Luo Z, Stellacci F. Characterization of ligand shell for mixed-ligand coated gold nanoparticles[J]. Accounts of Chemical Research, 2017, 50(8): 1911-1919.

[15] Jackson A M, Myerson J W, Stellacci F. Spontaneous assembly of subnanometre-ordered domains in the ligand shell of monolayer-protected nanoparticles[J]. Nature Materials, 2004, 3(5): 330-336.

[16] Luo Z, Zhao Y, Darwish T, et al. Mass spectrometry and Monte Carlo method mapping of nanoparticle ligand shell morphology[J]. Nature Communications, 2018, 9(1): 1-9.

[17] Luo Z, Marson D, Ong Q K, et al. Quantitative 3D determination of self-assembled structures on nanoparticles using small angle neutron scattering[J]. Nature Communications, 2018, 9(1): 1-10.

[18] Luo Z, Yang Y, Radulescu A, et al. Multidimensional characterization of mixed ligand nanoparticles using small angle neutron scattering[J]. Chemistry of Materials, 2019, 31(17): 6750-6758.

[19] Nie Z, Fava D, Kumacheva E, et al. Self-assembly of metal-polymer analogues of amphiphilic triblock copolymers[J]. Nature Materials, 2007, 6(8): 609-614.

[20] Kim A, Zhou S, Yao L, et al. Tip-patched nanoprisms from formation of ligand islands[J]. Journal of the American Chemical Society, 2019, 141(30): 11796-11800.

[21] Wang B, Li B, Zhao B, et al. Amphiphilic Janus gold nanoparticles via combining "solid-state grafting-to" and "grafting-from" methods[J]. Journal of the American Chemical Society, 2008, 130(35): 11594-11595.

[22] Choueiri R M, Galati E, Thérien-Aubin H, et al. Surface patterning of nanoparticles with polymer patches[J]. Nature, 2016, 538(7623): 79-83.

[23] Galati E, Tebbe M, Querejeta-Fernández A, et al. Shape-specific patterning of polymer-functionalized nanoparticles[J]. ACS Nano, 2017, 11(5): 4995-5002.

[24] Galati E, Tao H, Tebbe M, et al. Helicoidal patterning of nanorods with polymer ligands[J]. Angewandte Chemie International Edition, 2019, 58(10): 3123-3127.

[25] Zhou Y, Ma X, Zhang L, et al. Directed assembly of functionalized nanoparticles with

amphiphilic diblock copolymers[J]. Physical Chemistry Chemical Physics, 2017, 19(28): 18757-18766.

[26] Rossner C, Zhulina E B, Kumacheva E. Staged surface patterning and self-assembly of nanoparticles functionalized with end-grafted block copolymer ligands[J]. Angewandte Chemie International Edition, 2019, 58(27): 9269-9274.

[27] Yang Y, Yi C, Duan X, et al. Block-random copolymer-micellization-mediated formation of polymeric patches on gold nanoparticles[J]. Journal of the American Chemical Society, 2021, 143(13): 5060-5070.

[28] Chen T, Yang M, Wang X, et al. Controlled assembly of eccentrically encapsulated gold nanoparticles[J]. Journal of the American Chemical Society, 2008, 130(36): 11858-11859.

[29] Wang Z, He B, Xu G, et al. Transformable masks for colloidal nanosynthesis[J]. Nature Communications, 2018, 9(1): 1-9.

[30] Chen Y, Cheng W. DNA-based plasmonic nanoarchitectures: from structural design to emerging applications[J]. Wiley Interdisciplinary Reviews: Nanomedicine and Nanobiotechnology, 2012, 4(6): 587-604.

[31] Kumar A, Hwang J H, Kumar S, et al. Tuning and assembling metal nanostructures with DNA[J]. Chemical Communications, 2013, 49(26): 2597-2609.

[32] Rogers W B, Shih W M, Manoharan V N. Using DNA to program the self-assembly of colloidal nanoparticles and microparticles[J]. Nature Reviews Materials, 2016, 1(3): 1-14.

[33] Li Y, Liu Z, Yu G, et al. Self-assembly of molecule-like nanoparticle clusters directed by DNA nanocages[J]. Journal of the American Chemical Society, 2015, 137(13): 4320-4323.

[34] Wang M, Dai L, Duan J, et al. Programmable assembly of nano-architectures through designing anisotropic dna origami patches[J]. Angewandte Chemie International Edition, 2020, 132(16): 6451-6458.

[35] Edwardson T G W, Lau K L, Bousmail D, et al. Transfer of molecular recognition information from DNA nanostructures to gold nanoparticles[J]. Nature Chemistry, 2016, 8(2): 162-170.

[36] Xie N, Liu S, Fang H, et al. Three-dimensional molecular transfer from DNA nanocages to inner gold nanoparticle surfaces[J]. ACS Nano, 2019, 13(4): 4174-4182.

[37] Xiong Y, Yang S, Tian Y, et al. Three-dimensional patterning of nanoparticles by molecular stamping[J]. ACS Nano, 2020, 14(6): 6823-6833.

[38] Yao G, Li J, Li Q, et al. Programming nanoparticle valence bonds with single-stranded DNA encoders[J]. Nature Materials, 2020, 19(7): 781-788.

[39] Chen G, Gibson K J, Liu D, et al. Regioselective surface encoding of nanoparticles for programmable self-assembly[J]. Nature Materials, 2019, 18(2): 169-174.

[40] Zheng D, Zhang K, Chen B, et al. Flexible photothermal assemblies with tunable gold patterns for improved imaging-guided synergistic therapy[J]. Small, 2020, 16(34): 2002790.

[41] Lamar C, Liu Y, Yi C, et al. Entropy-driven segregation and budding in hybrid vesicles of binary nanoparticle amphiphiles[J]. Giant, 2020, 1: 100010.

[42] Liu Y, Li Y, He J, et al. Entropy-driven pattern formation of hybrid vesicular assemblies made from molecular and nanoparticle amphiphiles[J]. Journal of the American Chemical Society,

2014, 136(6): 2602-2610.

[43] Liu Y, Yang X, Huang Z, et al. Magneto-plasmonic Janus vesicles for magnetic field-enhanced photoacoustic and magnetic resonance imaging of tumors[J]. Angewandte Chemie International Edition, 2016, 55(49): 15297-15300.

[44] Wang L, Liu Y, He J, et al. Continuous microfluidic self-assembly of hybrid Janus-like vesicular motors: autonomous propulsion and controlled release[J]. Small, 2015, 11(31): 3762-3767.

[45] Klinkova A, Choueiri R M, Kumacheva E. Self-assembled plasmonic nanostructures[J]. Chemical Society Reviews, 2014, 43(11): 3976-3991.

[46] Fava D, Winnik M A, Kumacheva E. Photothermally-triggered self-assembly of gold nanorods[J]. Chemical Communications, 2009 (18): 2571-2573.

[47] Lukach A, Liu K, Therien-Aubin H, et al. Controlling the degree of polymerization, bond lengths, and bond angles of plasmonic polymers[J]. Journal of the American Chemical Society, 2012,134(45):18853-18859.

[48] Liu K, Lukach A, Sugikawa K, et al. Copolymerization of metal nanoparticles: a route to colloidal plasmonic copolymers[J]. Angewandte Chemie International Edition, 2014, 53(10): 2648-2653.

[49] Liu W, Halverson J, Tian Y, et al. Self-organized architectures from assorted DNA-framed nanoparticles[J]. Nature Chemistry, 2016, 8(9): 867-873.

[50] Su H, Price C A H, Jing L, et al. Janus particles: design, preparation, and biomedical applications[J]. Materials Today Bio, 2019, 4: 100033.

[51] Agrawal G, Agrawal R. Janus nanoparticles: recent advances in their interfacial and biomedical applications[J]. ACS Applied Nano Materials, 2019, 2(4): 1738-1757.

[52] Zhang X, Fu Q, Duan H, et al. Janus nanoparticles: from fabrication to (bio) applications[J]. ACS Nano, 2021, 15(4): 6147-6191.

[53] Song J, Wu B, Zhou Z, et al. Double-layered plasmonic-magnetic vesicles by self-assembly of Janus amphiphilic gold-iron(Ⅱ, Ⅲ)oxide nanoparticles[J]. Angewandte Chemie International Edition, 2017, 56(28): 8110-8114.

[54] Sanchez A, Ovejero Paredes K, Ruiz-Cabello J, et al. Hybrid decorated core@ shell Janus nanoparticles as a flexible platform for targeted multimodal molecular bioimaging of cancer[J]. ACS Applied Materials & Interfaces, 2018, 10(37): 31032-31043.

[55] Jiang S, Win K Y, Liu S, et al. Surface-functionalized nanoparticles for biosensing and imaging-guided therapeutics[J]. Nanoscale, 2013, 5(8): 3127-3148.

[56] Yi Y, Sanchez L, Gao Y, et al. Janus particles for biological imaging and sensing[J]. Analyst, 2016, 141(12): 3526-3539.

[57] Wu L Y, Ross B M, Hong S G, et al. Bioinspired nanocorals with decoupled cellular targeting and sensing functionality[J]. Small, 2010, 6(4): 503-507.

[58] Hsieh H Y, Huang T W, Xiao J L, et al. Fabrication and modification of dual-faced nano-mushrooms for tri-functional cell theranostics: SERS/fluorescence signaling, protein targeting, and drug delivery[J]. Journal of Materials Chemistry, 2012, 22(39): 20918-20928.

[59] Hu J J, Cheng Y J, Zhang X Z. Recent advances in nanomaterials for enhanced photothermal

therapy of tumors[J]. Nanoscale, 2018, 10(48): 22657-22672.

[60] Liu Y, Bhattarai P, Dai Z, et al. Photothermal therapy and photoacoustic imaging via nanotheranostics in fighting cancer[J]. Chemical Society Reviews, 2019, 48(7): 2053-2108.

[61] Fernandes N, Rodrigues C F, Moreira A F, et al. Overview of the application of inorganic nanomaterials in cancer photothermal therapy[J]. Biomaterials Science, 2020, 8(11): 2990-3020.

[62] Wei W, Zhang X, Zhang S, et al. Biomedical and bioactive engineered nanomaterials for targeted tumor photothermal therapy: a review[J]. Materials Science and Engineering: C, 2019, 104: 109891.

[63] Wang Z, Shao D, Chang Z, et al. Janus gold nanoplatform for synergetic chemoradiotherapy and computed tomography imaging of hepatocellular carcinoma[J]. ACS Nano, 2017, 11(12): 12732-12741.

[64] Li S, Zhang L, Chen X, et al. Selective growth synthesis of ternary janus nanoparticles for imaging-guided synergistic chemo- and photothermal therapy in the second NIR window[J]. Applied Materials & Interfaces, 2018,10: 24137-24148.

[65] Dai X, Zhao X, Liu Y, et al. Controlled synthesis and surface engineering of janus chitosan-gold nanoparticles for photoacoustic imaging-guided synergistic gene/photothermal therapy[J]. Small, 2021, 17(11): 2006004.

[66] Wang Y, Li Z, Hu Y, et al. Photothermal conversion-coordinated Fenton-like and photocatalytic reactions of Cu2-xSe-Au Janus nanoparticles for tri-combination antitumor therapy[J]. Biomaterials, 2020, 255: 120167.

[67] Zhang L, Chen Y, Li Z, et al. Tailored synthesis of octopus-type Janus nanoparticles for synergistic actively-targeted and chemo-photothermal therapy[J]. Angewandte Chemie International Edition, 2016, 55(6): 2118-2121.

[68] Wang Z, Chang Z, Shao D, et al. Janus gold triangle-mesoporous silica nanoplatforms for hypoxia-activated radio-chemo-photothermal therapy of liver cancer[J]. ACS Applied Materials & Interfaces, 2019, 11(38): 34755-34765.

[69] Li D, Bao A, Chen X, et al. Prussian blue@ polyacrylic acid/au aggregate janus nanoparticles for CT imaging-guided chemotherapy and enhanced photothermal therapy[J]. Advanced Therapeutics, 2020, 3(10): 2000091.

[70] Ou J, Liu K, Jiang J, et al. Micro-/nanomotors toward biomedical applications: the recent progress in biocompatibility[J]. Small, 2020, 16(27): 1906184.

[71] Sánchez S, Soler L, Katuri J. Chemically powered micro-and nanomotors[J]. Angewandte Chemie International Edition, 2015, 54(5): 1414-1444.

[72] Xu L, Mou F, Gong H, et al. Light-driven micro/nanomotors: from fundamentals to applications[J]. Chemical Society Reviews, 2017, 46(22): 6905-6926.

[73] Guo J, Gallegos J J, Tom A R, et al. Electric-field-guided precision manipulation of catalytic nanomotors for cargo delivery and powering nanoelectromechanical devices[J]. ACS Nano, 2018, 12(2): 1179-1187.

[74] Li J, Li T, Xu T, et al. Magneto-acoustic hybrid nanomotor[J]. Nano letters, 2015, 15(7): 4814-4821.

[75] Xu T, Xu L P, Zhang X. Ultrasound propulsion of micro-/nanomotors[J]. Applied Materials Today, 2017, 9: 493-503.

[76] Xuan M, Shao J, Gao C, et al. Self-propelled nanomotors for thermomechanically percolating cell membranes[J]. Angewandte Chemie International Edition, 2018, 57(38): 12463-12467.

[77] Shao J, Cao S, Williams D S, et al. Photoactivated polymersome nanomotors: traversing biological barriers[J]. Angewandte Chemie International Edition, 2020, 59(39): 16918-16925.

[78] Xing Y, Zhou M, Xu T, et al. Core@ satellite Janus nanomotors with pH-responsive multi-Phoretic propulsion[J]. Angewandte Chemie International Edition, 2020, 132(34): 14474-14478.

[79] Ishida T, Murayama T, Taketoshi A, et al. Importance of size and contact structure of gold nanoparticles for the genesis of unique catalytic processes[J]. Chemical Reviews, 2019, 120(2): 464-525.

[80] Kirillova A, Schliebe C, Stoychev G, et al. Hybrid hairy janus particles decorated with metallic nanoparticles for catalytic applications[J]. Applied Materials & Interfaces, 2015,7: 21218-21225.

[81] Kaewsaneha C, Tangboriboonrat P, Polpanich D, et al. Janus colloidal particles: preparation, properties, and biomedical applications[J]. ACS Applied Materials & Interfaces, 2013, 5(6): 1857-1869.

[82] Fernandez-Rodriguez M A, Chen L, Deming C P, et al. A simple strategy to improve the interfacial activity of true Janus gold nanoparticles: a shorter hydrophilic capping ligand[J]. Soft Matter, 2016, 12: 31-34.

[83] Fernández-Rodríguez M A, Percebom A M, Giner-Casares J J, et al. Interfacial activity of gold nanoparticles coated with a polymeric patchy shell and the role of spreading agents[J]. ACS Omega, 2016, 1(2): 311-317.

（王亚子，易成林，杨逸群，吴　琪，郑　迪，聂志鸿）

第 7 章 纳米颗粒表面活性剂和结构化液体

7.1 引   言

"水本无形，因器成之"，说的是液体本身没有确定的形状，往往取决于容器的形状。不同于固体材料，液体往往不能通过切割、焊接、模塑、挤出等方法进行加工成型。因此，如何实现液体结构的控制是一个值得关注的问题。近年来，基于胶体颗粒液/液界面自组装和堵塞相变，一种新型的软物质材料——结构化液体，逐渐进入人们的视野。与传统概念上的固体或液体材料不同，结构化液体兼具两者的特性(固体的结构稳定性，液体的流动性)，是一种热力学的非平衡态体系，跨越了从微观到宏观多个数量级的尺度。对结构化液体的研究，不仅有助于加深对胶体界面物理化学性质的理解，而且对于构筑特异性功能材料及复杂流体器件具有重要意义。

早期的结构化液体主要包括非球形液滴和双连续相乳液凝胶。作为一种新颖的非平衡态软物质体系，结构化液体的构筑根源于两相界面处胶体颗粒的堵塞相变。堵塞这种现象在我们日常生活中非常常见，如交通堵塞、沙石沉积等。在二元流体体系中，界面颗粒的堵塞相变不仅赋予了体系相应的机械强度，而且可以有效抑制界面张力驱动的两相系统形态变化。然而，基于堵塞相变构筑结构化液体通常要求胶体颗粒在两相界面为严格的中性润湿，需要烦琐的表面修饰步骤，这对于纳米级颗粒更是难以实现；另外，要实现对液体结构的精准调控，特别是构筑具有复杂形状、多重响应性的液体结构也并非易事。

在本章中，我们将围绕纳米颗粒液/液界面自组装及结构化液体的构筑，首先简单介绍纳米颗粒液/液界面自组装的机理及其堵塞行为。接着，结合我们的研究工作，主要讨论一种纳米颗粒和聚合物/寡聚物配体协同组装构建纳米颗粒表面活性剂的策略。在此基础上，进一步介绍纳米颗粒表面活性剂在构筑结构化液体方面的进展及其应用，并就这一领域的发展做出展望。

7.2 纳米颗粒液/液界面自组装及堵塞行为

7.2.1 纳米颗粒液/液界面自组装

以固体颗粒作为表面活性颗粒代替传统的表面活性剂，来稳定液/液界面(一

般指水/油界面)所形成的乳液,被称为 Pickering 乳液,最早于 20 世纪初由 Ramsden
和 Pickering 发现[1,2]。通过调节颗粒的表面浸润性,可以改变颗粒在水/油界面的
三相接触角θ,进而得到水包油型(O/W)或油包水型(W/O)Pickering 乳液[图 7-1(a)]。
通常把乳液中形成液滴的那一相液体称为分散相,而把包含液滴的那一相液体称
为连续相。1980 年,通过研究聚苯乙烯球形颗粒在气/液界面的自组装行为,
Pieranski 建立了固体颗粒界面自组装的热力学理论模型,阐明了体系自由能降低
是颗粒在界面进行组装的主要驱动力[3]。这一理论模型同样适用于固体颗粒水/油
界面自组装。这里我们以单个固体颗粒为例,进行简要的计算和说明[图 7-1(b)]。
如式(7-1)所示,假设将单个颗粒置于水/油界面,当颗粒质心与界面的距离为 z 时,
其自由能 $E(z)$ 可表述为

$$E(z) = \pi R^2 \gamma_{O/W} \cdot \left[\left(\frac{z}{R} \right)^2 + 2 \cdot \left(\frac{\gamma_{P/O}}{\gamma_{O/W}} - \frac{\gamma_{P/W}}{\gamma_{O/W}} \right) \cdot \frac{z}{R} + 2 \cdot \left(\frac{\gamma_{P/O}}{\gamma_{O/W}} + \frac{\gamma_{P/W}}{\gamma_{O/W}} \right) - 1 \right] \quad (7\text{-}1)$$

式中,R 为颗粒的有效半径;$\gamma_{O/W}$、$\gamma_{P/W}$、$\gamma_{P/O}$ 分别为水/油、颗粒/水以及颗粒/
油的界面张力,当 $z = \frac{\gamma_{P/W} - \gamma_{P/O}}{\gamma_{O/W}} \cdot R$ 时,可获得最小自由能 E_{min}。我们假设将固
体颗粒从油相移动至水/油界面,其自由能变化 ΔE 为

$$\Delta E = E_{min} - E_{P/O} = -\frac{\pi R^2}{\gamma_{O/W}} \left[\gamma_{O/W} - \left(\gamma_{P/W} - \gamma_{P/O} \right) \right]^2 \quad (7\text{-}2)$$

式中,$E_{P/O}$ 为颗粒完全置于油相中的自由能。可以看出,相比于颗粒处于油相,
颗粒位于界面处可进一步降低自由能(ΔE 为负值),使系统趋于稳定。根据杨氏
方程:

$$\gamma_{P/O} - \gamma_{P/W} = \gamma_{O/W} \cos\theta \quad (7\text{-}3)$$

ΔE 也可表述为

$$\Delta E = -\pi R^2 \gamma_{O/W} \left(1 + \cos\theta \right)^2 \quad (7\text{-}4)$$

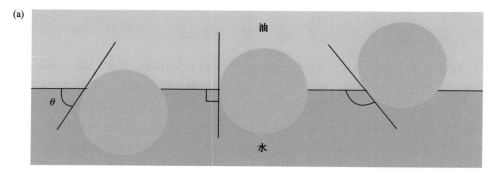

(a)　油

θ

水

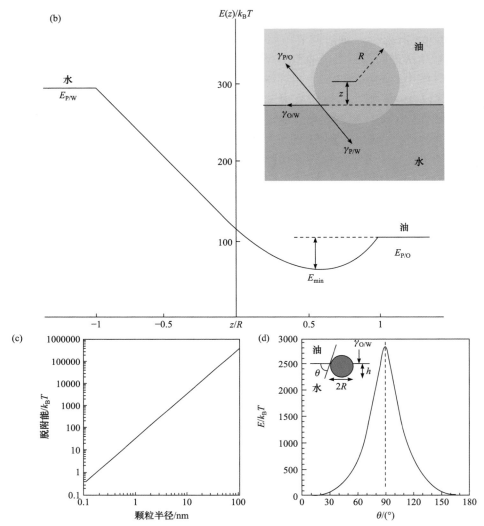

图 7-1　(a)固体颗粒在水/油界面的三相接触角θ示意图；(b)固体颗粒在水/油两相的势能函数曲线；(c)脱附能与固体颗粒半径的函数关系(θ = 90°，γ= 50 mN/m)[4]；(d)脱附能与三相接触角θ的函数关系(R = 10 nm，γ = 36 mN/m)[5]

　　通过公式(7-2)和公式(7-4)可以看出，颗粒的半径和浸润性在降低体系自由能中起到了至关重要的作用。由于 ΔE 正比于 R^2，颗粒半径越大，自由能的降低就越显著。因此，对于微米级固体颗粒，颗粒通常可以稳定且不可逆地吸附在界面。而纳米颗粒由于粒径较小，体系自由能降低与热能相当，往往在体相与界面之间存在动态吸附平衡。Binks 等开展了很多理论工作，系统描述了颗粒粒径与脱附能之间的关系(三相接触角θ固定为90°，水/油界面张力γ固定为 50 mN/m)[4]。可以看出, 当颗粒半径 R 小于 0.5 nm 时(尺寸与表面活性剂相当), 脱附能只有几个 k_BT[图 7-1(c)]。因此, 颗粒的热运动很容易使颗粒从界面脱附。另外, 颗粒的浸润性也与脱附能的大小密切相关[5]。以半径 R 为 10 nm 的固体颗粒为例, 在水/甲苯体系中($\gamma = 36$ mN/m), 当三相接触角 θ 为 90°时, 脱附能达到最大值, 任何偏离都会导致脱附能的急剧下降, 当接触角介于 0°~20°或 160°~180°之间时, 脱附能仅有 10 k_BT 或者更小, 同样意味着颗粒极易从界面脱附[图 7-1(d)]。这也就解释了为什么使用纳米颗粒作为界面稳定剂时, 很难得到稳定的界面组装体, 或者制备稳定的 Pickering 乳液。

我们在纳米颗粒水/油界面自组装方面做了很多开创性的工作。通过合成不同粒径的油溶性硒化镉(CdSe)纳米颗粒(表面修饰有三正辛基氧化磷), 首次从实验上描述了纳米颗粒在水/油界面的自组装行为[6]。当使用粒径为 1.6 nm 的纳米颗粒时, 无法在水/油界面得到稳定的组装体, 但粒径为 2.8 nm 的纳米颗粒可以实现稳定组装, 这也与我们前文中描述的热力学模型相符合。同时, 在基于 2.8 nm 纳米颗粒稳定的乳液体系中引入粒径为 4.6 nm 的纳米颗粒时, 较小颗粒可被较大颗粒取代, 在界面处实现了颗粒的相分离[图 7-2(a)]。通过原子力显微镜(AFM)、透射电子显微镜(TEM)、掠入射小角 X 散线散射(GISAXS)等表征方式, 界面处纳米颗粒的单层膜及无序结构被证实[7]。同时, 利用光脱色荧光恢复技术(FRAP)和光漂白荧光损失技术(FLIP), 发现了纳米颗粒在界面处于一种扩散流动的状态。以粒径为 4.6 nm 的纳米颗粒为例, 相比于分散在油相溶液中的纳米颗粒, 颗粒在水/

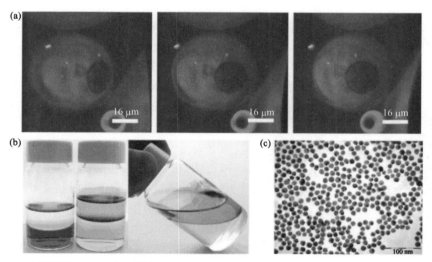

图 7-2　(a)不同粒径 CdSe 纳米颗粒在水/油界面的相分离行为(绿色区域和红色区域分别表示粒径为 2.8 nm 和 4.6 nm 的 CdSe 纳米颗粒)[6]; (b)金纳米颗粒在水/庚烷界面组装形成宏观纳米颗粒薄膜; (c)单层金纳米颗粒薄膜的透射电子显微镜照片[8]

油界面的扩散系数大约降低了四个数量级。Vanmaekelbergh 等通过制备水溶性金纳米颗粒(表面修饰有柠檬酸盐),随后在水相中加入少量乙醇,在水/油界面得到了单层纳米颗粒薄膜[图 7-2(b)][8]。TEM 表明在构筑的二维单层薄膜中,紧密排布的纳米颗粒和空穴共存,纳米颗粒的覆盖率大约为65%[图 7-2(c)]。他们同时证实了乙醇的加入可有效降低颗粒表面的电荷密度,使颗粒的三相接触角趋近于90°,这也是获得稳定界面组装薄膜的重要因素之一。基于以上工作,同时考虑到纳米颗粒固有的尺寸分散性,我们可以对纳米颗粒液/液界面自组装做一个简单归纳:在高度柔性的液/液界面处,纳米颗粒的组装体通常是无序结构,且表现出类似于流体(liquid-like)的状态。

7.2.2 纳米颗粒液/液界面堵塞行为

固体颗粒的堵塞行为是一个热点研究问题,而且与人们的日常生活密切相关。为什么人走在沙子上会感觉它像固体物质,而在沙漏中它又像是流体? 为什么只有在足够强的敲击振动时盐才会从瓶颈中流出? 这些看似简单的问题却又极具迷惑性,虽然单个颗粒是固体,但大量颗粒积聚起来后既可以像固体物质一样保持固定的形状,也可以像流体一样流动。这些问题的根源在于固体颗粒的堵塞相变(jamming transition),当一大堆颗粒构成的系统从类似于流体的状态变得具有了刚性,就可以认为发生了堵塞相变。Liu 和 Nagel 在 1998 年所提出的堵塞相图可以将堵塞相变的基本思想清晰地表示出来(图 7-3)[9]。这里我们不做赘述,因为堵塞本身就是一个极其复杂的科学问题。我们引入堵塞这个概念是为了介绍一种基于二元流体体系和固体颗粒液/液界面堵塞行为构筑的一种新型软物质体系——结构化液体(structured liquid)。顾名思义,液体拥有了可塑形的能力。

结构化液体的发展起源于双连续型乳液凝胶(bicontinuous interfacially jammed emulsion gel),又简称为 Bijel,于 2005 年由 Cates 等利用晶格玻尔兹曼方法数值模拟得到[10],并在两年后由 Clegg 等通过旋节分解法首次在实验室进行制备[11]。在这项工作中,他们迫使两种不相溶的液体(水/2,6-二甲基吡啶)发生相分离,并引入能够被两种液体同时润湿的固体颗粒。相分离过程中,新生成的液/液界面在不断发生结合的同时吸附固体颗粒,当颗粒全部被吸附到界面上并最终堵塞达到紧密排列时,整个体系趋

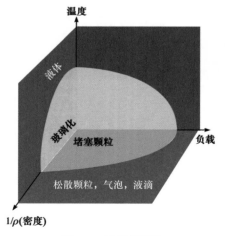

图 7-3 堵塞相图[9]

于稳定。不同于 O/W 或 W/O 型 Pickering 乳液，这一过程所形成的结构不包含分散相，两种液体都呈连续相(图 7-4)。Bijel 兼有乳液和凝胶的性质，其独特的双连续相结构在分离传质、控制释放、催化、组织工程支架、储能等领域表现出了广阔的应用空间[12-17]。然而，基于旋节分解法制备的 Bijel 只针对特定的两相体系，需要严格控制反应条件(如温度)，且体相很容易发生结构塌陷，直接限制了 Bijel 的推广和工业应用。另外，尽管两相液体在 Bijel 中实现了结构化控制，但形貌受限于双连续相结构，特征尺寸普遍较大，并不能真正实现一种液体在相邻异相液体中的任意塑形。

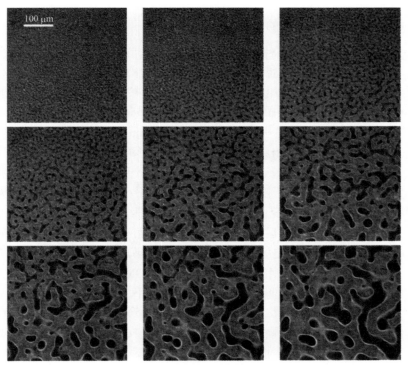

图 7-4　基于水/2,6-二甲基吡啶体系制备 Bijel 的旋节分解过程[11]

　　构筑结构化液体的根源在于界面固体颗粒的堵塞相变，使组装体变得具有刚性(solid-like)，进而抑制界面张力驱动的两相系统形态变化。这通常要求：①颗粒在两相界面为严格的中性润湿，其表面性质不能过于亲水或者疏水，避免界面曲率的择优取向；②颗粒的界面脱附能足够大，能够抵抗两相界面在缩减过程中产生的挤压应力。为满足这两项要求，往往需要烦琐的颗粒表面修饰，这对于纳米颗粒来讲是难以实现的。同时，由于纳米颗粒在液/液界面处的脱附能较小，堵塞相变带来的挤压应力通常会迫使纳米颗粒从界面转移至体相。因此，基于纳米颗粒构筑结构化液体并非易事。

在初步了解固体颗粒液/液界面自组装的机理和堵塞行为之后，我们可以得到一个重要的结论：纳米颗粒相对较低的界面活性是限制其在液/液界面稳定组装及堆积的决定性因素。那有没有一种简单易行的方法，在避免对颗粒表面进行专一修饰的前提下，实现纳米颗粒在液/液界面的稳定组装及堵塞相变，进而实现对液体的结构化控制？

7.3　纳米颗粒表面活性剂

7.3.1　纳米颗粒表面活性剂的概念

2013 年，我们报道了一种利用纳米颗粒与聚合物配体水/油界面协同自组装，并结合电场作用力对液滴形貌进行操控进而构筑结构化液体的策略，对这一领域的发展起到了重要的推动作用[18]。在这项研究中，羧基修饰的聚苯乙烯纳米颗粒(PSNP-COOH，$D = 15$ nm)与单端氨基化的聚二甲基硅氧烷(PDMS-NH$_2$)在水/油界面通过静电作用力进行组装，原位构建了一种类 Janus 型(Janus-like)纳米颗粒表面活性剂(nanoparticle surfactant)。在电场作用下，球形液滴被拉伸成椭球形，界面面积增大，此时更多的纳米颗粒表面活性剂在界面形成并组装。撤去电场后，椭球形液滴在界面张力作用下趋向于恢复至球形(界面面积最小的形态)。随着两相界面的缩减，颗粒在界面发生堵塞相变，实现了对非球形液滴结构的锁定。以此构筑的结构化液滴非常稳定，静置一个月后，液滴仍可以维持高度的非平衡态形状[图 7-5(a～c)]。通过在不同方向上连续施加电场，可进一步将液滴裁剪成各种不同的形状[图 7-5(d)]。此外，当使用双端氨基化的聚二甲基硅氧烷(NH$_2$-PDMS-NH$_2$)作为配体时，界面纳米颗粒可被有效交联，进而抑制了液滴在电场作用下的形变[图 7-5(e)]。

为方便读者理解纳米颗粒表面活性剂的构成及形成组装过程，我们这里以表面羧基修饰的二氧化硅纳米颗粒(SiNP-COOH，$D = 50$ nm)和单端氨基化的聚二甲基硅氧烷(PDMS-NH$_2$)为例，借助动态界面张力测试，分别对不同水/油体系的界面动力学进行描述：一般来讲，纳米颗粒由于粒径较小，其界面活性较低，同时由于水/油界面固有的负电属性(两相界面处的油滴选择性地吸附水中的 OH$^-$)[19]，表面负电性的纳米颗粒通常无法在水/油界面进行稳定组装，其界面张力近似于纯的水/油体系；端基氨基化的聚合物配体本身是一种表面活性剂，可自发迁移至水/油界面，降低界面张力，同时质子化氨基赋予水/油界面相应的正电属性；当水相中分散有纳米颗粒而油相中溶解有聚合物配体时，由于静电相互作用，纳米颗粒和聚合物配体在水/油界面处协同组装，形成纳米颗粒表面活性剂，进一步降低界面张力并形成单层纳米颗粒薄膜。相应的动力学过程可通过动态界面张力曲线呈

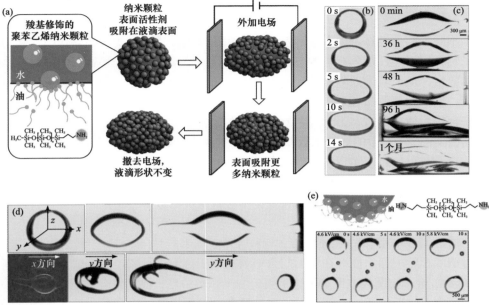

图 7-5 (a)基于纳米颗粒表面活性剂及电场作用构筑结构化液滴示意图；(b)电场作用下液滴结构随时间的变化；(c)移除电场后液滴形状随时间的变化；(d)不同方向电场对液滴结构的调控；(e)双端氨基化的聚二甲基硅氧烷对界面颗粒的交联作用[18]

现(图 7-6)。这种协同组装的策略同样适用于一维(如单壁碳纳米管)[20,21]或二维纳米材料(如氧化石墨烯)[22]，构建的不同维度纳米颗粒表面活性剂也可用于 Pickering 乳液或纳米薄膜的制备。

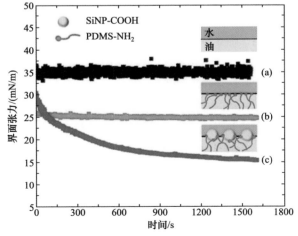

图 7-6 不同水/油体系的动态界面张力曲线(油相为甲苯)[23]

7.3.2　纳米颗粒表面活性剂的影响因素

不同于共价键作用力，这种基于静电相互作用，或者说弱键相互作用构建的纳米颗粒表面活性剂具有自调节机制，可通过调节接枝在纳米颗粒表面的聚合物配体数量，最大限度地降低颗粒的界面能。简单来说，若接枝的聚合物配体数量较少，纳米颗粒依旧处于高度亲水的状态，很容易从界面脱附进入水相；若接枝的聚合物配体数量过多，纳米颗粒疏水性增强，则有可能在水/油界面发生相转移。根据前文图 7-1(b)中的势能函数曲线，以上两种情况都不利于体系自由能的降低，因此自调节机制对于实现纳米颗粒水/油界面的稳定组装是至关重要的。我们可以将纳米颗粒表面活性剂的这种自调节机制比作是一场势均力敌的拔河比赛，纳米颗粒和聚合物配体两支队伍通过自发调整各自队员的数量，达到一种僵持，或者是均衡的状态。

通过调节水相 pH、离子强度、颗粒尺寸、纳米颗粒/聚合物配体浓度等因素，可对纳米颗粒表面活性剂在界面的自组装及堆积行为进行调控。一般来说，提高纳米颗粒/聚合物配体浓度，不论是固定纳米颗粒浓度，提高聚合物配体浓度；或是固定聚合物配体浓度，提高纳米颗粒浓度，都可提高纳米颗粒表面活性剂的界面活性，进一步降低平衡态的界面张力。提高聚合物配体分子量(聚合物数量保持不变)，聚合物向界面的扩散速率降低，导致界面张力的下降速率降低，体系需要更长的时间达到平衡界面张力；但聚合物配体疏水性的增强意味着单根聚合物链在降低界面张力的贡献提高，因此，当体系达到平衡态时，界面张力通常随聚合物配体分子量的增大而显著降低[24]。

pH 对于纳米颗粒和聚合物配体之间的静电相互作用影响较为显著[25]。我们仍以羧基修饰的聚苯乙烯纳米颗粒(PSNP-COOH，$D = 16.5$ nm)与单端氨基化的聚二甲基硅氧烷(PDMS-NH$_2$)构建的纳米颗粒表面活性剂为例来进行说明。由于羧基和氨基的 pK_a 值分别为 4.2 和 9，因此在 pH 4.2～9 的范围内，羧基去质子化(—COO$^-$)而氨基质子化(—NH$_3^+$)，两者可发生静电相互作用。动态界面张力曲线表明，在平衡态时，体系界面张力随 pH 的降低而降低，但这并不意味着界面处形成了更多的纳米颗粒表面活性剂，因为在靠近 pH = 4 时，羧基和氨基的质子化程度均处于较高的状态，界面张力的降低主要来源于质子化氨基(或聚合物配体)的贡献[图 7-7(a)]。为了更确切地表明不同 pH 条件下纳米颗粒表面活性剂在界面的组装程度，我们通常以纳米颗粒在界面的覆盖率来进行说明。纳米颗粒界面覆盖率(C)可利用界面张力仪悬滴法收缩液滴并通过公式 $C = S_J/S_I$ 进行估算，S_J 为液滴在收缩过程中表面首次出现褶皱(即颗粒发生堵塞相变)时液滴的表面积；S_I 为液滴在未收缩时的初始表面积。

结合纳米颗粒界面覆盖率和电场作用力构筑的结构化液滴可对纳米颗粒表面

活性剂的 pH 响应性进行直观的描述，如图 7-7(b)和(c)所示，当 pH > 5 时，由于静电相互作用较强，纳米颗粒界面覆盖率较高，椭球形液滴在电场撤去之后仍然保持高度的非平衡态形状；当 pH 介于 4.3~5 之间时，由于羧基质子化程度较高，静电相互作用减弱，椭球形液滴在撤去电场后出现了一定程度的回复；当 pH < 4.3 时，羧基几乎全部质子化，纳米颗粒处于电中性，无法在界面上形成纳米颗粒表面活性剂并进行稳定组装，椭球形液滴在撤去电场后在界面张力作用下完全回复至球形。

　　利用纳米颗粒表面活性剂的 pH 响应性，可对纳米颗粒在界面的组装及堵塞行为进行有效调控，进而实现结构化液体形貌的重构。例如，使用光致酸产生剂，可实现结构化液滴在光照条件下的平衡态回复，同时在提高水相 pH 后，又可在电场作用下重新对液滴进行结构化构筑[图 7-7(d)]。

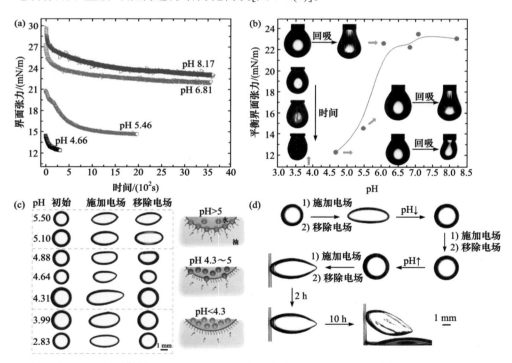

图 7-7　(a,b)不同 pH 条件下纳米颗粒表面活性剂在水/油界面的组装动力学及颗粒界面覆盖率；(c)不同 pH 条件下液滴在施加电场前后结构的变化；(d)通过调节 pH 实现液滴的多次结构化构筑[25]

　　离子强度在调控纳米颗粒表面活性剂水/油界面的组装行为上同样扮演了至关重要的角色[26]。在胶体溶液中，一般认为通过合理提高离子强度，可有效降低带电颗粒表面的电荷密度,进而削弱颗粒之间的静电排斥作用,提高颗粒的界面活性。这对于纳米颗粒表面活性剂来讲同样适用。如图 7-8 所示,通过在羧基修饰的二氧化硅纳米颗粒(SiNP-COOH,D = 13 nm)水相分散液中加入少量 NaCl,动态界面张力曲线表明,随时间推移,更多的纳米颗粒吸附至界面,与聚合物配体相互作用形成纳米颗粒表面活性剂并进一步降低界面张力。通过提高 NaCl 的浓度,纳米颗粒表面活性剂可在界面逐渐形成一种紧密堆积的状态,实现了从 liquid-like 到 solid-like 的转变。借助于 AFM 对界面组装体进行原位表征,我们观察到处于 solid-like 的纳米颗粒表面活性剂无法在水/油界面自由移动,且在部分区域形成了六方最密堆积的结构。

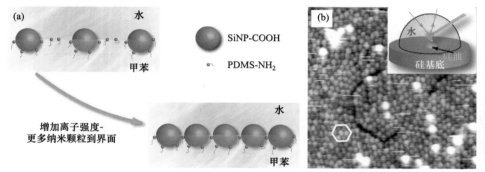

图 7-8　(a)离子强度调控纳米颗粒表面活性剂水/油界面组装行为示意图;(b)水/油界面纳米颗粒表面活性剂处于 solid-like 状态下的原位原子力显微镜照片[26]

7.4　基于纳米颗粒表面活性剂构筑结构化液体

7.4.1　双连续型乳液凝胶的剪切制备

基于协同组装构筑的纳米颗粒表面活性剂为构筑结构化复杂二元流体体系提供了一种强有力的工具。在前文中,我们提到基于旋节分解法制备 Bijel 所面临的困难和挑战。在使用纳米颗粒制备 Bijel 方面,研究人员做了大量的工作,其中比较有代表意义的是 Lee 等发展的溶剂转移诱导相分离法(solvent transfer- induced phase separation)[27-31]。在这项研究中,不相溶的水相(分散有二氧化硅纳米颗粒)和油相混合在第三相溶剂[乙醇,溶解有十六烷基三甲基溴化铵(CTAB)]中,随后将三元混合物置于水相中,诱导三元混合物中的乙醇分散进入水相,实现水/油两相的旋节分解[图 7-9(a)]。利用这一技术,成功制备出微米尺寸的纤维状、粒状和膜状 Bijel 结构[图 7-9(b)]。通过调节纳米颗粒和 CTAB 的浓度,可实现对表面和内部特征尺寸在几微米到几百纳米范围内的有效调控。

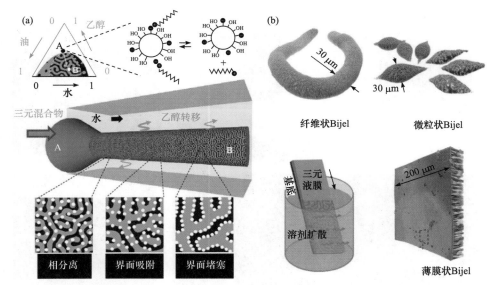

图 7-9　(a)溶剂转移诱导相分离法制备 Bijel 示意图[30]；(b)基于溶剂转移诱导相分离法制备的
纤维状、微粒状和薄膜状 Bijel 结构[27]

利用纳米颗粒表面活性剂，我们报道了一种室温下溶液剪切制备 Bijel 的简易方法[32]。在这项研究中，我们使用两种不同分子量的聚合物配体(PDMS-NH$_2$，M_w = 1000 或 3000)与纳米颗粒(PSNP-COOH，D = 16.5 nm)在水/油界面进行协同组装制备 Bijel。我们发现，当单独使用低分子量 PDMS-NH$_2$ 构建纳米颗粒表面活性剂时，基于溶液剪切只能得到 O/W/O 型或 W/O 型 Pickering 乳液；而单独使用高分子量 PDMS-NH$_2$ 构建纳米颗粒表面活性剂时，只能得到 W/O 型 Pickering 乳液。有趣的是，当使用两种不同分子量的 PDMS-NH$_2$ 共同构建纳米颗粒表面活性剂时，在剪切力作用下，我们得到了特征尺寸大约为 10 μm 的 Bijel 结构[图 7-10(a，b)]。这种基于纳米颗粒表面活性剂制备的 Bijel 具有高度的可调节性，通过调节纳米颗粒/聚合物配体浓度、水/油比例、聚合物配体混合比例等因素，制备的 Bijel 尺寸可进一步降低至 500 nm。另外，溶液剪切法也表现出一定程度的普适性，使用不同的纳米颗粒、聚合物配体或者溶剂，都可以实现 Bijel 的稳定制备[图 7-10(c～e)]。

相比于传统的旋节分解法，溶液剪切法制备 Bijel 简单易行，且避免了对纳米颗粒烦琐的表面修饰。我们对这一方法的机理进行了推测，一般认为，在旋节分解法制备 Bijel 时，颗粒由于严格中性润湿，在分相过程中两相界面的曲率半径可认为是零，而利用纳米颗粒表面活性剂和溶液剪切法制备 Bijel 时，接枝不同分

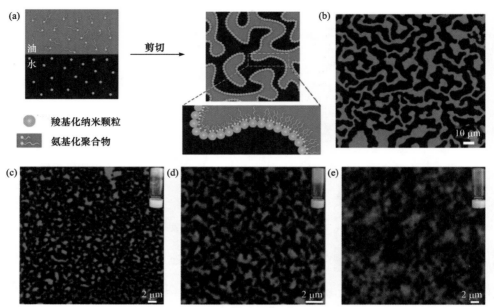

图 7-10　(a)基于纳米颗粒表面活性剂和溶液剪切法制备 Bijel 示意图；(b)Bijel 的荧光共聚焦显微镜照片；(c～e)基于不同纳米颗粒表面活性剂体系制备 Bijel 的荧光共聚焦显微镜照片，从左至右分别是使用 SiNP-COOH/PDMS-NH$_2$、PSNP-COOH/PS-NH$_2$ 和 PSNP-COOH/PDMS-NH$_2$ 构建的纳米颗粒表面活性剂[32]

子量聚合物配体的纳米颗粒可表现出不同的亲疏水性，其三相接触角可在 90°附近上下浮动，进而赋予界面不同的曲率方向，界面或向水相弯曲，或向油相弯曲，当界面颗粒的密度足够高而发生堵塞相变时，水/油两相的相分离和曲率的进一步变化可被有效抑制，最终实现双连续相结构的构筑。Clegg 等曾利用旋节分解法，使用亲水性和疏水性纳米颗粒混合制备 Bijel，与我们推测的机理有异曲同工之处，但更深层次的构筑机制仍有待进一步探索和研究[33]。

　　特别需要指出的是，Clegg 等使用高黏度的甘油和硅油两相体系，同样基于溶液剪切法制备了 Bijel[34]。在这项研究中，二氧化硅纳米颗粒和十六烷基三甲基溴化铵(CTAB)以一定比例混合分散(或溶解)在甘油中，CTAB 作为表面活性剂，一方面能够调节纳米颗粒的表面性质，使它们更容易被甘油和硅油同时润湿；另一方面，CTAB 还能够降低两种液体间的界面张力，使颗粒更容易被吸附到界面上去。高黏度的两相液体有效减缓了剪切过程中体系从非平衡态到平衡态转变的动力学过程，使更多的纳米颗粒可以吸附到两相界面。随后，通过控制剪切速率，颗粒在界面收缩过程中发生堵塞相变，最终得到了稳定的双连续相结构。但这种方法制备的 Bijel 特征尺寸较大，而且由于剪切力的作用，双连续结构往往带有一定的方向性(图 7-11)。

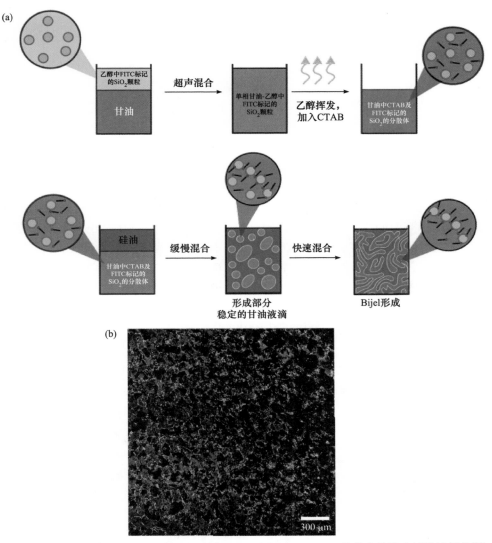

图 7-11　(a)基于高黏度两相液体剪切制备 Bijel 示意图；(b)Bijel 的荧光共聚焦显微镜照片[34]

7.4.2　全液相模塑成型

　　作为结构化液体的一个重要分支，Bijel 有其本征的结构特点和优势，但仅仅构筑这种双连续相结构显然是远远不够的。真正的液体结构化，就要根据人们的主观需求，实现一种液体在另一种液体中的任意塑形。就像固体一样，可以通过多种工艺进行制造或者加工。前文中利用电场作用力对液滴形貌进行操控提供了一种可行的方法，但这种方法对实验条件要求较高，且构筑的液体形貌十分有限；同时，构筑结构化液体的时间尺度并没有考虑在内。那是否可以找到一种简单易行的策略，实现具有复杂或精巧结构的结构化液体的快速构筑呢？

注塑成型是聚合物加工中广泛使用的工艺。在一定温度下，熔融的聚合物用高压注射到模腔，经冷却固化后，脱模得到具有一定形状的聚合物产品。借鉴这一方法，我们利用纤维素纳米晶表面活性剂，提出了全液相模塑成型(all-liquid molding)这一全新概念[35]。在这项工作中，首先使用 3D 打印机"打印"带有字母形状的图案化模腔，并向模腔中加入少量聚合物配体(单端氨基化聚苯乙烯 PS-NH$_2$)的 CCl$_4$ 溶液对模腔内表面进行润湿。随后向模腔中注入分散有纤维素纳米晶的水溶液。由于界面张力的作用，模腔内的 CCl$_4$ 溶液将会对水溶液进行包覆，在水/油界面形成纤维素纳米晶表面活性剂。在完成这一预组装之后，将载有纤维素纳米晶水溶液的模具完全浸入到聚合物配体的 CCl$_4$ 溶液中，由于溶剂密度差异，模腔中的水溶液将会上浮。在上浮过程中，水溶液中的纤维素纳米晶和周围环境中的聚合物配体继续组装，界面颗粒的覆盖率随之增大。同时在界面张力驱动下，模腔中的水溶液趋向于回复成球形液滴，使界面面积最小化。此时，纤维素纳米晶表面活性剂在界面发生堵塞相变，抑制了液体形貌的进一步变化，并最终保留了液体在模腔中的形状[图 7-12(a)]。

全液相模塑成型这一概念的提出极大地简化了结构化液体的构筑方法，液体可根据模腔的形状"自上而下"进行塑形，拓宽了结构化液体的多样性。构筑的结构化液体具有 pH 响应性，可通过调节 pH 实现液体形貌的重构[图 7-12(b)]。同

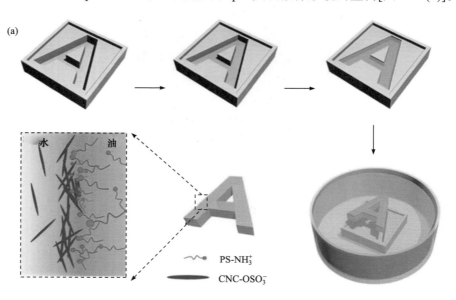

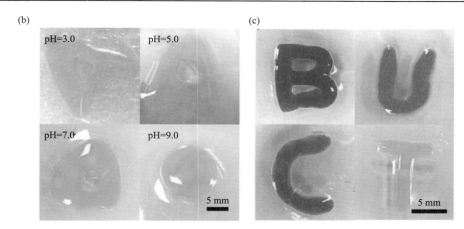

图 7-12　(a)全液相模塑成型构筑结构化液体示意图；(b)不同 pH 条件下结构化液体的形貌变化；(c)结构化凝胶[35]

时，这一方法可拓展到结构化凝胶的制备，由于凝胶本身固有的机械强度，制备的结构化凝胶可完美还原模腔的形状，为制备新一代界面-体相凝胶复合材料提供了一种思路[图 7-12(c)]。

7.4.3　全液相 3D 打印

3D 打印是目前最流行的增材制造技术，它以数字模型文件为基础，通过"自下而上"分层添加材料实现产品的快速制造，具有制造成本低、生产周期短等明显优势，而 3D 打印机也因此被誉为"第三次工业革命最具标志性的生产工具"。在前期全液相模塑成型的基础上，我们很自然地就想到了能否将 3D 打印应用到结构化液体的构筑当中，实现一种液体在另一种液体中的打印制备。

全液相 3D 打印(all-liquid 3D printing)概念的提出与经典的 Plateau-Rayleigh 不稳定性理论密切相关。这一理论描述了液柱流动过程中的扰动现象，扰动使液柱某些部分半径增大，某些部分半径减小，最终在表面张力的作用下，液柱发生断裂破碎成小液滴[36]。利用纳米颗粒表面活性剂可显著降低界面张力的性质，我们研究发现，当向溶解有聚合物配体的甲苯溶液中注射分散有二氧化硅纳米颗粒的水溶液时，液柱可被有效延长[23]。随后，基于低黏度的水/甲苯体系，我们使用界面活性较高的纤维素纳米晶表面活性剂，通过调节溶液 pH 或纤维素纳米晶/聚合物配体的浓度，有效抑制了注射流体的 Plateau-Rayleigh 不稳定性，并基于纤维素纳米晶表面活性剂在水/甲苯界面的快速组装及堵塞相变，实现了连续稳定管状结构化液体的构筑[37]。同时，在液柱断裂的过程中，我们还得到了"蝌蚪状"结构化液体[图 7-13(a，b)]。在前面工作的基础上，通过对商用 3D 打印机进行改装，我们在高黏度硅油中基于数字模型文件"打印"制备了多种复杂结构液体管道，如二维或三维螺旋线结构、S 型结构、Y 型结构和树枝状结构等[38]。构筑的"水线"其直径可通过使用不同尺寸的注射针头进行调节(10～1000 μm)，在双相反应器、传质分离及液态电子器件等领域展示了广阔的应用前景[图 7-13(c)]。

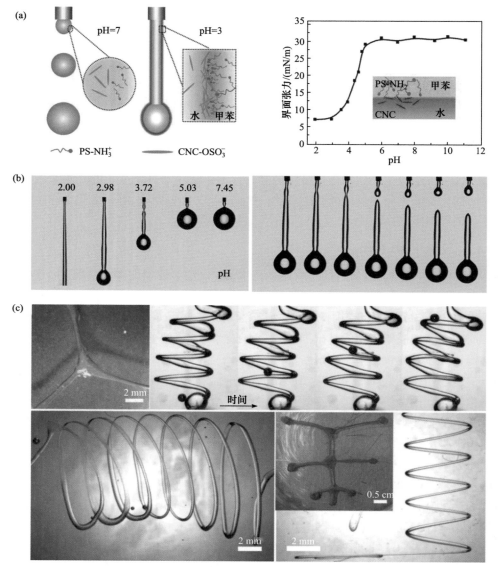

图 7-13　(a，b)使用纤维素纳米晶表面活性剂在水/甲苯体系中构筑管状和"蝌蚪状"结构化液体[37]；(c)基于全液相 3D 打印在水/硅油体系中制备的多种复杂形状液体结构[38]

我们在这里特别提到了体系黏度。实际上，要实现管状结构化液体的稳定构筑，纳米颗粒表面活性剂在水/油界面组装形成致密纳米薄膜的时间应小于液柱由于 Plateau-Rayleigh 不稳定性断裂的时间，这一时间尺度可通过公式 $\tau = \alpha \mu r / \gamma$ ($\tau \approx 0.01 \sim 100$ s)进行衡量，式中，μ 为外相液体的黏度；r 为管状液体的直径；γ 为水/油相间的界面张力；α 为与内外相液体黏度比相关的系数[39,40]。τ 与体系黏度呈现正相关关系，这也就解释了为什么在高黏度体系中更容易实现液体的打印。

不论是"自下而上"的全液相 3D 打印技术，还是"自上而下"的全液相模塑成型技术，都为高效、精准构筑结构化液体提供了重要方法。需要指出的是，由于这两种技术耗时较短，除了考虑黏度因素外，纳米颗粒表面活性剂的选择显得尤为重要，如前面提到的纤维素纳米晶表面活性剂。一般来讲，纳米颗粒表面活性剂的选择需要满足三个条件：①纳米颗粒表面活性剂的界面脱附能足够高，从而保证颗粒可以稳定吸附在界面；②纳米颗粒表面活性剂的形成组装速度足够快，从而匹配非平衡态液体的回复速度；③纳米颗粒表面活性剂发生堵塞相变形成的界面复合薄膜机械强度足够高，从而保证结构化液体的完整性[41,42]。

7.5　纳米颗粒表面活性剂的应用

7.5.1　全液相"芯片实验室"

微流控，又称为芯片实验室(lab on a chip)或微流控芯片实验室，指的是使用微管道(尺寸为数十到数百微米)处理或操纵微小流体的系统所涉及的科学和技术。微流控具有将生物、化学等实验室的基本功能微缩到一个几平方厘米芯片上的能力，可以完成样品的预处理、分离、稀释、混合、化学反应和检测等所有步骤，因此也称为微型全分析系统。

结构化液体为实现全液相微流控器件的制备提供了一种全新的策略。利用纳米黏土表面活性剂，结合亲疏水图案化基底，我们在油相中构筑了具有特定形状的水相微通道[图 7-14(a)][43]。这种基于纳米颗粒表面活性剂构筑的微通道是一种半透膜结构，亲水一侧表面带有负电荷，可以选择性地吸附、传输和分离物质。当向微通道内注入溶解有电中性和阴离子染料分子的混合水溶液时，由于两种染料分子对水/油两相的亲和能力不同，在传输过程中，电中性染料分子可选择性透过微通道薄膜进入油相，而阴离子染料分子则持续在微管道内流动并可在出口处收集，实现了两种染料分子的分离[图 7-14(b)]。同样利用微管道表面负电的性质，正电荷的染料分子、生物酶或纳米颗粒可在传输过程中吸附在管道内壁，实现对微流控器件的功能化修饰[图 7-14(c)]。例如，通过在微通道内壁修饰辣根过氧化物酶，我们构建了两种酶促反应体系，底物分别为 3,3′,5,5′-四甲基联苯胺(TMB)和苯酚/4-氨基安替比林(phenol/4-AAP)，通过两种经典的显色反应揭示了微通道中固定化酶对底物的催化作用[图 7-14(d)]。

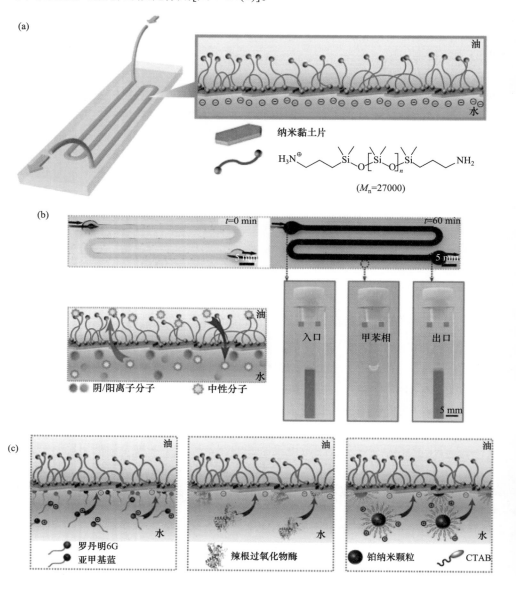

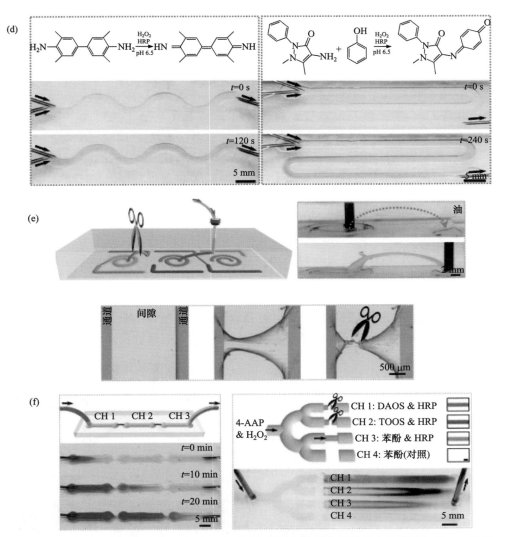

图 7-14　(a)全液相微流控器件示意图；(b)不同电性染料分子在微通道中的传质分离；(c)微通道管壁的功能化修饰；(d)基于全液相微流控器件的酶促反应；(e)全液相微流控器件的可重构性及自修复性；(f)具有复杂结构的全液相可编程化学逻辑反应器[43]

　　此外，利用全液相 3D 打印，可在彼此独立的微通道之间构筑"桥梁"使其联通，也可切断"桥梁"使其恢复独立。由于纳米颗粒表面活性剂可快速在水/油界面进行组装，切断的微通道可进行自我修复[图 7-14(e)]。基于这种自修复性和可重构性，我们随后构筑了具有复杂结构的可编程化学逻辑反应器，通过切断或构筑不同反应器之间的"桥梁"，可实现反应物在不同化学反应器中的选择性传输[图 7-14(f)]。

7.5.2　Pickering 乳液及多孔材料

在 Pickering 乳液方面，我们基于纳米颗粒表面活性剂，系统研究了不同纳米颗粒和聚合物配体对 Pickering 乳液的稳定机理。利用传统的微流控技术，使用水溶性纳米颗粒包括羧基修饰的二氧化硅纳米颗粒(SiNP-COOH)或聚苯乙烯纳米颗粒(PSNP-COOH)，以及油溶性聚合物配体包括单端氨基化的聚二甲基硅氧烷(PDMS-NH$_2$)、双端氨基化的聚苯乙烯(NH$_2$-PS-NH$_2$)或聚[二甲基硅氧烷-*co*-(3-氨丙基)甲基硅氧烷]共聚物,制备了单分散的 W/O 型 Pickering 乳液[图 7-15(a, b)][44]。乳液在水相部分挥发之后，颗粒由于堵塞相变在界面形成一层致密的纳米颗粒薄膜。通过调节纳米颗粒与聚合物配体的相互作用参数，薄膜的机械强度可被有效调控，并实现了染料分子和蛋白质在乳液中的稳定包埋[图 7-15(c ~ e)]。

通过剪切纤维素纳米晶的水溶液和聚合物配体的油溶液，我们基于纤维素纳米晶表面活性剂制备了稳定的 O/W 型 Pickering 乳液[45]。并以高速离心获得的浓缩乳液为模板，通过冷冻干燥一步法制备了纳米颗粒/聚合物复合多孔结构材料[图 7-16(a)]。通过调节 pH、聚合物配体浓度/分子量、离子强度等因素，纤维素纳米晶表面活性剂在界面的堆积行为可被有效调控。这里以 pH 为例进行说明，如图 7-16(b)所示，当 pH = 3 时，纤维素纳米晶表面活性剂活性较高，颗粒可快速在

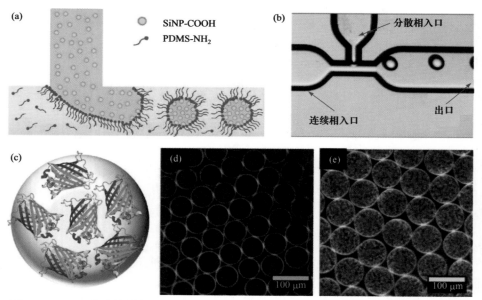

图 7-15　(a，b)微流控制备 W/O 型单分散 Pickering 乳液示意图和光学显微镜照片；(c~
e)Pickering 乳液对绿色荧光蛋白和黄色荧光蛋白的包埋作用[44]

界面形成紧密堆积,制备的乳液稳定且大小均一。由于颗粒在界面的堵塞相变,乳液在剪切过程中(或在融合过程中)产生的不规则形貌可被保留,实现了结构化乳液的制备。随着 pH 的提高,纤维素纳米晶表面活性剂的活性降低,制备的乳液稳定性下降且大小不均一,同时,由于颗粒在界面的堆积较为松散,无法得到结构化乳液。以不同 pH 条件下制备的乳液为模板,制备的多孔材料其泡孔结构可完美复制乳液形貌,孔壁的完整性和颗粒在界面的堆积程度密切相关。同时,基于这种 pH 响应乳液制备的多孔材料表现出宏观的 pH 响应性,在酸性环境下可保持结构稳定性,而在碱性环境下可迅速塌陷。

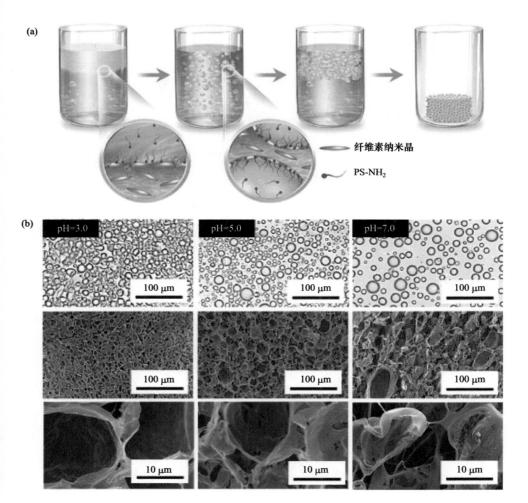

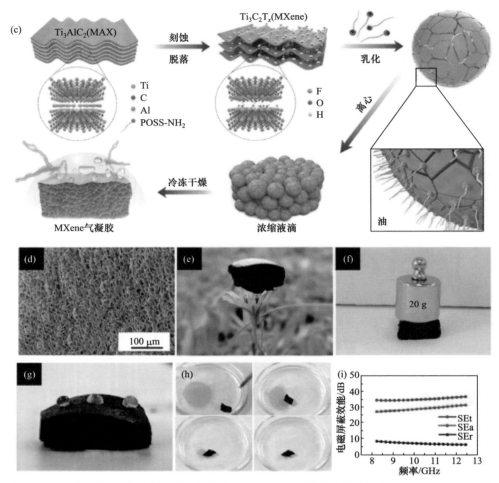

图 7-16　(a)纤维素纳米晶表面活性剂制备 Pickering 乳液及多孔材料示意图；(b)不同 pH 条件下 Pickering 乳液和多孔材料的结构变化[45]；(c)MXene 表面活性剂制备 Pickering 乳液及多孔材料示意图；(d～i)MXene 多孔材料及其在吸油、电磁屏蔽领域的应用[46]

　　这项研究为制备多种纳米颗粒功能化乳液和多孔材料提供了一种简单易行的方法。在此基础上，我们使用新型二维过渡金属碳/氮化物 MXene，利用其高导电性和丰富表面基团的优势，与单氨基修饰的笼型聚倍半硅氧烷(POSS-NH$_2$)协同组装，构建了一种 MXene 表面活性剂[46]，并实现了 MXene 表面活性剂的界面可控自组装及稳定 W/O 型 Pickering 乳液的制备。研究发现，通过调节 MXene 和 POSS-NH$_2$ 的浓度，二维 MXene 在水/油界面的堆叠程度可以被有效调控，制备的乳液可在平衡态和非平衡态之间相互转化。随后以 Pickering 乳液为模板，"自下而上"构筑了稳固的 MXene 三维多孔材料，其内部结构形貌可被精准调控。制备的 MXene 多孔材料表面疏水，表现出良好的吸油性能。在与环氧树脂进行复合后，得到的环氧树脂/MXene 复合材料表现出优异的电磁屏蔽性能。

7.5.3　铁磁性液体

　　传统的铁磁性材料一般为固体，具有固定形态，如生活中常见的磁铁。可灵活重构的磁性材料，如铁磁流体，是一种直径小于磁畴尺寸的铁磁物质固体微粒，高度分散在载液中形成的超稳定性胶状液体。它既具有液体的流动性，又具有固体磁性材料的磁性，在静态时无磁性吸引力，只有在外加磁场时，才表现出磁性。而一直以来，柔软的外形和长久的磁性仿佛是天生的矛盾关系，不可兼得。

　　"铁磁性液体"这一概念的提出，首先归功于我们在实验中观察到了磁性纳米颗粒表面活性剂构筑的液滴在旋转磁场中的一种不同寻常的运动行为[47]。我们使用羧基修饰的四氧化三铁纳米颗粒(Fe₃O₄NP-COOH)和单氨基修饰的笼型聚倍半硅氧烷(POSS-NH₂)，通过配制具有密度梯度的油相混合溶液，在油相中构筑了表面覆盖有磁性纳米颗粒表面活性剂的悬浮液滴。通过改变水相 pH 调节纳米颗粒表面活性剂的组装行为，可实现磁性纳米颗粒在界面堵塞-非堵塞状态的相互转变。我们发现，当界面颗粒发生堵塞相变时，在旋转磁场作用下，液滴可跟随磁场一起旋转，就像固体磁铁一样，而界面颗粒在非堵塞状态时(类似于铁磁流体)，液滴无此现象。

　　那么，为什么液滴会有这种特殊的磁响应现象？利用振动样品磁强计对两种液滴的磁滞回线进行测量后发现，在外部磁场撤除以后，不同于铁磁流体液滴，基于界面堵塞颗粒构筑的液滴出现了明显的剩磁和矫顽力，这也就意味着，液滴表现出了铁磁性的性质。我们知道，对于顺磁性的铁磁流体而言，磁场撤除后磁矩恢复至杂乱状态，磁性消失。而对于磁性纳米颗粒堵塞相变构筑的液滴，由于界面颗粒的热运动被有效抑制，颗粒之间的磁矩耦合最终实现了液滴从顺磁性到铁磁性的转变。若界面颗粒处于非堵塞状态，颗粒的热运动虽然被限制在水/油界面的二维平面内，但颗粒仍处于 liquid-like 的流动状态，颗粒之间的耦合作用非常微弱，在界面无法形成宏观磁矩，液滴依然表现为顺磁性的性质[图 7-17(a, b)]。简而言之，界面磁性颗粒的堵塞相变是实现铁磁性液滴构筑的根源，理论上这种磁性可以永久保留，而借助于纳米颗粒表面活性剂在界面组装的可调节性，我们可以自由地调控颗粒在界面的堵塞-非堵塞行为，在室温下实现液滴在铁磁性和顺磁性之间的可逆转变，这一临界点相当于传统铁磁性固体材料的居里温度。

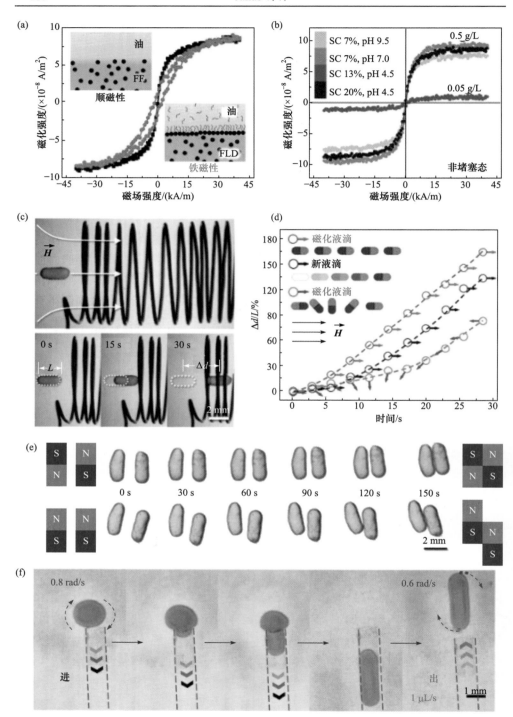

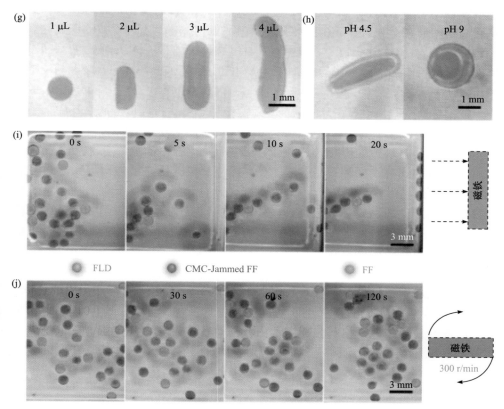

图 7-17　(a)磁滞回线表明液滴在界面颗粒堵塞相变前后的顺磁-铁磁转变；(b)界面颗粒覆盖率较低时，磁滞回线表明液滴呈现顺磁性；(c，d)磁化/非磁化液滴在通电螺线圈内的运动规律；(e)磁化柱状液滴之间表现出同性相斥，异性相吸的性质；(f～h)铁磁性液滴的重构性；(i，j)静态磁场和旋转磁场中铁磁性液滴的磁控分离[47]

　　随后，我们结合全液相 3D 打印和微流控技术，制备了长径比为 2∶1 的铁磁性柱状液滴。在通电螺线圈产生的磁场作用下，柱状液滴被磁化并沿磁感线方向运动。有趣的是，被磁化的柱状液滴就像小磁针一样，具有 N 极和 S 极。若将磁化后的柱状液滴进行翻转重新放置在螺线圈前端，螺线圈通电后，由于同名磁极的排斥作用，柱状液滴会首先发生翻转，随后在异名磁极的吸引下进入螺线圈[图 7-17(c，d)]。这种柱状铁磁液滴的初始磁矩十分固定，一旦磁化后不会随意在液滴内漂移或重构，性质与固态磁铁十分类似。如图 7-17(e)所示，即使没有外部磁场，两个平行放置的柱状铁磁液滴依然表现出同性相斥，异性相吸的性质。

这种基于纳米颗粒表面活性剂构筑的铁磁性液滴具有重构性，可在不改变其铁磁性质的前提下利用外场作用对其进行灵活重构，得到不同形状的铁磁性液体结构[图 7-17(f，g)]。同时，利用这种铁磁性液滴，我们可以实现铁磁液滴和磁流体液滴在磁场作用下的磁控分离。我们分别使用 Fe_3O_4NP-COOH、羧甲基纤维素钠(CMC)/聚乙二醇修饰的四氧化三铁纳米颗粒(Fe_3O_4NP-PEG)和 Fe_3O_4-PEG 的水相分散液，在溶解有 POSS-NH_2 的油相溶液中构筑了三种球形液滴。其中，第一种为铁磁性液滴(FLD)，第二种为界面 CMC 堵塞状态下的铁磁流体液滴(CMC-Jammed FF)，第三种为传统的铁磁流体液滴(FF)。在静态磁场作用下，铁磁液滴可迅速运动到磁铁附近；在旋转磁场作用下，只有铁磁液滴可以跟随磁场旋转，其他两种顺磁性的铁磁流体液滴不能转动，只能随液体扰动，从而被旋转的铁磁液滴产生的涡旋外推远离磁场中心。铁磁液滴慢慢被吸引到涡旋中心位置，形成图案化排列，与铁磁流体液滴明显区分开来，从最初的随机混合到最后的完全分离状态[图 7-17(i，j)]。

这项研究意义非凡。从理论角度，它挑战了铁磁性物质只能由硬质材料组成的物理学经验，磁铁不再局限于固体材料，也可以是柔软的、可重构的液体，且在室温下可实现铁磁性-顺磁性的可逆转变。从应用角度，它表现出了极其广阔的潜在应用空间。例如，利用铁磁性液滴作为药物载体，可在外部磁场的控制下实现药物的指定输送。同时也为磁控液体机器人、磁控微反应器的发展提供了一种新的策略。

7.6　聚电解质表面活性剂

微胶囊技术已经被广泛应用于制药、化妆品、食品、纺织以及农业等领域。随着现代科技的发展，微胶囊越来越多地被用于微反应器、药物载体、细胞和酶的包埋防护以及基因转染等领域。这也要求微胶囊具有更加精确可控的结构与性能。其中，利用层层(layer-by-layer)自组装技术将聚电解质沉积到胶体颗粒上，然后将作为模板的胶体颗粒溶解或分解，为制备新型中空微胶囊提供了一种方法。这种方法的优越性在于能够对微胶囊的尺寸、膜厚、组成和形态进行精确调控。然而，其弊端也十分明显，通常需要根据组装层数对胶体颗粒进行多次组装和清洗，操作步骤烦琐且耗时较长。因此，寻找一种无须多次自组装、效率高的一步即制得聚电解质微胶囊的方法逐渐成为研究者关注的热点问题。

相比于胶体颗粒这种"硬"模板，基于水/油界面构筑的液滴也可作为"软"模板实现聚电解质微胶囊的制备[48]。利用微流控技术，Osuji 等一步法制备了聚电解质微胶囊、聚电解质/纳米颗粒复合微胶囊以及聚电解质/蛋白质复合微胶囊[49-52]；

Lee 等报道了一种乳液内纳米界面络合的方法(nanoscale interfacial complexation in emulsions，NICE)[53,54]。聚电解质微胶囊首先在 W/O/W 型双重乳液内部的 W/O 型乳液表面形成，由于界面络合层高度亲水的性质，可自发从油相中"孵化"进入水相且保持微胶囊结构完整性。然而，由于绝大多数聚电解质不溶于非极性溶剂，基于水/油界面制备聚电解质微胶囊通常需要对其中一种聚电解质进行专一修饰使其溶解在油相，在一定程度上也限制了这种方法的广泛应用。

　　在前文中我们详细介绍了纳米颗粒表面活性剂的概念，在此基础上，我们很自然地想到，能否借鉴这一方法，利用水溶性聚电解质与油溶性聚合物/寡聚物配体在水/油界面的协同组装，构建一种类 Janus 型聚电解质表面活性剂(polyelectrolyte surfactant)，进而实现聚电解质微胶囊的简易制备。

　　基于这一思想，我们使用生物大分子双链 DNA 和刚性的单氨基修饰的笼型聚倍半硅氧烷(POSS-NH$_2$)作为模型分子，在水/油界面原位构建了 DNA 表面活性剂[图 7-18(a)][55]。双链 DNA 分子是电负性很强的聚电解质，界面活性很弱，无法在水/油界面进行自发组装；通过加入 MgCl$_2$ 提高水溶液离子强度，可有效提高 DNA 界面活性，但界面组装体由于脱附能较低，仍表现为 liquid-like 的状态，在收缩界面时无法在界面形成堵塞状态。在 POSS-NH$_2$ 存在的情况下，DNA 可通过静电作用力与 POSS-NH$_2$ 快速组装，在水/油界面形成 DNA 纳米薄膜。我们通过调节 DNA 和 POSS-NH$_2$ 的浓度，系统研究了 DNA 表面活性剂的界面组装动力学。有趣的是，在对液滴进行收缩测试 DNA 表面活性剂的界面覆盖率时，液滴出现了一种不同寻常的"拉丝"现象，针头和液滴之间的界面薄膜表现出了类弹性体(elastomer-like)的状态。通过提高 POSS-NH$_2$ 的浓度，界面组装体的机械强度可被有效增强，在组装体发生堵塞相变时表现出 solid-like 的状态。这三种物理状态与典型无定形聚合物在加热时表现出的三种运动状态(玻璃态、橡胶态和黏流态)非常类似，也就意味着通过构建聚电解质表面活性剂，我们可以在水/油界面实现对聚电解质运动行为和界面模量的精准调控[图 7-18(b)]。

　　在此基础上，我们利用微流控技术或溶液剪切一步法制备了 DNA 微胶囊，并实现了牛血清白蛋白的稳定包埋[图 7-18(c, d)]。另外，利用界面组装体的堵塞相变，与纳米颗粒表面活性剂类似，聚电解质表面活性剂包覆的结构化液体也可被制备。图 7-18(e)所展示的是基于 DNA 表面活性剂构筑的液态字母。与纳米颗粒表面活性剂相比，聚电解质由于携带大量极性基团，构建的聚电解质表面活性剂具有很高的界面活性。在随后的工作中，我们使用羧甲基纤维素钠(CMC)构建了 CMC 表面活性剂，在稀溶液中利用全液相 3D 打印技术实现了柱状结构化液体的稳定制备及蛋白质在界面的稳定吸附[图 7-18(f, g)][56]。

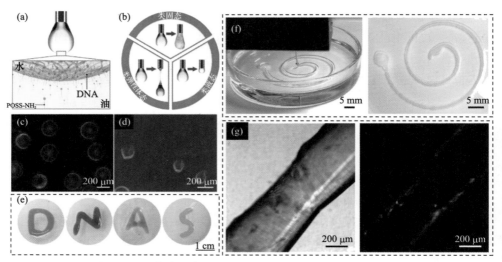

图 7-18   (a)DNA 表面活性剂构建示意图；(b)DNA 纳米颗粒表面活性剂界面组装体的三种物理状态；(c，d)DNA 微胶囊对蛋白质的包埋作用；(e)DNA 表面活性剂构筑的结构化液体[55]；(f，g)基于 CMC 表面活性剂和全液相 3D 打印构筑的管状结构化液体及对蛋白质的界面吸附作用[56]

需要指出的是，这里我们使用 POSS-NH$_2$ 作为油溶性配体，除了其本身固有的界面活性外，其刚性的颗粒结构对界面组装体机械强度的调控至关重要，这在构筑结构化液体时是十分必要的。柔性的聚合物配体也可用于聚电解质表面活性剂的构建，但其对于界面组装体机械强度的调控就略显薄弱，通常需要在高浓度聚电解质和聚合物配体的条件下才能实现界面组装体的堵塞相变。

7.7   Janus 纳米颗粒的堵塞行为

不论是纳米颗粒表面活性剂还是聚电解质表面活性剂，都使用了一种水/油界面协同组装的策略。这种方法可以有效提高界面组装体的脱附能，从而抵抗两相界面在缩减过程中产生的挤压应力。前文中，我们将其称为 "Janus-like" 型表面活性剂。那对于 Janus 材料，特别是双亲性的 Janus 纳米颗粒，其在水/油界面的组装和堵塞行为又是怎样的呢？

Binks 等对比了普通纳米颗粒和 Janus 纳米颗粒在水/油界面上的吸附性能（$D = 20$ nm）[57]。研究发现，具有双亲性的 Janus 纳米颗粒的脱附能比普通颗粒的脱附能大 3 倍，且当接触角为 0°或 180°时，Janus 颗粒仍保持良好的界面吸附性。因此，相比于普通纳米颗粒，Janus 纳米颗粒具有更高的界面活性，可以作为更好的乳液稳定剂。研究人员在基于 Janus 纳米颗粒稳定水/油界面方面开展了大量的工作，这里我们不再赘述。但针对 Janus 纳米颗粒堵塞行为的研究相对匮乏。

我们使用 ABC 三嵌段共聚物聚苯乙烯-*b*-聚丁二烯-*b*-聚甲基丙烯酸甲酯(PS-*b*-PB-*b*-PMMA)制备了油溶性 Janus 纳米颗粒，并研究了颗粒在界面的堵塞行为[58]。与刚性固体颗粒不同，制备的 Janus 颗粒核结构为交联的 PB，两侧分别为非极性的 PS 和极性的 PMMA。在水/油界面，由于极性的 PMMA 与水分子形成氢键，Janus 纳米颗粒可自发在界面上组装。在颗粒界面覆盖率较低的情况下，PMMA 在界面上呈铺展状态；随着界面面积的减小或组装时间的延长，界面颗粒的覆盖率增加，颗粒之间的距离减小导致 PMMA 在界面上互相挤压并呈现出垂直于界面排列的状态，直至颗粒在界面发生堵塞相变[图 7-19(a)]。通过调节水相 pH，我们发现，在酸性或碱性条件下，颗粒的界面活性都表现出一定程度的提高。但在酸性条件下，随着时间增长，堵塞状态的颗粒可由于 PMMA 在界面的重构使颗粒恢复至非堵塞状态，使褶皱界面逐渐松弛[图 7-19(b)]。

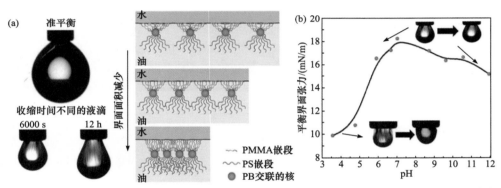

图 7-19　(a)Janus 纳米颗粒在界面的堵塞行为及机理图；(b)不同 pH 条件下堵塞状态 Janus 纳米颗粒的松弛行为[58]

Cheng 等报道了一种 Janus 型两性离子二维纳米片，并通过调节 pH 实现了界面纳米片在堵塞状态和非堵塞状态下的相互转变[59]。基于高岭土制备的 Janus 纳米片的两侧分别接枝有阳离子聚合物聚甲基丙烯酸 *N,N*-二甲氨基乙酯(PDMAEMA)和油溶性聚合物聚甲基丙烯酸月桂酯(PLMA)[图 7-20(a)]。在酸性条件下(pH = 3)，由于 PDMAEMA 质子化程度较高，Zeta 电位为正，纳米片之间由于静电排斥作用，不易在水/油界面进行堆积；在碱性条件下(pH = 12)，纳米片表面 Si—OH 基团脱质子形成 Si—O$^-$，Zeta 电位为负，纳米片之间的静电排斥作用依然强烈；只有在中性条件下(pH = 7)，纳米片处于两性离子状态，Zeta 电位近似为 0，静电排斥被有效抑制。在剪切力作用下，基于两性离子状态下的纳米片在界面可发生堵塞相变，实现非球形液滴的锁定[图 7-20(b～d)]。利用这种 pH 调控下的界面堵塞-非堵塞转变，可实现染料分子在两相液体中的控制释放，在药物包埋和递送等领域展示了广阔的应用前景[图 7-20(e，f)]。

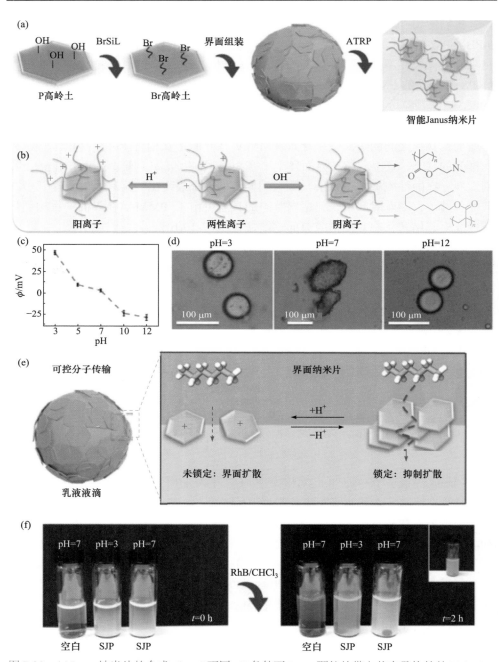

图 7-20　(a)Janus 纳米片的合成；(b～d)不同 pH 条件下 Janus 颗粒的带电状态及构筑的 Pickering 乳液形貌；(e，f)不同 pH 条件下 Janus 纳米片构筑的界面薄膜对物质控制释放[59]

BrSiL：接枝溴硅烷作为引发剂；RhB：罗丹明 B

Grzybowski 等使用 11-巯基十一烷酸修饰的金纳米颗粒($D = 6$ nm)和油酸修饰的 Fe_3O_4 纳米颗粒($D = 12$ nm)设计了一种双亲性 Janus 型多重刺激响应型表面活性剂[60]。将这种 Janus 纳米颗粒表面活性剂运用于水/油界面能够赋予液滴独特的物理化学性质，不仅能实现由多个物理场(光场、磁场、电场)来操纵单个液滴，而且能将多个液滴进行动态组装形成宏观液滴组装体[图 7-21(a, b)]。特别地，由于水/油两相介电常数的差异，颗粒在电场作用下的介电泳可驱动颗粒向液滴两极运动，导致液滴赤道附近颗粒界面覆盖率下降，在不同液滴相互接触时，液滴发生区域融合形成不规则形态，借助于颗粒在界面的堵塞相变，最终实现独立液滴之间的"焊接"和结构化液体的构筑。基于"焊接"构筑的哑铃形液滴和光照产生的内部液体对流效应，可实现两个液滴之间的快速物质混合。以此为基础，构筑的双液滴微反应器可利用 $CoCl_2$ 和甲基咪唑实现金属有机框架材料 ZIF-67 的合成，并可进一步拓展到具有更复杂结构的多液滴串联微反应器[图 7-21(c～e)]。

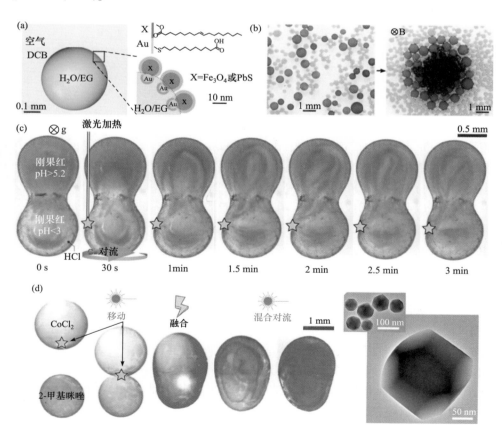

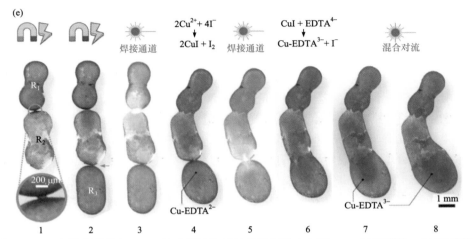

图 7-21　(a)金纳米颗粒和 Fe₃O₄纳米颗粒构建的多重刺激响应型 Janus 纳米颗粒；(b)不同磁化率的液滴在磁场作用下的多级自组装；(c)光照作用下哑铃形液滴内部的物质混合；(d)二液滴微反应器的构筑和金属有机框架材料 ZIF-67 的合成；(e)多液滴串联微反应器的构筑和顺序反应合成目标产物 Cu-EDTA³⁻ [60]

7.8　小结与展望

纳米颗粒表面活性剂为复杂结构化液体的设计和构筑提供了一种新的策略和方法。本章重点总结了纳米颗粒表面活性剂的形成机理、结构化液体的构筑及其应用。利用纳米颗粒表面活性剂两部分的可调节性，可有效调控纳米颗粒的界面组装和堆积行为。结合外场作用力及纳米颗粒的堵塞相变，液体也可以像固体材料一样，可以通过打印或者模塑等方法被"加工"成所需的形状，并且能够对外部环境的刺激产生响应，在包埋、控制释放、双相反应器等领域展现出广阔的应用前景。

纳米颗粒表面活性剂为实现多种纳米颗粒如富勒烯、多金属氧酸盐等的液/液界面自组装提供了一种普适的方法[61-63]。基于这一思想，可进一步实现多种功能化组装体如胶体体(colloidosome)、二维纳米薄膜、多孔材料以及结构化液体的制备。我们也在尝试将纳米颗粒表面活性剂这一概念扩展到其他体系，如前文的聚电解质表面活性剂，甚至是小分子体系。例如，最近我们就使用水溶性 5,10,15,20-四(4-磺酸基苯基)卟啉和聚合物配体协同组装，在水/油界面得到了纤维状的超分子结构[64]。另外，利用全液相 3D 打印技术，我们基于双水相体系构筑了具有生物相容性的微流控系统，并实现了染料分子的传质分离及流动反应器的建立[65]。

这一领域在未来还有着广阔的空间值得我们去进一步探索。例如，现阶段纳米颗粒表面活性剂主要基于静电相互作用(如—COO^-/NH_3^+，—OSO_3^-/NH_3^+ 离子对)或氢键作用力构建，构筑的结构化液体刺激响应性较为单一(目前主要为 pH 响应)。因此引入其他弱键相互作用(如主客体相互作用)构筑多元化刺激响应性结构化液体是一个亟待发展的研究方向[66-70]。此外，设计合成具有特定功能的聚合物/寡聚物配体也可进一步开拓纳米颗粒表面活性剂的应用空间。

　　很多人可能还记得电影《终结者》中的液态金属机器人，它可以呈现各种不同的造型，且具有优异的自修复性能。随着科技的进步和时代的发展，我们有理由相信，这将不再是遥不可及的幻想，对精细液体结构的追求会使得越来越多的研究人员投入到这个领域当中，最终化"无形"为"有形"。

参 考 文 献

[1] Ramsden W. Separation of solids in the surface-layers of solutions and 'suspensions'(observations on surface-membranes, bubbles, emulsions, and mechanical coagulation).—Preliminary account[J]. Proceedings of the Royal Society of London, 1904, 72(477-486): 156-164.

[2] Pickering S U. Cxcvi[J]. Journal of the Chemical Society, Transactions, 1907, 91: 2001-2021.

[3] Pieranski P. Two-dimensional interfacial colloidal crystals[J]. Physical Review Letters, 1980, 45(7): 569.

[4] Binks B P. Particles as surfactants: similarities and differences[J]. Current Opinion in Colloid & Interface Science, 2002, 7(1-2): 21-41.

[5] Binks B P, Lumsdon S O. Influence of particle wettability on the type and stability of surfactant-free emulsions[J]. Langmuir, 2000, 16(23): 8622-8631.

[6] Lin Y, Skaff H, Emrick T, et al. Nanoparticle assembly and transport at liquid-liquid interfaces[J]. Science, 2003, 299(5604): 226-229.

[7] Lin Y, Böker A, Skaff H, et al. Nanoparticle assembly at fluid interfaces: structure and dynamics[J]. Langmuir, 2005, 21(1): 191-194.

[8] Reincke F, Hickey S G, Kegel W K, et al. Spontaneous assembly of a monolayer of charged gold nanocrystals at the water/oil interface[J]. Angewandte Chemie International Edition, 2004, 116(4): 464-468.

[9] Liu A J, Nagel S R. Jamming is not just cool any more[J]. Nature, 1998, 396(6706): 21-22.

[10] Stratford K, Adhikari R, Pagonabarraga I, et al. Colloidal jamming at interfaces: a route to fluid-bicontinuous gels[J]. Science, 2005, 309(5744): 2198-2201.

[11] Herzig E M, White K A, Schofield A B, et al. Bicontinuous emulsions stabilized solely by colloidal particles[J]. Nature Materials, 2007, 6(12): 966-971.

[12] Lee M N, Mohraz A. Bicontinuous macroporous materials from bijel templates[J]. Advanced Materials, 2010, 22(43): 4836-4841.

[13] Lee M N, Mohraz A. Hierarchically porous silver monoliths from colloidal bicontinuous interfacially jammed emulsion gels[J]. Journal of the American Chemical Society, 2011, 133(18): 6945-6947.

[14] Tavacoli J W, Thijssen J H J, Schofield A B, et al. Novel, robust, and versatile bijels of nitromethane, ethanediol, and colloidal silica: capsules, sub-ten-micrometer domains, and mechanical properties[J]. Advanced Functional Materials, 2011, 21(11): 2020-2027.

[15] Lee M N, Thijssen J H J, Witt J A, et al. Making a robust interfacial scaffold: bijel rheology and its link to processability[J]. Advanced Functional Materials, 2013, 23(4): 417-423.

[16] Imperiali L, Clasen C, Fransaer J, et al. A simple route towards graphene oxide frameworks[J]. Materials Horizons, 2014, 1(1): 139-145.

[17] Cai D, Richter F H, Thijssen J H J, et al. Direct transformation of bijels into bicontinuous composite electrolytes using a pre-mix containing lithium salt[J]. Materials Horizons, 2018, 5(3): 499-505.

[18] Cui M, Emrick T, Russell T P. Stabilizing liquid drops in nonequilibrium shapes by the interfacial jamming of nanoparticles[J]. Science, 2013, 342(6157): 460-463.

[19] Beattie J K, Djerdjev A M. The pristine oil/water interface: surfactant-free hydroxide-charged emulsions[J]. Angewandte Chemie International Edition, 2004, 43(27): 3568-3571.

[20] Feng T, Hoagland D A, Russell T P. Assembly of acid-functionalized single-walled carbon nanotubes at oil/water interfaces[J]. Langmuir, 2014, 30(4): 1072-1079.

[21] Feng T, Hoagland D A, Russell T P. Interfacial rheology of polymer/carbon nanotube films co-assembled at the oil/water interface[J]. Soft Matter, 2016, 12(42): 8701-8709.

[22] Sun Z, Feng T, Russell T P. Assembly of graphene oxide at water/oil interfaces: tessellated nanotiles[J]. Langmuir, 2013, 29(44): 13407-13413.

[23] Toor A, Helms B A, Russell T P. Effect of nanoparticle surfactants on the breakup of free-falling water jets during continuous processing of reconfigurable structured liquid droplets[J]. Nano Letters, 2017, 17(5): 3119-3125.

[24] Huang C, Cui M, Sun Z, et al. Self-regulated nanoparticle assembly at liquid/liquid interfaces: a route to adaptive structuring of liquids[J]. Langmuir, 2017, 33(32): 7994-8001.

[25] Huang C, Sun Z, Cui M, et al. Structured liquids with ph-triggered reconfigurability[J]. Advanced Materials, 2016, 28(31): 6612-6618.

[26] Chai Y, Lukito A, Jiang Y, et al. Fine-tuning nanoparticle packing at water-oil interfaces using ionic strength[J]. Nano Letters, 2017, 17(10): 6453-6457.

[27] Haase M F, Stebe K J, Lee D. Continuous fabrication of hierarchical and asymmetric bijel microparticles, fibers, and membranes by solvent transfer-induced phase separation (STRIPS)[J]. Advanced Materials, 2015, 27(44): 7065-7071.

[28] Haase M F, Sharifi-Mood N, Lee D, et al. In situ mechanical testing of nanostructured bijel fibers[J]. ACS Nano, 2016, 10(6): 6338-6344.

[29] Haase M F, Jeon H, Hough N, et al. Multifunctional nanocomposite hollow fiber membranes by solvent transfer induced phase separation[J]. Nature Communications, 2017, 8(1): 1-7.

[30] Di Vitantonio G, Wang T, Haase M F, et al. Robust bijels for reactive separation via silica-reinforced nanoparticle layers[J]. ACS Nano, 2018, 13(1): 26-31.

[31] Cha S, Lim H G, Haase M F, et al. Bicontinuous interfacially jammed emulsion gels (bijels) as media for enabling enzymatic reactive separation of a highly water insoluble substrate[J].

Scientific Reports, 2019, 9(1): 1-6.

[32] Huang C, Forth J, Wang W, et al. Bicontinuous structured liquids with sub-micrometre domains using nanoparticle surfactants[J]. Nature Nanotechnology, 2017, 12(11): 1060-1063.

[33] Cai D Y, Clegg P S. Stabilizing bijels using a mixture of fumed silica nanoparticles[J]. Chemical Communication, 2015, 51: 16984-16987.

[34] Cai D, Clegg P S, Li T, et al. Bijels formed by direct mixing[J]. Soft Matter, 2017, 13(28): 4824-4829.

[35] Shi S, Liu X, Li Y, et al. Cellulose nanocrystals: liquid letters[J]. Advanced Materials, 2018, 30(9): 1870057.

[36] Rayleigh L. On the instability of jets[J]. Proceedings of the London Mathematical Society, 1878, 1(1): 4-13.

[37] Liu X, Shi S, Li Y, et al. Liquid tubule formation and stabilization using cellulose nanocrystal surfactants[J]. Angewandte Chemie International Edition, 2017, 129(41): 12768-12772.

[38] Forth J, Liu X, Hasnain J, et al. Reconfigurable printed liquids[J]. Advanced Materials, 2018, 30(16): 1707603.

[39] Powers T R, Zhang D, Goldstein R E, et al. Propagation of a topological transition: the Rayleigh instability[J]. Physics of Fluids, 1998, 10(5): 1052-1057.

[40] Utada A S, Lorenceau E, Link D R, et al. Monodisperse double emulsions generated from a microcapillary device[J]. Science, 2005, 308(5721): 537-541.

[41] Shi S, Russell T P. Nanoparticle assembly at liquid-liquid interfaces: from the nanoscale to mesoscale[J]. Advanced Materials, 2018, 30(44): 1800714.

[42] Toor A, Forth J, Bochner de Araujo S, et al. Mechanical properties of solidifying assemblies of nanoparticle surfactants at the oil-water interface[J]. Langmuir, 2019, 35(41): 13340-13350.

[43] Feng W, Chai Y, Forth J, et al. Harnessing liquid-in-liquid printing and micropatterned substrates to fabricate 3-dimensional all-liquid fluidic devices[J]. Nature Communications, 2019, 10(1): 1-9.

[44] Toor A, Lamb S, Helms B A, et al. Reconfigurable microfluidic droplets stabilized by nanoparticle surfactants[J]. ACS Nano, 2018, 12(3): 2365-2372.

[45] Li Y, Liu X, Zhang Z, et al. Adaptive structured pickering emulsions and porous materials based on cellulose nanocrystal surfactants[J]. Angewandte Chemie International Edition, 2018,41(57): 13560-13564.

[46] Shi S, Qian B, Wu X, et al. Self-assembly of MXene-surfactants at liquid-liquid interfaces: from structured liquids to 3D aerogels[J]. Angewandte Chemie International Edition, 2019, 58(50): 18171-18176.

[47] Liu X, Kent N, Ceballos A, et al. Reconfigurable ferromagnetic liquid droplets[J]. Science, 2019, 365(6450): 264-267.

[48] Monteillet H, Hagemans F, Sprakel J. Charge-driven co-assembly of polyelectrolytes across oil-water interfaces[J]. Soft Matter, 2013, 9(47): 11270-11275.

[49] Kaufman G, Boltyanskiy R, Nejati S, et al. Single-step microfluidic fabrication of soft monodisperse polyelectrolyte microcapsules by interfacial complexation[J]. Lab on a Chip,

2014, 14(18): 3494-3497.

[50] Kaufman G, Nejati S, Sarfati R, et al. Soft microcapsules with highly plastic shells formed by interfacial polyelectrolyte-nanoparticle complexation[J]. Soft Matter, 2015, 11(38): 7478-7482.

[51] Kaufman G, Montejo K A, Michaut A, et al. Photoresponsive and magnetoresponsive graphene oxide microcapsules fabricated by droplet microfluidics[J]. ACS Applied Materials & Interfaces, 2017, 9(50): 44192-44198.

[52] Kaufman G, Mukhopadhyay S, Rokhlenko Y, et al. Highly stiff yet elastic microcapsules incorporating cellulose nanofibrils[J]. Soft Matter, 2017, 13(15): 2733-2737.

[53] Kim M, Yeo S J, Highley C B, et al. One-step generation of multifunctional polyelectrolyte microcapsules via nanoscale interfacial complexation in emulsion (NICE)[J]. Journal of the American Chemical Society, 2015, 9(8): 8269-8278.

[54] Duan G, Haase M F, Stebe K J, et al. One-step generation of salt-responsive polyelectrolyte microcapsules via surfactant-organized nanoscale interfacial complexation in emulsions [J]. Langmuir, 2018, 34(3): 847-853.

[55] Qian B, Shi S, Wang H, et al. Reconfigurable liquids stabilized by DNA surfactants[J]. ACS Applied Materials & Interfaces, 2020, 12(11): 13551-13557.

[56] Xu R, Liu T, Sun H, et al. Interfacial assembly and jamming of polyelectrolyte surfactants: a simple route to print liquids in low-viscosity solution[J]. ACS Applied Materials & Interfaces, 2020, 12(15): 18116-18122.

[57] Binks B P, Fletcher P D I. Particles adsorbed at the oil-water interface: a theoretical comparison between spheres of uniform wettability and "Janus" particles[J]. Langmuir, 2001, 17(16): 4708-4710.

[58] Jiang Y, Löbling T I, Huang C, et al. Interfacial assembly and jamming behavior of polymeric Janus particles at liquid interfaces[J]. ACS Applied Materials & Interfaces, 2017, 9(38): 33327-33332.

[59] Luo J, Zeng M, Peng B, et al. Electrostatic-driven dynamic jamming of 2D nanoparticles at interfaces for controlled molecular diffusion[J]. Angewandte Chemie International Edition, 2018, 130(36): 11926-11931.

[60] Yang Z, Wei J, Sobolev Y I, et al. Systems of mechanized and reactive droplets powered by multi-responsive surfactants[J]. Nature, 2018, 553(7688): 313-318.

[61] Li R, Chai Y, Jiang Y, et al. Carboxylated fullerene at the oil/water interface[J]. ACS Applied Materials & Interfaces, 2017, 9(39): 34389-34395.

[62] Huang C, Chai Y, Jiang Y, et al. The interfacial assembly of polyoxometalate nanoparticle surfactants[J]. Nano Letters, 2018, 18(4): 2525-2529.

[63] Cain J D, Azizi A, Maleski K, et al. Sculpting liquids with two-dimensional materials: the assembly of $Ti_3C_2T_x$ MXene sheets at liquid-liquid interfaces[J]. ACS Nano, 2019, 13(11): 12385-12392.

[64] Gu P Y, Chai Y, Hou H, et al. Stabilizing liquids using interfacial supramolecular polymerization[J]. Angewandte Chemie International Edition, 2019, 131(35): 12240-12244.

[65] Xie G, Forth J, Chai Y, et al. Compartmentalized, all-aqueous flow-through-coordinated reaction

systems[J]. Chem, 2019, 5(10): 2678-2690.

[66] Patra D, Ozdemir F, Miranda O R, et al. Formation and size tuning of colloidal microcapsules via host-guest molecular recognition at the liquid-liquid interface[J]. Langmuir, 2009, 25(24): 13852-13854.

[67] Jeong Y, Chen Y C, Turksoy M K, et al. Tunable elastic modulus of nanoparticle monolayer films by host-guest chemistry[J]. Advanced Materials, 2014, 26(29): 5056-5061.

[68] Zhang J, Coulston R J, Jones S T, et al. One-step fabrication of supramolecular microcapsules from microfluidic droplets[J]. Science, 2012, 335(6069): 690-694.

[69] Liu J, Lan Y, Yu Z, et al. Cucurbit[n]uril-based microcapsules self-assembled within microfluidic droplets: a versatile approach for supramolecular architectures and materials[J]. Accounts of Chemical Research, 2017, 50(2): 208-217.

[70] Meethal S K, Sasmal R, Pahwa M, et al. Cucurbit [7] uril-directed assembly of colloidal membrane and stimuli-responsive microcapsules at the liquid-liquid interface[J]. Langmuir, 2018, 34(2): 693-699.

(史少伟，T. P. Russell)

第8章　Janus 材料在聚合物共混体系中的应用

聚合物共混(polymer blending)是指两种或两种以上分子结构不同的聚合物(均聚物、共聚物)制备成宏观均匀聚合物的过程，其产物称为聚合物共混物[1]。早期主要采用机械共混、溶液共混、乳液共混以及各种互穿网络(IPN)等技术制备聚合物共混物，后来通过对共混物的形态结构进行调控以制备性能更优异的聚合物共混物成为研究的热点[2]。

8.1　聚合物共混体系的相分离行为

8.1.1　聚合物共混体系的形态结构

聚合物共混物的相容性是选择合适共混方法的重要依据，也是决定共混物形态结构和性能的关键因素。有效地控制聚合物共混体系的相分离程度，可以赋予材料以特殊的性能，满足特定的要求。因此，研究聚合物共混体系的相容性和相分离结构对于改善和提高材料的性能具有重要意义[3]。

聚合物共混体系可以分为完全相容、部分相容和完全不相容三大类。相容共混物是指在热力学上能达到分子级混溶的共混物。如聚乙烯/聚苯醚(PE/PPE)共混物等。部分相容共混物是共混物只有在某个温度或组成范围内才能够相容，如苯乙烯-丙烯腈共聚物/聚甲基丙烯酸甲酯(SAN/PMMA)等。不相容共混物是聚合物之间不管在哪个温度或组成下都不能形成分子级混溶的状态，而只能以分相状态存在的共混物，如聚苯乙烯/聚丙烯(PS/PP)、PMMA/PS 等。然而，由于不同的聚合物之间存在分子结构差异，有构象熵，因而大部分的聚合物都是部分相容或者不相容。

绝大多数的聚合物共混体系具有复相结构，即以两相或多相的形态出现。聚合物的形态结构是决定其基本性能的最基本的因素之一。二元共混物按相的连续性可以分为以下三种结构[4,5]。

(1) 单相连续结构。它指的是组成聚合物共混物的两相或者多相中只有一相连续，此连续相可以看作分散介质，其他的相分散在连续相之中，一般称为分散相。

(2) 两相连续结构。互相贯穿聚合物网络结构可以作为两相连续结构聚合物共混物的典型例子。在这种共混物中，两种聚合物网络相互贯穿，使得整个样品成为交织网络。

(3) 两相互锁或交错结构。这种形态的特点是每一个组分都没有形成贯穿整个样品的连续相，两相相互交错形成层状排列，难以区分连续相和分散相。

8.1.2　聚合物共混体系的相分离动力学

聚合物共混体系的相分离过程有两种不同的机理：当共混体系是从均相区进入亚稳态区时，体系遵循的是成核增长的机理(NG)，经典的成核理论认为，在相分离的初期，随着时间的推移，含量较少的组分逐渐形成一些小的"岛"状结构，岛相周围该物质的浓度较低，在浓度梯度的作用下，其他地方的该物质扩散到岛相周围，岛相不断生长。但是，一旦这种扩散作用达到了平衡，岛相结构的生长主要是相邻岛结构之间的合并造成的，然后随着岛相的不断粗化和合并，最终形成了"海-岛"(droplet-matrix)结构。当共混体系是从均相区直接进入非稳态区时，体系遵循的是旋节线相分离的机理(SD)。在亚稳态区域，均相混合物形成新相必须要克服一个自由能垒。但是在热力学不稳定的区域，并不存在这样一个能垒，共混物随着温度变化而不断增强的浓度涨落，在到达非稳态区时自发地发生相分离，分离成双连续相(cocontinuous)结构。

聚合物共混物可以视为一种特殊的高分子溶液，当两种或者两种以上的聚合物共混时，其相容性取决于混合过程中的热力学变化。根据热力学基本定律，当两种聚合物共混时，体系相容的必要条件是混合自由能小于零，充分条件则是其二阶导数大于零[6]。

$$\Delta G_{\mathrm{m}} = \Delta H_{\mathrm{m}} - T\Delta S_{\mathrm{m}} < 0 \tag{8-1}$$

$$\left[\frac{\partial^2 \Delta G_{\mathrm{m}}}{\partial \varphi^2}\right]_{T,P} > 0 \tag{8-2}$$

式中，ΔG_{m} 为混合自由能；ΔH_{m} 为混合焓；T 为温度；ΔS_{m} 为混合熵；φ 为聚合物的体积分数；P 为压力。

如果体系只能满足式(8-1)而不满足式(8-2)，体系为部分相容；如果式(8-1)、式(8-2)均不满足，则为不相容体系。聚合物共混体系的自由能ΔG_{m} 随组分φ 的变化曲线如图 8-1 所示，共混体系的相容性与组成存在三种情况[7]：图中曲线 A 表示两组分不相容(ΔG_{m} 大于零)；曲线 B 表示两组分完全相容；而曲线 C 则表示体系为部分相容，最低点为相分离所形成的两相的组成。曲线 C 的情况对于聚合物共混物更为普遍，也是最复杂，且直接关系到材料的性能。对于部分相容的聚合物共混体系，ΔG_{m}-φ 曲线与温度存在复杂的关系。一般有如下几种类型：①存在最高临界相容温度(UCST)；②存在最低临界相容温度(LCST)；③同时存在 UCST

和 LCST；④表现出多重临界相容温度行为。研究表明，大多数聚合物共混体系仅表现出 LCST 行为,这类体系在低温下具有相容性,高温下发生相分离;而 UCST 行为一般发生在低分子量聚合物的共混或者聚合物溶解等情况下[8]。

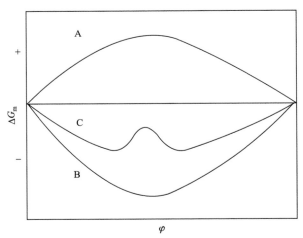

图 8-1　聚合物共混体系的 ΔG_m-φ 曲线

8.1.3 聚合物共混体系的界面及界面效应

不相容或部分相容聚合物共混物中存在两种独立聚合物相之间的区域，称为界面层或过渡区。在界面过渡区发生两相的黏合及聚合物链段的相互扩散，界面层的结构，特别是聚合物之间的黏合强度，对共混物的力学性能、光学性能、流变性、介电性等有决定性影响[9]。

在两相共混体系中，由于分散相颗粒的粒径很小(通常是微米数量级、甚至是纳米数量级)，具有很大的比表面积。相应地，两相的相界面也很大。如此数量值巨大的相界面，可以产生多种效应：①力的传递效应。在共混材料受到外力作用时，相界面起到力的传递效应。比如说：当材料受到外力作用时，作用于连续相的外力会通过相界面传递给分散相；分散相颗粒受力后发生变形，又会通过界面将力传递给连续相。为实现力的传递，要求两相之间具有良好的界面结合。②光学效应。利用两相体系两相界面的光学效应，可以制备出具有光学性能的材料。将 PS 与 PMMA 共混，可以制备出具有珍珠光泽的材料。③诱导效应。相界面还有诱导效应，例如诱导结晶。在某些以结晶聚合物为基体的共混体系中，适当的分散相组分可以通过界面效应产生诱导结晶的作用。通过诱导结晶，可以形成微小的晶体，避免形成较大的球晶，对提高材料的性能具有很重要的作用。此外，还有声学、电学、热学效应等。

不相容或部分相容聚合物共混物的界面既能够提供聚合物之间的应力传递，

又能阻断裂纹的扩展以及在一定的情况下以脱黏和滑动摩擦等形式来吸收承受外力时所产生的破坏能量。研究聚合物多相体系的界面结构、界面的相容性与黏合强度、界面上的残余应力、环境对界面的作用等，对于了解界面对聚合物共混材料的性能的影响规律、通过改善界面来提高材料的性能具有重要的意义。

改善界面相容性可以降低聚合物之间的界面张力，增加共混组分之间的相容性，强化聚合物之间的界面黏结，从而实现聚合物相以更小相区尺寸分散。改善界面相容性的方法有：通过共聚改变聚合物的极性；通过化学改性引入极性基团或反应基团；通过接枝、嵌段共聚-共混改善相容性；加入增容剂进行增容改性；两相之间产生交联，形成物理或化学缠结；形成互穿网络结构(IPN)；改变加工工艺、施加强烈剪切作用等。添加表面活性剂不仅能够降低共混物相界面的界面张力，还可以通过防止相区间毛细管桥的形成阻止相区的粗化，进一步有效地调节相分离结构和尺寸。一般用到的相容剂是嵌段共聚物和反应性相容剂。嵌段共聚物运动到共混物相界面，其存在形态类似表面活性剂稳定油水乳液形成乳液胶束。反应性相容剂通过链末端的基团反应在两相之间形成桥梁而起到增容作用。

随着研究的深入和纳米材料的发展，在聚合物共混体系中加入纳米颗粒，引起了广泛关注。纳米颗粒在聚合物共混物中选择性分布，不仅可以减少纳米颗粒的用量，还可以实现共混物的形态控制，抑制分散相的合并[10,11]。特别重要的是，如果纳米颗粒分布在聚合物界面，还可以起到增容剂的作用[12]。如果在部分相容的聚合物共混体系中引入纳米颗粒，还可能改变共混体系的相分离温度[13,14]。

8.2　Janus 材料

8.2.1　Janus 材料概述

de Gennes[15]于 1991 年的诺贝尔奖颁奖典礼上提出的 Janus 颗粒，是一种表面化学组成不同、各向异性的中心不对称颗粒，Janus 微粒的形貌多种多样[16]，有球形、哑铃形、半草莓形、橡树果形、雪人形以及片状(或称盘状)[17]、棒状[18]、环状[19]等(图 8-2)。

图 8-2　不同形貌的 Janus 颗粒[16]

Janus 纳米颗粒(JNps)是具有明确的空间分区及各向异性特征的特殊复合功能材料,具有类似分子表面活性剂的双亲性以及 Pickering 效应,能够减弱不相容聚合物共混体系中的界面张力[20],具有非常广阔的应用前景。

8.2.2 聚合物刷 Janus 材料的制备

聚合物分子刷 Janus 材料主要有三种类型:一是在具有多支链聚合物的支链上接枝大量由聚合物形成的分子刷;二是在片状等二维结构上接枝聚合物;三是在三维结构如球状、棒状等上面接枝聚合物。接枝的聚合物可以是均聚物,也可以是嵌段或者无规共聚物。

1. grafting to 技术

grafting to 技术是比较传统的制备分子刷的方法,该方法首先制备末端带有官能团的聚合物,然后将基底表面改性使其带有能与聚合物末端官能团反应的官能团,在适当条件下两种基团反应,从而将聚合物分子链接枝到基底表面,形成分子刷。

德国拜罗伊特大学 Müller 教授课题组[21]采用等离子阴离子聚合的方法制备了一个以交联聚丁二烯(PB)为核、一边为 PS 分子刷,另一边为 PMMA 分子刷的 SBM Janus 颗粒[图 8-3(a)]。青岛科技大学贺爱华教授课题组采用接枝改性的方法首次在可反应的雪人状二氧化硅@聚二乙烯基苯(SiO₂@PDVB)Janus 颗粒(约 730 nm)的 SiO₂ 半球接枝聚丁二烯(PBd),在 PDVB 半球接枝聚异戊二烯(PI),制备出 PI-SiO₂@PDVB-PBd JNps[图 8-3(b)][22]。随后采用 SiO₂ 纳米片(长 600 nm,厚 20 nm)为模板,将 PS 或者 PB 和 PI 选择性接枝到 Janus 纳米片的两侧,制备得到了 PS-SiO₂-PI Janus 纳米片[图 8-3(c)][23]、PB-SiO₂-PI Janus 颗粒[24]。清华大学杨振忠教授等[25]采用表面接枝改性的方法将 Janus 纳米片两侧分别接枝丁腈橡胶(NBR)和环氧树脂(EP),得到 EP/NBR Janus 材料。巴西南里奥格兰德联邦大学 Tales S. Daitx 等[26]用 PMMA 毛状共聚物和两种胺类化合物对黏土矿物的八面体和四面体层进行表面接枝改性,制备了高岭土基 Janus 材料[图 8-3(d)]。

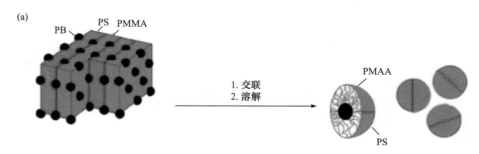

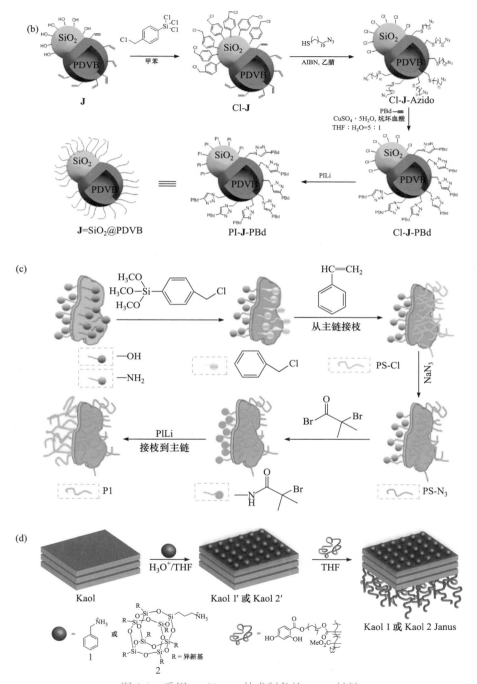

图 8-3　采用 grafting to 技术制备的 Janus 材料

(a) SBM Janus 颗粒[21]；(b) PI-SiO₂@PDVB-PBd JNps[22]；(c) PS-SiO₂-PI Janus 纳米片[23]；(d) 高岭土(Kaol)基 Janus 材料[26]

2. grafting from 技术

grafting from 技术是利用化学反应将基底引入反应性基团，在单体或者单体的溶液中原位引发聚合。这种技术可以很好地控制接枝密度、接枝效率，以及接枝聚合物的分子量，在近些年分子刷制备领域已被大量应用。

Otazaghine 等[27]采用微乳液技术制备出了雪人状 SiO₂@PS 的 Janus 材料。杭州师范大学李勇进教授等将聚(苯乙烯-co-甲基丙烯酸缩水甘油酯)-g-聚甲基丙烯酸甲酯 P((S-co-GMA)-g-MMA)通过简单的熔融混合并入聚乳酸/聚偏二氯乙烯(PLLA/PVDF)共混物中，在熔融过程中，PLLA 链在 P((S-co-GMA)-g-MMA)上的原位接枝导致形成了由 PLLA 和 PMMA 两个半球组成的壳层结构的 Janus 材料(PLLA-PS-PMMA JNps)[图 8-4(a)][28]。然后又将反应性接枝共聚物苯乙烯-甲基丙烯酸缩水甘油酯-甲基丙烯酸甲酯共聚物(RGC)，通过熔融共混加入到 PLLA/PVDF 共混体系中，在熔融共混过程中，RGC 上的环氧基与 PLLA 上的羧基反应，原位制备了一端为 PMMA，另一端为 PLLA 的具有核壳结构的 Janus 纳米胶束(PLLA-PS-PMMA JNps)[图 8-4(b)][29]。随后李勇进教授等[30,31]首先合成了同时具有活性环氧基和长 PMMA 键的纳米二氧化硅(Epoxy-MSiO₂)，通过熔融共混将 Epoxy-MSiO₂ 掺入到 PVDF/PLLA 中，通过羧基化反应将 PLLA 原位接枝到 Epoxy-MSiO₂ 上，得到二氧化硅两个半球均杂化改性的 Janus 颗粒(PLLA-MSiO₂-PMMA JNps)[图 8-4(c)]。

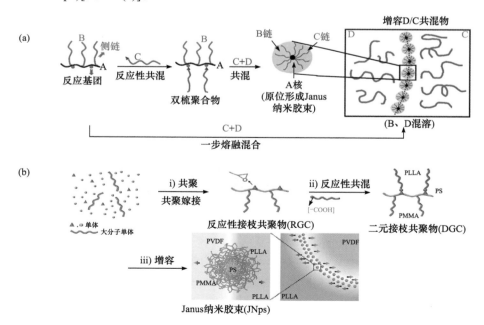

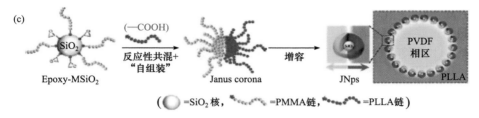

图 8-4　采用 grafting from 技术制备的 Janus 材料

(a) P((S-*co*-GMA)-g-MMA)原位制备 PLLA-PS-PMMA JNps[28]；(b) RGC 原位制备 PLLA-PS-PMMA JNps[29]；
(c) PLLA-MSiO₂-PMMA JNps(corona 原意为"日冕")[30]

8.3　Janus 材料在聚合物共混体系中的应用

Janus 材料作为表面极易功能化的纳米材料在聚合物共混体系中有巨大的吸引力：一方面 Janus 材料可以作为界面增容剂[32,33]使用，将所需功能的聚合物或基团修饰到 Janus 材料的表面，再将其引入到所需共混物中，从而解决多组分共混存在的界面不稳定性和不相容性等问题，最大限度地提高共混物的机械性能；另一方面 Janus 材料作为填料，在剪切场的作用下可以被诱导产生取向，在体系内规则有序排列，最终使得共混物的机械性能得到提高。

8.3.1　界面增容

不相容聚合物共混物是不稳定的，会发生相分离，从而影响共混物的性能。目前最常见的是加入相容剂(嵌段共聚物)。这种方法的主要缺点是：为了界面更稳定，嵌段共聚物的分子量须比较大，使得相容剂向界面处动态迁移的速度相当缓慢；嵌段共聚物自身存在自组装行为，很多情况下不会吸附在界面上，还会分布在相应的相中；嵌段共聚物在高剪切混炼加工过程中链降解，不能发挥作用；嵌段共聚物合成相对困难，通常采用活性聚合方法制备，但常规的活性聚合如活性自由基聚合、活性阴离子聚合、活性阳离子聚合均不能制备高立构规整性嵌段共聚物，嵌段共聚物难以获得[34-37]。

Janus 颗粒在油水两相的界面处稳定存在,将表面活性剂的双亲性和固体颗粒的 Pickering 效应结合在一起[38]，能够降低油水体系界面的表面张力。实验证明：在液-液界面处，Janus 颗粒有更强的表面吸附能力[39]，在微观的固-固界面能够稳定存在并减小相区尺寸，起到界面增容的作用。作为界面增容剂，Janus 颗粒独特的各向异性比均质的纳米颗粒或者是嵌段共聚物具有更强的稳定界面作用，在聚合物共混体系中表现出优异的增容性，实验证明 Janus 材料可以作为不相容聚合物共混物的新型、效果显著的增容剂。

1. 分子模拟增容效果

　　研究人员利用分子模拟和相界面动力学、热力学等方法研究不同形貌、各向异性的 Janus 颗粒在不相容聚合物共混物中的分散及增容作用。

　　中国科学院化学研究所的郭红霞研究员等[40]采用耗散粒子动力学(DPD)模拟了纳米盘状、棒状、球状三种不同形貌的 Janus 颗粒以独特的"站立"[图 8-5(b)、(d)]或"躺着"[图 8-5(c)、(e)]形态在不相容两相 A/B 聚合物共混物中的相形貌和相界面动力学。发现 Janus 颗粒的加入大大降低了 A/B 相的界面张力，可以使界面张力衰减到零，有效抑制两相分离。"站立"的 Janus 颗粒能吸附更多的聚合物，从而起到更好的增容效果。

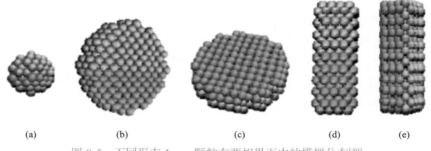

图 8-5　不同形态 Janus 颗粒在两相界面中的模拟分布[40]
(a) Janus 纳米球；(b) (c) Janus 纳米盘；(d) (e) Janus 纳米棒

　　美国特拉华大学 Jayaraman 等[41]通过分子模拟，对不相容聚合物共混体系中使用的不同类型增容剂的表面活性进行了比较，包括双嵌段共聚物接枝的纳米颗粒(DBCGPs)、嵌段共聚物(BCPS)、接枝均聚物的 Janus 颗粒(JGPs)。发现 JGPs 颗粒的两区表面分别接枝了与 A 相和 B 相相亲的化学物质，导致其在共混过程中拥有更强的穿透能力，因此加入 JGPs 的复合材料拥有较低的表面张力，JGPs 颗粒可以直接定位在共混物的界面上，接枝在 Janus 颗粒表面半球上的 A 或 B 的均聚物直接与 A 相或 B 相连接(图 8-6)。

　　Sun 和 Zhou 等[42]也使用 DPD 的方法模拟了棒状 Janus[图 8-7(d)]和传统的表面活性剂、嵌段共聚物、棒状颗粒[图 8-7(a)、(b)、(c)]对不相容 A/B 共混物的增容作用。发现棒状 Janus 颗粒的长度能影响 Janus 颗粒在界面上的取向，从而影响界面熵、焓的竞争关系。长度较短的 Janus 颗粒倾向"站立"在 A-B 界面上，较长的 Janus 倾向于"卧倒"取向。短的刚性 Janus 纳米棒能更好地改善界面性能。

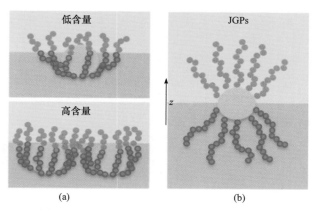

图 8-6 界面处 DBCGPs(a)和 JGPs(b)示意图[41]

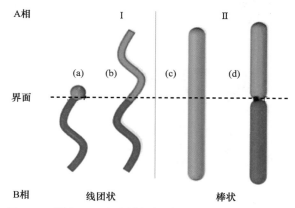

图 8-7 采用 DPD 方法模拟得到的不同增容剂的种类[42]

(a)表面活性剂；(b)嵌段共聚物；(c)同质纳米棒；(d)Janus 纳米棒

2. Janus 颗粒的增容作用

和理论计算的效果一致，实验研究发现 Janus 材料增容不相容共混物的增容效果显著。具有严格分区、以纳米球或者纳米片的形貌存在的含有不同聚合物的分子刷是一种新型的 Janus 材料，Janus 分子刷能分散到与两种分子刷链结构相同或相似的聚合物共混体系的相界面，达到增容目的。

德国拜罗伊特大学 Müller 教授课题组[43,44]把 SBM JNps 应用到 PS/PMMA 共混体系。研究发现：即使是在高温或者高速剪切条件下，Janus 颗粒仍能稳定地存在于两相界面处，有效阻止聚合物相区的聚集；PMMA 相区尺寸随着 Janus 颗粒的增加而不断变小(图 8-8)；改变共混组分的比例与 Janus 颗粒的添加量，可以调控相区结构并最终形成稳定的双连续相结构；之后把该 Janus 颗粒应用于 PPE/SAN(60/40)共混物中[45]，Janus 颗粒作为增容剂分散在 PPE/SAN 的界面上(图 8-9)，具有高界面活性，在发泡成型过程中可以更好地促进成核，诱导产生出高密度、尺寸较小、均匀的泡孔结构。随后研究出在工业级共混设备上将200 g的SBM JNps加入到公斤级别的PPE/SAN共混体系进行增容[46]，发现Janus材料在2 wt%～5 wt%范围内为增容PPE/SAN共混物的最佳比例，当只添加0.5 wt%和1 wt%的Janus颗粒时，由于无法使聚合物界面完全被覆盖，导致两相不能很好地混合。而添加大量的Janus颗粒后，促使聚合物产生更多的界面，最终形成双连续相结构。

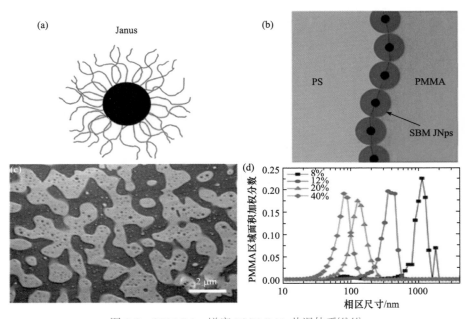

图 8-8　SBM JNps 增容 PS/PMMA 共混体系[43,44]

(a) SBM JNps；(b) SBM JNps 增容 PS/PMMA 共混体系示意图；(c) PS/PMMA/Janus 复合材料的形貌(SBM 含量为 8%)；(d) 不同 SBM Janus 颗粒添加量下的 PMMA 相区尺寸

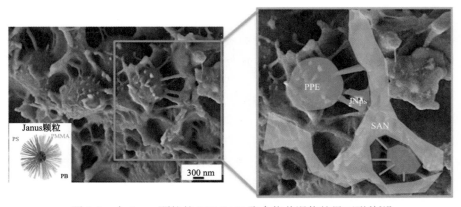

图 8-9　含 Janus 颗粒的 PPE/SAN 聚合物共混物的界面形貌[45]

蒙特利尔大学工学院 Basil D. Favis 课题组[47]研究了具有黏弹性的 PS-PMMA 半球组成的轴对称 Janus 液滴在高密度聚乙烯(HDPE)和 PP 两个主要相以及 PS 和 PMMA 两个小相组成的四元均聚物模型共混体系两相界面的界面活性和自组装行为(图 8-10)，发现该 Janus 材料具有很强的界面活性，可以稳定存在于 HDPE 和 PP 界面上。

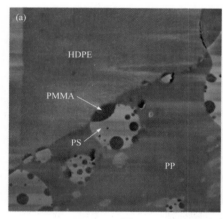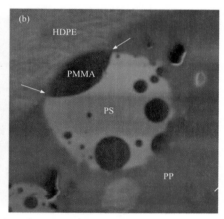

图 8-10　四元聚合物共混物的界面形貌[47]

(a) PE-b-PMMA Janus 材料；(b) 两亲性 PS/PMMA Janus 材料(箭头所指为 HDPE-PP-PMMA-PS 四相接触处)

Otazaghine 等[27]将雪人状的 SiO_2@PS Janus 纳米颗粒(JNps)对聚酰胺-6(PA-6)/ PS 体系进行增容(图 8-11)，在熔融共混过程中，Janus 颗粒因具有双亲结构，会进行选择性分散，自动迁移到 PS/PA6 两相的界面上，使界面张力降低，达到增容的效果。Janus 颗粒的添加量很低(3 份)时，就可以将复合材料的有效界面张力由纯聚合物的 6.5 mN/m 显著降低到 1.5 mN/m。此外，聚合物共混体系的黏度随 Janus 颗粒的增加而增加。

杭州师范大学李勇进教授等[28,29]研究聚合物/聚合物界面上原位形成的 Janus 纳米胶束。研究发现 P((S-co-GMA)-g-MMA) 反应接枝共聚物 (RGCs) 与 PVDF/PLLA 熔融共混，PLLA 接枝到 RGCs 上，原位形成的大量 PLLA-PS-PMMA Janus 纳米胶束位于 PVDF/PLLA 界面，对不相容 PVDF/PLLA 的共混起到了有效的增容作用(图 8-12)。通过控制反应时间，可以制备具有优异机械强度和热力学性能的 PVDF/PLLA(50/50)共混物。增容效果取决于 RGCs 的分子结构、熔融共混的顺序及反应时间、各组分比例及其分子量等。在之后的研究中发现，PLLA-SiO_2-PMMA JNps 表面上的聚合物刷分别与 PVDF 和 PLLA 相亲，稳定存在 PVDF/PLLA 两相界面上，共混过程中缠结形成的 Janus 颗粒与共混组分结合构成非均相杂化网络结构(图 8-13)[30]，达到高效增容的目的；同时松弛的聚合物链受到束缚，从而体系的黏弹性也发生显著变化。

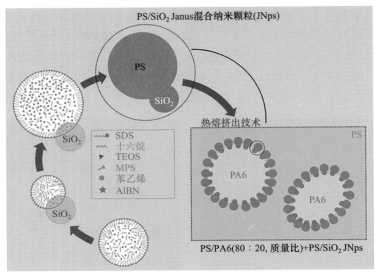

图 8-11　SiO₂@PS 颗粒增容 PS/PA-6 共混体系的示意图[27]

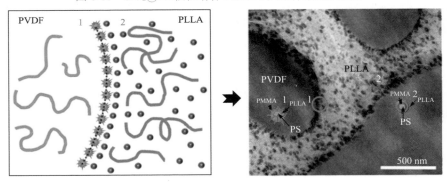

图 8-12　Janus 纳米胶束增容 PLLA/PVDF 共混物的示意图[28]

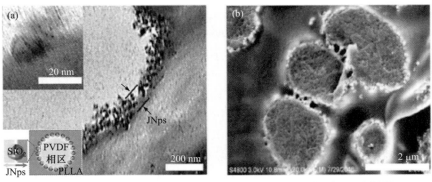

图 8-13　PLLA-SiO₂-PMMA JNps 增容 PVDF/PLLA 共混物的形貌[30]

(a) 3wt% Epoxy-MSiO₂ 添加量下 PDVF/PLLA(50∶50)相界面上的 TEM 图像；(b) 3wt% Epoxy-MSiO₂ 添加量下 PDVF/PLLA(50∶50)共混物的 SEM 图像

　　清华大学杨振忠教授等[48]提出了一种利用不规则的 Janus 纳米片稳定聚合物界面的方法。将 PMMA/环氧树脂 Janus 纳米片作为相容剂应用在 PVDF/PLLA (60∶40)熔融共混物中，发现该 Janus 纳米片优先位于两相界面(图 8-14)。当 Janus 纳米片含量为 0.5 wt%时，界面覆盖达到饱和状态。这种结构经过高温退火后依然保持稳定。

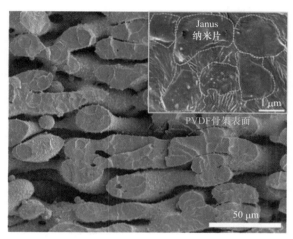

图 8-14　PMMA/环氧树脂 Janus 纳米片增容 PVDF/PLLA 共混物的形貌

　　青岛科技大学贺爱华教授等[22]将接枝改性后的雪人状 PI-SiO₂@PDVB-PBd JNps 加入到 PI/PBd 的聚合物共混体系中，发现雪人状 Janus 颗粒稳定存在于两相界面，并且有效降低了 PI/PBd 共混聚合物的相区尺寸，显著提高了 PBd 和 PI 两相之间的相容性；改变 Janus 颗粒添加量和 PI/PBd 两相组分的比例，实现对共混聚合物相区尺寸与形态的调控，最终制备了稳定的相区尺寸较小的双连续相结构共混物。之后将接枝改性的 PS-SiO₂-PI Janus 纳米片加入到 PS/PI 共混体系[23]，共混体系的增容效果明显(图 8-15)，且共混物的界面黏合力提高。比较发现相比于雪人状 Janus 颗粒，片状 Janus 材料具有更好的增容效果，进一步降低了共混物体系的相区尺寸。

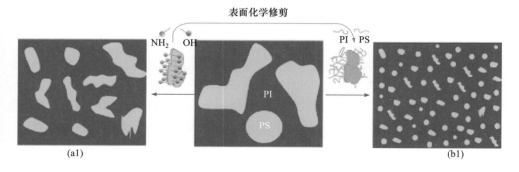

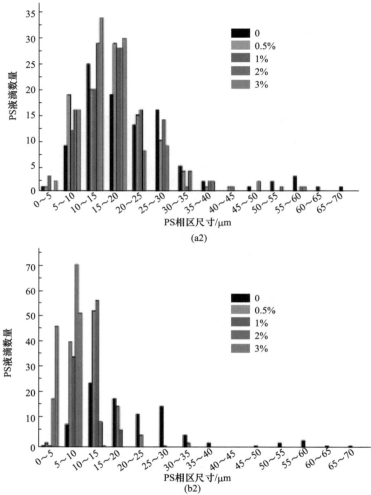

图 8-15　PS-SiO$_2$-PI JNps 对 PS/PI 共混物增容的作用[23]

PS 相的粒径分布图(a2)和(b2)分别与图(a1)和(b1)对应

8.3.2　增强增韧

　　提高聚合物的力学性能是聚合物共混体系最重要的目的之一。其中，韧性是表示材料在塑性变形和断裂过程中吸收能量的能力。材料的韧性，可以用材料形变断裂点时所吸收的能量与体积的比值表示。在聚合物共混体系中，在对不同类型(脆性或者韧性)基体进行增韧改性时，即使同为采用弹性体增韧，其增韧机理也会有很大的差别。在橡胶增韧塑料体系中，若塑料基体为脆性基体，橡胶颗粒主要在塑料基体中诱发银纹；对于有一定韧性的基体，橡胶颗粒则是诱发剪切带。

对于增韧机理的研究，被普遍接受的是"银纹-剪切带"理论、"界面空洞化"理论、橡胶空洞化理论、逾渗理论。银纹-剪切带理论由 Bucknall 等于 20 世纪 70 年代提出。银纹-剪切带理论不仅全面论述了橡胶颗粒的作用，还考虑了塑料基体性能的影响，同时明确了银纹的双重功能：一方面，银纹的产生和发展消耗了大量能量，可提高材料的破裂能；另一方面，银纹又是产生裂纹导致材料破坏的先导。界面空洞化理论和橡胶空洞化理论认为，当聚合物共混体系受到冲击发生断裂时，冲击断口的两侧会出现白化现象，该白化区域会随着裂纹的增长而发展扩大，白化区域内存在"空化空间"。对于聚合物两相体系，这种空化空间可以以两相界面脱离形式存在。两相界面脱离而产生的空洞化，对增韧起着一定的作用。

对于塑料增韧体系，银纹、剪切带或空洞化(界面空洞化或橡胶颗粒内空洞化)的形成，都有利于耗散能量。橡胶颗粒内空洞化可以诱发银纹-剪切带的形成。不同体系的能量耗散途径可能有所不同，不同的能量耗散途径也可以共存。

对于纳米材料增韧增强聚合物共混体系的原理，大多数人认为纳米颗粒是由数目较少的原子或分子组成的原子群或分子群，其表面原子是既无长程有序又无短程有序的非晶层，而在颗粒心部存在着结晶完好、周期排布的原子，使得纳米颗粒具有多种效应(小尺寸效应/表面效应/量子尺寸效应等)。纳米颗粒进入高分子聚合物内，与分子链之间有较强的范德瓦耳斯力作用，使基体的应力集中发生了改变(如界面键断开，使应力软化；颗粒钝化微裂纹的扩张；颗粒成晶核，使材料结晶超细化等)。

福建师范大学陈钦慧等[49]用三乙烯四胺(TETA)对球形 SiO$_2$@PDVB Janus 颗粒(JPs)进行改性，将改性后的各向异性的 Janus 材料应用于丙烯酸树脂(AR)/环氧树脂(EP)复合材料的增容剂。接枝到 SiO$_2$ 半球上的 TETA 可以与 EP 的环氧基发生反应，导致 TETA-SiO$_2$ 相嵌入 EP 相，PDVB 半球进入 AR 相。TETA-SiO$_2$@PDVB JPs 固定在 AR/EP 的界面上，增加了二者的界面附着力，减少了相区的尺寸和分布，提高了 AR/EP 复合材料的相容性。除此之外，因为 TETA-SiO$_2$@PDVB JPs 的解吸能高于 TETA-SiO$_2$，AR/EP/JPs 复合材料的玻璃化转变温度(T_g)高于 AR/EP/SiO$_2$ 纳米粒子(NPs)复合材料。较强的界面附着力和高解吸能使 TETA-SiO$_2$@PDVB JPs 具有增韧和增强效果。加入 JPs 的复合材料的冲击强度和拉伸强度分别为 16.03 kJ/m^2 和 63.12 MPa，比 AR/EP 复合材料高 9.91 kJ/m^2 和 16.32 MPa (图 8-16)。

Volker Altstädt 等[50]研究了 Janus 颗粒对聚(2,6-二甲基-1,4-亚苯基醚)/聚(苯乙烯-丙烯腈共聚物) (PPE/SAN)不相容共混体系疲劳和裂纹扩展的影响，Janus 颗粒在界面上起着重要的作用，调节着界面之间的相互作用，提高了聚合物共混体系的硬度和弹性。

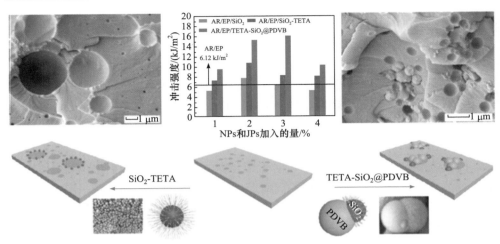

图 8-16　　Janus 颗粒 SiO₂@PDVB 的改性以及增强增韧[49]

巴西南里奥格兰德联邦大学 Tales S. Daitx 等[26]用 PMMA 毛状共聚物和两种胺类化合物对黏土矿物的八面体和四面体层进行改性,制备了高岭土(Kaol)基 Janus 材料,将其加入到 PMMA/PS 聚合物共混体系中,发现加入 Janus 材料后,聚合物共混体系的储能模量、杨氏模量和断裂应变分别提高了 50%、35%和 70%。不同种类的 Janus 材料应用在 PS/PMMA 聚合物共混体系中,形成了一种增强型材料(图 8-17)。

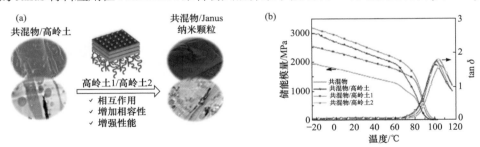

混合物	T_g/℃	20℃弹性模量/MPa	断裂伸长率/%	拉伸强度/MPa	杨氏模量/MPa
PS	113	967	—	—	—
PMMA	121	1183	—	—	—
共混物	101	1599	0.71±0.05	7.9±0.9	1070±70
共混物/高岭土	100	2417	0.73±0.06	9.8±0.7	1310±50
共混物/高岭土1	103	2124	0.79±0.07	9.6±0.9	1230±30
共混物/高岭土2	105	2631	1.13±0.03	13.6±0.4	1470±70

图 8-17　高岭土基 Janus 材料增强增韧 PMMA/PS 共混体系[26]

(a) 高岭土基 Janus 材料在 PMMA/PS 共混体系界面; (b) PMMA/PS 共混体系、共混物/高岭土、共混物/高岭土 1 和共混物/高岭土 2 的 DMA 曲线; (c) 高岭土和 Janus 纳米颗粒共混物的热机械性能清华大学杨振忠教授等[25]将环氧树脂(EP)及丁腈橡胶(NBR)接枝改性的 SiO₂基 Janus 纳米片(EP/NBR JNs)加入到液态丁腈橡胶(LNBR)/EP 共混体系中，研究发现：EP/NBR JNs 作为一种反应性强相容剂，能同时提高橡胶共混物的强韧性。SiO₂基 Janus 纳米片(JNs)在共混交联后共价结合在 LNBR/EP 界面上，能够有效地传递两相间的应力。在相同的橡胶含量下存在一个最佳的 JNs 含量，使共混物的强度和韧性都达到最佳(图 8-18)。有 EP/NBR JNs 存在的聚合物共混体系中，受到外力作用时，应力可以更容易地在 EP 相和 LNBR 相之间互相传递，脆性较强的 EP 发生剪切屈服，使裂纹尖端、相互连接处和裂纹上产生钝化而吸收能量，能够提高聚合物共混体系的韧性与强度。

青岛科技大学贺爱华教授团队[24]将改性的 PBd-SiO₂-PI Janus 纳米片与溶聚丁苯橡胶/天然橡胶(SSBR/NR)共混后发现，共混体系双连续相相区尺寸明显下降。由于二氧化硅纳米片自身的补强性作用、聚合物刷对橡胶相容性的改善性作用以及聚合物刷与橡胶基体之间的共硫化作用，分布在两相界面的 Janus 纳米片不仅大幅改善了 SSBR 和 NR 的相容性，而且提高了二元橡胶的力学强度，在低添加浓度条件下，可同时实现橡胶共混材料的增强与增韧(图 8-19)。

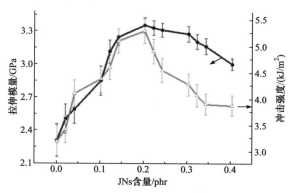

图 8-18　体系中 Janus 纳米片含量对橡胶共混物冲击强度、拉伸模量的影响[25]

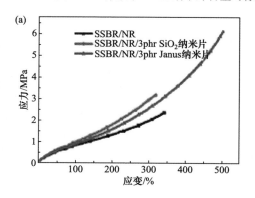

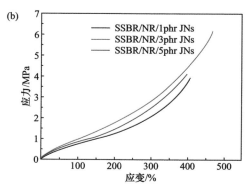

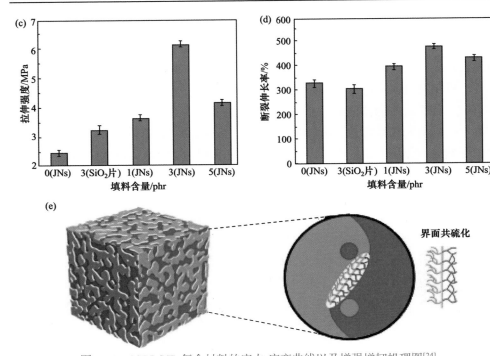

图 8-19　SSBR/NR 复合材料的应力-应变曲线以及增强增韧机理图[24]

(a) 不同种类纳米片的 SSBR/NR 复合材料的应力-应变曲线；(b) 不同浓度 Janus 纳米片的 SSBR/NR 复合材料的应
力-应变曲线；(c，d) 不同含量 Janus 纳米片的 SSBR/NR 复合材料拉伸强度和断裂伸长率；(e) Janus 纳米片改性
SSBR/NR 复合材料的机理示意图

8.4　小结与展望

聚合物共混体系中加入填料是改善聚合物性能的一种常用方法，通过添加不同的填料，可以提升复合材料的力学性能和热性能。近几年，在聚合物共混体系中引入纳米颗粒吸引了很多研究者的兴趣。纳米颗粒的选择性分布特别是选择性分布在聚合物界面，不仅可以减少纳米颗粒的用量，还可以起到增容剂的作用，控制共混体系的形态，抑制分散相的合并。而且，如果纳米颗粒分布在聚合物界面的话，还可以起到增容剂的作用。

Janus 颗粒是集不同化学组分/性质于一体，在功能/结构上严格分区的各向异性材料。Janus 颗粒表面具有不同的化学基团，为设计复杂的多功能性材料提供了基础。

迄今，两亲性嵌段共聚物、固体纳米颗粒和 Janus 材料均被广泛用于聚合物共混体系的增容改性，以增强两相之间的界面黏结，提高其力学性能。在聚合物共混物中，当增容剂对体系的热熔和熵值均有贡献时，可大幅度地降低体系自由能，使增容效果达到最佳。然而，两亲性嵌段共聚物的增容主要依靠熔值的贡献，均质固体颗粒难以平衡与两相间的作用力，若焓值贡献不太理想，只有在高浓度填充时，才会有较明显的填充效果。相比较而言，Janus 颗粒表现出更高的表面活性，可以满足颗粒与各组分之间的界面张力小于纯聚合物共混物之间的界面张力的要求，使得颗粒可以稳定地吸附在聚合物界面上。Janus 颗粒作为各向异性材料，兼具双亲性和 Pickering 效应，表面极易功能化。它独特的双亲性使其在界面上有很强的吸附力，能够降低聚合物间的界面张力，使不相容聚合物紧密连接起来，同时还可以调控聚合物的微观形态，使分散相良好地分散。相比均质的纳米颗粒或嵌段共聚物具有更强的界面稳定作用，在聚合物共混体系中表现出优异的增容性能。

　　Janus 材料作为一种纳米填料应用于聚合物共混体系中，在剪切场的作用下可以被诱导产生取向，并在体系内规则有序排列，增强共混物的机械性能。

参 考 文 献

[1] Paul D R, Barlow J W. Polymer blends[J]. Journal of Macromolecular Science-Reviews in Macromolecular Chemistry, 1980, 18(1): 109-168.

[2] 保罗 D R, 巴克纳尔 C B. 聚合物共混物: 组成与性能. 上卷[M]. 殷敬华, 等译. 北京: 科学出版社, 2004.

[3] 赵孝彬, 杜磊, 张小平, 等. 聚合物共混物的相容性及相分离[J]. 高分子通报, 2001, (4): 75-80.

[4] 吴培熙, 张留城. 聚合物共混改性原理及工艺[M]. 北京: 轻工业出版社, 1984.

[5] 王国全. 聚合物共混改性原理与应用[M]. 北京: 轻工业出版社, 2007.

[6] 刘凤岐, 汤心颐. 高分子物理[M]. 北京: 高等教育出版社, 1995.

[7] 卓启疆. 聚合物自由体积[M]. 成都: 成都科技大学出版社, 1987.

[8] McMaster L P. Aspects of polymer-polymer thermodynamics[J]. Macromolecules, 1973, 6(5): 760-773.

[9] 傅强. 聚烯烃注射成型——形态控制与性能[M]. 北京: 科学出版社, 2007.

[10] Lee S H, Kontopoulou M, Park C B. Effect of nanosilica on the co-continuous morphology of polypropylene/polyolefin elastomer blends[J]. Polymer, 2010, 51(5): 1147-1155.

[11] Bose S, Ozdilek C, Leys J, et al. Phase separation as a tool to control dispersion of multiwall carbon nanotubes in polymeric blends[J]. ACS Applied Materials & Interfaces, 2010, 2(3): 800-807.

[12] Kwon T, Kim T, Ali F B, et al. Size-controlled polymer-coated nanoparticles as efficient compatibilizers for polymer blends[J]. Macromolecules, 2011, 44(24): 9852-9862.

[13] Vleminckx G, Bose S, Leys J, et al. Effect of thermally reduced graphene sheets on the phase behavior, morphology, and electrical conductivity in poly [(α-methyl styrene)-co-(acrylonitrile)/poly(methyl-methacrylate)blends[J]. ACS Applied Materials & Interfaces, 2011, 3(8): 3172-3180.

[14] Lipatov Y S, Nesterov A E, Ignatova T D, et al. Effect of polymer-filler surface interactions on the phase separation in polymer blends[J]. Polymer, 2002, 43(3): 875-880.

[15] de Gennes P G. Soft matter[J]. Reviews of Modern Physics, 1992, 64(3): 645-648.

[16] Walther A, Muller A H E. Janus particles: synthesis, self-assembly, physical properties, and applications[J]. Chemical Reviews, 2013, 113(7): 5194-5261.

[17] Liang F, Shen K, Qu X, et al. Inorganic Janus nanosheets[J]. Angewandte Chemie International Edition, 2011, 123(10): 2427-2430.

[18] Walther A, Drechsler M, Rosenfeldt S, et al. Self-assembly of Janus cylinders into hierarchical superstructures[J]. Journal of the American Chemical Society, 2009, 131(13): 4720-4728.

[19] Zhou Q, Li J, Zhang C, et al. Janus composite nanorings by combinational template synthesis and skiving micro-process[J]. Polymer, 2010, 51(16): 3606-3611.

[20] Tu F, Park B J, Lee D. Thermodynamically stable emulsions using Janus dumbbells as colloid surfactants[J]. Langmuir, 2013, 29(41): 12679-12687.

[21] Böker A, Zettl H, Kaya H, et al. Janus Micelles[J]. Macromolecules, 2001, 34: 1069.

[22] Nie H, Zhang C, Liu Y, et al. Synthesis of Janus rubber hybrid particles and interfacial behavior[J]. Macromolecules, 2016, 49(6): 2238-2244.

[23] Nie H, Liang X, He A. Enthalpy-enhanced Janus nanosheets for trapping nonequilibrium morphology of immiscible polymer blends[J]. Macromolecules, 2018, 51(7): 2615-2620.

[24] Han X, Liang X, Cai L, et al. Amphiphilic Janus nanosheets by grafting reactive rubber brushes for reinforced rubber materials[J]. Polymer Chemistry, 2019, 10(38): 5184-5190.

[25] Hou Y, Zhang G, Tang X, et al. Janus nanosheets synchronously strengthen and toughen polymer blends[J]. Macromolecules, 2019, 52(10): 3863-3868.

[26] Daitx T S, Jacoby C G, Ferreira C I, et al. Kaolinite-based Janus nanoparticles as a compatibilizing agent in polymer blends[J]. Applied Clay Science, 2019, 182: 105291.

[27] Parpaite T, Otazaghine B, Caro A S, et al. Janus hybrid silica/polymer nanoparticles as effective compatibilizing agents for polystyrene/polyamide-6 melted blends[J]. Polymer, 2016, 90: 34-44.

[28] Wang H, Dong W, Li Y. Compatibilization of immiscible polymer blends using *in situ* formed Janus nanomicelles by reactive blending[J]. ACS Macro Letters, 2015, 4(12): 1398-1403.

[29] Wang H, Fu Z, Dong W, et al. Formation of interfacial Janus nanomicelles by reactive blending and their compatibilization effects on immiscible polymer blends[J]. The Journal of Physical Chemistry B, 2016, 120(34): 9240-9252.

[30] Wang H, Fu Z, Zhao X, et al. Reactive nanoparticles compatibilized immiscible polymer blends: synthesis of reactive SiO_2 with long poly (methyl methacrylate) chains and the *in situ* formation of janus SiO_2 nanoparticles anchored exclusively at the interface[J]. ACS Applied Materials & Interfaces, 2017, 9(16): 14358-14370.

[31] Wang H, Yang X, Fu Z, et al. Rheology of nanosilica-compatibilized immiscible polymer blends: formation of a "Heterogeneous Network" facilitated by interfacially anchored hybrid nanosilica[J]. Macromolecules, 2017, 50(23): 9494-9506.

[32] Yang Q Y, Loos K. Janus nanoparticles inside polymeric materials: interfacial arrangement toward functional hybrid materials[J]. Polymer Chemistry, 2017, 8(4): 641-654.

[33] Han D, Wen T J, Han G, et al. Synthesis of Janus POSS star polymer and exploring its compatibilization behavior for PLLA/PCL polymer blends[J]. Polymer, 2018, 136: 84-91.

[34] Adedeji A, Lyu S, Macosko C W. Block copolymers in homopolymer blends: interface vs micelles[J]. Macromolecules, 2001, 34: 8663-8668.

[35] Noolandi J, Hong K M. Interfacial properties of immiscible homopolymer blends in the

presence of block copolymers[J]. Macromolecules, 1982, 15: 492-500.

[36] Lyu S, Jones T D, Bates F S, et al. Role of block copolymers on suppression of droplet coalescence[J]. Macromolecules, 2002, 35: 7845-7855.

[37] Zhao H, Huang B. Compatibilization of blends of polybutadiene and poly (methyl methacrylate) with poly (butadiene-block-methyl methacrylate)[J]. Journal of Polymer Science Part B: Polymer Physics, 1998, 36(1): 85-93.

[38] Walther A, Hoffmann M, Müller A H E. Emulsion polymerization using Janus particles as stabilizers[J]. Angewandte Chemie International Edition , 2008, 120(4): 723-726.

[39] Nonomura Y, Komura S, Tsujii K. Adsorption of disk-shaped janus beads at liquid-liquid interfaces[J]. Langmuir , 2004, 20: 11821-11823.

[40] Huang M, Guo H. The intriguing ordering and compatibilizing performance of Janus nanoparticles with various shapes and different dividing surface designs in immiscible polymer blends[J]. Soft Matter, 2013, 9(30): 7356-7368.

[41] Estridge C E, Jayaraman A. Diblock copolymer grafted particles as compatibilizers for immiscible binary homopolymer blends[J]. ACS Macro Letters, 2015, 4(2): 155-159.

[42] Zhou C, Luo S, Sun Y, et al. Dissipative particle dynamics studies on the interfacial tension of A/B homopolymer blends and the effect of Janus nanorods[J]. Journal of Applied Polymer Science, 2016, 133(41): 44098.

[43] Walther A, Matussek K, Müller A H E. Engineering nanostructured polymer blends with controlled nanoparticle location using Janus particles[J]. ACS Nano, 2008, 2(6): 1167-1178.

[44] Bärwinkel S, Bahrami R, Löbling T I, et al. Polymer foams made of immiscible polymer blends compatibilized by Janus particles: effect of compatibilization on foam morphology[J]. Advanced Engineering Materials, 2016, 18(5): 814-825.

[45] Bryson K C, Löbling T I, Müller A H E, et al. Using Janus nanoparticles to trap polymer blend morphologies during solvent-evaporation-induced demixing[J]. Macromolecules, 2015, 48(12): 4220-4227.

[46] Bahrami R, Löbling T I, Gröschel A H, et al. The impact of Janus nanoparticles on the compatibilization of immiscible polymer blends under technologically relevant conditions[J]. ACS Nano, 2014, 8(10): 10048-10056.

[47] Virgilio N, Favis B D. Self-assembly of Janus composite droplets at the interface in quaternary immiscible polymer blends[J]. Macromolecules, 2011, 44(15): 5850-5856.

[48] Guan J P, Gui H G, Zheng Y Y, et al. Stabilizing polymeric interface by Janus nanosheet[J]. Macromolecular Rapid Communications, 2020, 41: 2000392.

[49] Cheng W, Xu Z, Chen S, et al. Compatibilization behavior of double spherical TETA-SiO$_2$@PDVB Janus particles anchored at the phase interface of acrylic resin/epoxy resin (AR/EP) polymer blends[J]. ACS Omega, 2019, 4(18): 17607-17614.

[50] Bahrami R, Löbling T I, Schmalz H, et al. Synergistic effects of Janus particles and triblock terpolymers on toughness of immiscible polymer blends[J]. Polymer, 2017, 109: 229-237.

（贺爱华，魏书斐）

第9章　Janus 胶体的乳液界面组装及其应用

9.1　引　　言

Janus 颗粒是指具有不同物理化学性质的非中心对称的固体颗粒,是一种新型的微纳米尺寸的胶体颗粒,结构和组成的多样性使其具有丰富的功能性,近年来受到了诸多领域研究者的广泛关注。这种 Janus 颗粒表面性质的不对称性使其具有良好的双亲性,被认为是一种固体表面活性剂,不仅具有表面活性剂分子的亲水、亲油等特性,而且具有纳米材料的量子效应等独特的性质,这些使得 Janus 颗粒在光学、电学、催化、能源、环境、生物等领域具有广阔的应用前景。最典型的一个例子是 Janus 颗粒的自组装行为,良好的双亲性使其极易组装到液-液界面上,形成热动力学稳定的 Pickering 乳液(固体颗粒稳定的乳液被称为 Pickering 乳液)。表面活性剂分子以密堆积的方式高度有序组装在多相界面(液-液、气-液、固-液等)上,Janus 颗粒截然不同且可连续调控的表面性质使其界面组装行为更复杂,复杂的界面组装行为为其多元化的应用提供了基础。因此,Janus 颗粒的界面组装是胶体与界面化学、物理化学、材料化学等学科的交叉研究。

尽管研究 Janus 颗粒界面组装的历史只有不到十年,但是它们独特的组装行为以及性质吸引了许多来自不同领域的科研工作者,经过不懈的努力已经取得了丰硕的成果。本章将总结 Janus 胶体在液-液界面或气-液界面上组装等方面的研究成果,归纳研究界面组装行为和界面组装机理的方法,并讨论其在功能材料制备、催化等领域中的应用,最后简要指出 Janus 胶体界面组装发展过程中存在的一些问题及最新进展情况。愿本章节能给有志于 Janus 胶体界面组装的研究者以启迪,促进此项科学研究的发展。

9.2　界面自组装

表面活性剂分子因其独特的两亲性,在水中可以自发地组装形成多种多样的纳米结构,如胶束、囊泡等,在液-液界面或气-液界面可以形成有序的组装体,形成微乳液或气泡。Janus 胶体颗粒具有表面活性剂分子类似的结构,非常容易组装在液-液界面或气-液界面,因此,Janus 胶体颗粒往往被应用于形成 Pickering

乳液。更重要的是，Janus 胶体颗粒具有物理化学性质截然不同的多重组分，这使得它们具有比传统固体纳米颗粒更高的界面活性，能更有效地降低油-水界面张力；同时，Janus 胶体颗粒独特的双亲性使得其在液-液界面上具有非常强的黏附力，使其界面脱附能要远远高于传统固体纳米颗粒，这些因素使 Janus 胶体颗粒稳定的 Pickering 乳液同时兼具动力学稳定性和热力学稳定性。因此，使用 Janus 胶体颗粒作为乳化剂得到的乳液具有长期的稳定性，要远远好于表面活性剂分子和传统固体纳米颗粒，这是由 Janus 胶体颗粒在液-液界面上具有优良的组装能力所决定的。

表面活性剂分子在液/气-液界面上往往以密堆积的方式组装形成一层或两层分子膜，其组装行为在很大程度上取决于表面活性剂的分子结构及其亲水-亲油平衡(HLB)，而 Janus 胶体颗粒在液/气-液界面上的组装行为有所不同，诺贝尔奖获得者 de Gennes 指出[1]，尽管与表面活性剂分子的双亲性类似，但是 Janus 胶体颗粒在液/气-液界面上组装后，颗粒与颗粒之间存在非常大的缝隙，并且该缝隙与 Janus 胶体颗粒的形状、大小、表面性质等息息相关。显而易见，这种缝隙非常有利于两相间的物质交换和化学反应，这使得 Janus 胶体颗粒的实际应用非常有希望。深入分析单个颗粒的界面组装行为非常的重要，能够为理解 Pickering 乳液的形成提供分子层次的视野。Janus 胶体颗粒的界面组装行为一般被认为是亲水部分位于水相，而疏水部分位于油相，但是颗粒的 Janus 界面(亲水部分和疏水部分的交界线)不一定完全是平行于油-水界面(图 9-1)[2]，取决于固体颗粒与液体的界面能和液体与液体的界面能，而这些参数都直接关联于 Janus 胶体颗粒的几何结构、体积比以及表面性质等。因此，不同的 Janus 胶体颗粒具有完全不同的界面组装行为。

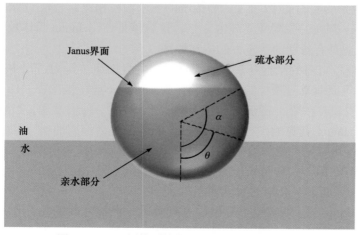

图 9-1　Janus 固体颗粒在油-水界面的几何结构[2]

α代表 Janus 界面的角度范围；θ代表 Janus 颗粒与油-水界面的角度

9.2.1 球形 Janus 胶粒的界面组装

　　球形 Janus 胶体颗粒是最简单也是最典型的模型，研究其界面组装行为可以为理解其他形状或结构 Janus 胶体颗粒的界面组装行为提供一定的视野。Casagrande 等研究了一半疏水一半亲水的 Janus 纳米球在油-水界面上的组装行为[3]，他们发现在这种情况下，Janus 界面与油-水界面完全重合，这是由固体颗粒与液体的界面能($E_{S/L}$)和液体与液体的界面能($E_{L/L}$)最低所导致的。同时，他们指出，对于传统的固体颗粒而言，$E_{S/L}$ 和 $E_{L/L}$ 的变化趋势是完全相反的，当 $E_{S/L}$ 最小时，$E_{L/L}$ 最大，而对于 Janus 固体颗粒而言，$E_{S/L}$ 和 $E_{L/L}$ 的变化趋势是一致的，因此调控 $E_{S/L}$ 和 $E_{L/L}$ 可以很容易使体系的能量最低。随后，Ondarçuhu 等在理论上通过计算体系的总表面自由能[4]，研究了不同比例亲水/疏水区域的 Janus 纳米球在油-水界面上的组装行为，他们指出，体系的总表面自由能可以用如下公式表示：

$$E(\theta) = E_A(\theta) = 2\pi R^2 \left[\gamma_{A/O}(1+\cos\alpha) + \gamma_{P/O}(\cos\theta - \cos\alpha) \right.$$
$$\left. + \gamma_{P/W}(1-\cos\theta) - \frac{1}{2}\gamma_{O/W}(\sin^2\theta) \right], \theta \leqslant \alpha \tag{9-1}$$

$$E(\theta) = E_P(\theta) = 2\pi R^2 \left[\gamma_{A/O}(1+\cos\theta) + \gamma_{A/W}(\cos\alpha - \cos\theta) \right.$$
$$\left. + \gamma_{P/W}(1-\cos\alpha) - \frac{1}{2}\gamma_{O/W}(\sin^2\theta) \right], \theta > \alpha \tag{9-2}$$

式中，R 为固体颗粒半径；$\gamma_{i/j}$ 为相 i 和相 j 的界面张力。通过计算发现，对于具有任意比例亲水/疏水区域的 Janus 纳米球而言，如图 9-2 所示，纳米球的 Janus 界面总是与油-水界面重合时，体系的表面自由能最低。同时，他们计算了颗粒从油-水界面脱附的脱附能(图 9-3)，与传统的纳米颗粒相比，亲水/疏水区域比例为 1∶1 的 Janus 颗粒的脱附能要高出 3 倍，这应该是使用 Janus 胶体颗粒作为乳化剂得到的乳液具有长期的稳定性的内在原因。

　　Janus 颗粒自身的结构与表面性质在导向其界面组装行为过程中扮演了重要的角色，而界面曲率对颗粒的界面组装行为的影响不应该被忽视。Hirose 等研究了 Janus 胶体颗粒在弯曲的液-液界面上的吸附行为[5]，他们发现，当液-液界面的曲率半径与 Janus 颗粒的半径相当时，Janus 界面将会偏离油-水界面，这主要是因为当 Janus 颗粒位于弯曲液-液界面时会承受相当高的拉普拉斯压力。他们进一步的研究表明，由于拉普拉斯压力引起的体积能量，液-液界面在一定的曲率范围之内，Janus 界面都将会与油-水界面完全重合。

　　另外，Janus 胶体颗粒组装在液-液界面后，颗粒之间的相互作用也会进一步影响其界面组装行为。Park 等详细地比较了 Janus 胶体颗粒与传统纳米颗粒在界面上组装行为的差异[6]，如图 9-4 所示，传统纳米颗粒形成了一种长程有序的六方阵列，而 Janus 胶体颗粒形成了不规则聚集体，并且传统纳米颗粒之间的距离要大于 Janus 胶体颗粒的间距，这说明 Janus 胶体颗粒之间具有独特的相互作用。通过分析颗粒的运动轨迹，测得 Janus 颗粒之间的相互作用能约为 $106k_BT$，并且随着颗粒之间距离的变化而变化，根据这一结果，Janus 颗粒之间的强相互作用很有可能源自毛细作用，是由颗粒表面三相接触线的波动引起的[图 9-4(c)]。

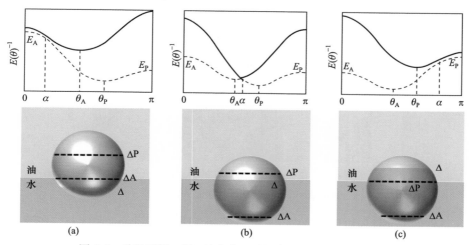

图 9-2　总界面能 E 随 θ 的变化以及相应平衡位置的示意图[4]

有三种可能性：(a)$\alpha<\theta_A<\theta_P$；(b)$\theta_A<\alpha<\theta_P$；(c)$\theta_A<\theta_P<\alpha$。Δ表示 Janus 颗粒极性区域与非极性区域的分界线，ΔA 为 $\alpha=\theta_A$ 时的分界线，ΔP 为 $\alpha=\theta_P$ 时的分界线

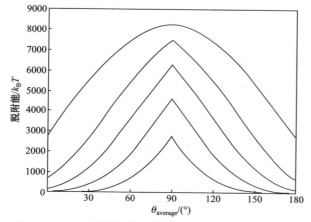

图 9-3　Janus 颗粒的界面脱附能随颗粒接触角的变化[2]

曲线从下到上分别为 $\Delta\theta$[即 $(\theta_P-\theta_A)/2$] 为 0°、20°、40°、60°和 90°时的脱附能

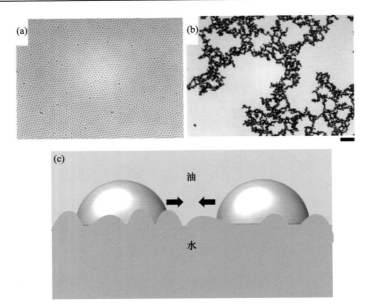

图 9-4　(a，b)聚苯乙烯颗粒(PS)和 Janus 型 Au&PS 的界面组装行为(标尺是 100 μm)；(c)颗粒
表面三相接触线的波动引起的 Janus 颗粒的相互作用[6]

　　特殊的表面性质可以赋予颗粒之间强的相互作用，让 Janus 胶体颗粒在液-液界面上以一定的倾转角排布。Adams 等利用选择性沉积金属的方法[7]，成功地将 Au 选择性地沉积在氧化硅球的部分表面，制备了球形 Janus 结构 Au&SiO₂[图 9-5(a)]，其表面一半是疏水的 Au，另一半是亲水的氧化硅，这种结构赋予材料优良的界面活性，使其极易组装在气-液界面和液-液界面上。然而，Au&SiO₂ 在界面上的组

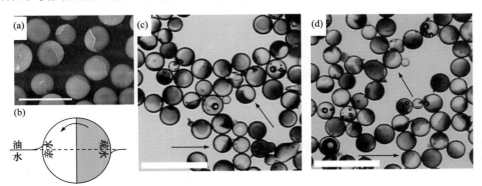

图 9-5　(a)Janus 结构 Au&SiO₂ 的 SEM 照片(标尺为 50 μm)；(b)简化 Janus 颗粒垂直于水-油界面的原理图；Janus 颗粒在(c)空气-水和(d)水-十二烷界面的光学图像(标尺为 100 μm)，箭头所指为垂直于界面的颗粒[7]

装是任意的，少数颗粒的 Janus 界面平行于油-水界面，对于大部分颗粒而言，其 Janus 界面并非平行于油-水界面，疏水 Au 表面和亲水氧化硅表面都是部分处于油相部分处于水相[图 9-5(b)]。作者指出，当将 Au 沉积在氧化硅球的部分表面时，Au 的沉积是不均匀的，有的地方比较厚，有的地方比较薄，这种粗糙的表面使得颗粒间具有强烈的偶极相互作用，进一步影响颗粒在油-水界面上的组装行为。

9.2.2　哑铃形 Janus 胶粒的界面组装

哑铃形 Janus 胶体颗粒也是一种典型的 Janus 结构，是被最先报道的结构之一，这种颗粒不仅在形状上具有各向异性，而且在表面性质上也具有各向异性，这使得哑铃形 Janus 胶体颗粒的界面组装行为更为复杂。如 2.1 中所述，表面性质上的各向异性在绝大多数情况下往往导致颗粒的 Janus 界面与油-水界面重合，而形状上的各向异性的情况正好相反，往往导致 Janus 界面以一定的倾转角排布在油-水界面上。这两种相反的影响因素使得哑铃形 Janus 胶体颗粒在液-液界面上的排布更加复杂。

Lee 等在理论上详细地研究了哑铃形 Janus 胶体颗粒的界面行为(图 9-6)，他们提出了黏附能的概念[8]，并对 Janus 颗粒在界面的黏附能与颗粒界面排布的倾转角构建了如下关系：

水相：$$\Delta E_{\mathrm{IW}} = \gamma_{\mathrm{O/W}}\left(S_{\mathrm{A/O}}\cos\theta_{\mathrm{A}} + S_{\mathrm{P/O}}\cos\theta_{\mathrm{P}} - S_1\right) \tag{9-3}$$

油相：$$\Delta E_{\mathrm{IO}} = -\gamma_{\mathrm{O/W}}\left(S_{\mathrm{A/W}}\cos\theta_{\mathrm{A}} + S_{\mathrm{P/W}}\cos\theta_{\mathrm{P}} + S_1\right) \tag{9-4}$$

式中，$\gamma_{\mathrm{O/W}}$ 为界面张力；$S_{\mathrm{i/j}}$ 为颗粒亲水区域或疏水区域分别与水相或油相的接触面积；θ 为三相接触角；A 为颗粒的疏水部分；P 为颗粒的亲水部分；W 为水相；O 为油相。

通过计算黏附能的变化，作者发现对于球形 Janus 颗粒而言，$S_{\mathrm{A/O}}$ 和 $S_{\mathrm{P/W}}$ 是最大的，进而其黏附能是最小的，因此球形 Janus 颗粒的 Janus 界面与油-水界面重合。然而对于具有均匀表面性质的椭圆体和圆柱体而言，情况正好相反，当它们平躺组装在油-水界面时，黏附能是最小的。对于哑铃形 Janus 颗粒而言，这两种相反的因素相互竞争以确定颗粒最后的界面排布方式。

为了进一步理解几何结构和表面性质对颗粒的界面行为的影响，作者分别计算了具有不同长宽比(AR)颗粒的黏附能与倾转角的变化，以及具有不同浸润性差异(颗粒亲水区域与疏水区域间浸润性的差值，β)颗粒的黏附能与倾转角的变化，如图 9-7 所示，当长宽比接近 1 或浸润性差值 β 非常大时，颗粒垂直排布在油-水界面；当长宽比非常大或浸润性差值 β 非常小时，颗粒倾向于以一定的倾转角排布在油-水界面。这表明对于任何一个 Janus 胶体颗粒而言，越接近球形，两端浸润性差值越大，颗粒的 Janus 界面越容易与油-水界面重合。反之，则以一定的倾转角组装在油-水界面上。

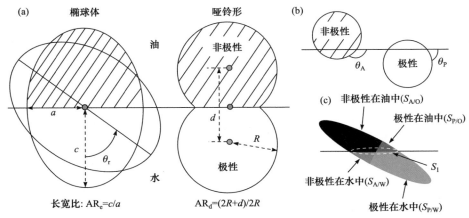

图 9-6　(a)非球形 Janus 颗粒在二维油-水界面排布的几何构型图；(b)θ_A 和 θ_P 分别是极性和非极性球在油-水界面的三相接触角；(c)Janus 椭球体在油-水界面的分布[8]

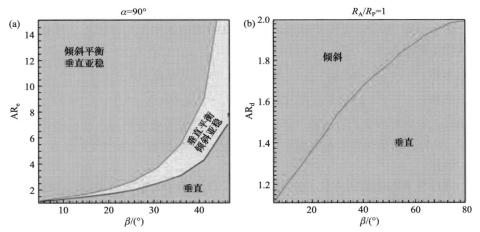

图 9-7　Janus 胶体颗粒的长宽比和浸润性差值与其界面排布方式的关系[8]
(a) Janus 椭圆体；(b) Janus 哑铃形颗粒

　　实验研究方面，Park 等利用凝胶捕获法研究了 Janus 圆柱体在油-水界面的组装行为[9]，如图 9-8(a~d)所示，长宽比较小的 Janus 圆柱体以垂直的方式排布在正癸烷-水界面上，而对于长宽比较大的 Janus 圆柱体而言，垂直的排布方式和倾转排布的方式共存，这一结果从实验上验证了 Lee 等的理论计算结果。作者进一步发现，当多个 Janus 圆柱体组装在正癸烷-水界面上时，圆柱体之间存在强的相互作用，从而进一步影响圆柱体在界面上的排布方式[图 9-8(e，f)]，同时，这种颗粒间的强相互作用会导致油-水界面变形。这些结果进一步证明了哑铃形 Janus

胶体颗粒的界面组装行为是非常复杂的，并且与颗粒的形状、结构、表面性质以及颗粒间的相互作用息息相关，在实际应用中应做到具体情况具体分析。

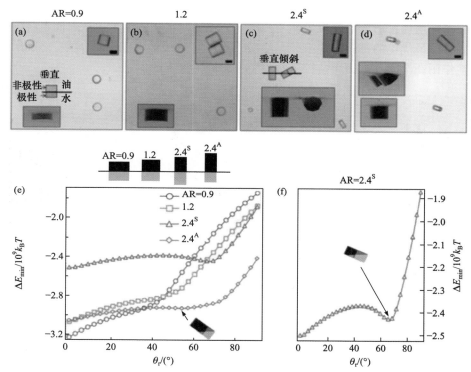

图 9-8　(a～d)长径比(AR)对 Janus 圆柱体在癸烷-水界面排布的影响(插图中标尺为 25 μm)；
(e)附着能量分布与取向角的函数关系；(f)附着能量分布图中二次能量最小值[9]
AR 值 2.4 的上角 S 和 A 分别表示 Janus 圆柱体的极性-非极性区域是对称(symmetric)和不对称的(asymmetric)

9.2.3　Janus 纳米片的界面组装

独特的各向异性和超薄的厚度使得二维材料表现出特殊的物理化学性质，Janus 纳米片的两个表面具有不同的表面性质，一面偏亲水，另一面偏疏水，或者一面带正电，另一面带负电，二维材料特殊的各向异性使其往往表现出比其他 Janus 结构更好的界面活性，成为最理想的固体乳化剂。关于其界面组装行为，较大的界面脱附能使其往往平躺吸附在液-液界面,根据 Binks 等的计算结果[2],Janus 纳米片最优化的界面排布方式是平躺吸附。

Bon 等利用自由能模拟的方法研究了 Janus 纳米片在甲苯-水界面上的组装行为[10]，所使用的 Janus 纳米片一端用疏水的 PS 修饰，而另一端用亲水的 PMMA 修饰。计算结果表明(图 9-9)，最优化的组装方式是平躺排布在油-水界面上，其

PS 端朝向甲苯相而 PMMA 端朝向水相。值得指出的是，在组装初期，纳米片吸附到油-水界面是扩散控制的，因此纳米片是以随机的方式平躺组装在油-水界面上的，一些纳米片的 PS 端朝向水相，随着更多的纳米片被吸附到油-水界面上，堆积密度增加，形成单层聚集体，初期 PS 端朝向水相的纳米片从界面上脱附，然后再以最优化的排布方式组装在油-水界面上，这一结果也说明，颗粒之间的强相互作用在导向其界面组装行为过程中也起到了重要的作用。

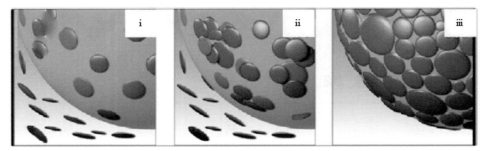

图 9-9   Janus 纳米片在甲苯-水界面的吸附-组装过程[10]

Zetterlund 等研究了氧化石墨烯(GO)纳米片在油-水界面的组装行为[11]，通过计算纳米片在界面的吸附能发现，纳米片在油-水界面上的组装在很大程度上依赖于所选择的油相的极性，以及 GO 在油相的溶解性，对于能很好溶解 GO 的非极性溶剂，纳米片最优化的排布方式依然是平躺吸附。同时，作者发现 GO 纳米片在油-水界面的倾转角与油相的极性有关，溶剂的极性越大，倾转角越大。这一结果说明，两端具有相同表面性质的纳米片依然具有良好的界面活性，并且表面自由能最支持的界面组装方式是平躺吸附，这主要归功于二维材料特殊的各向异性，因此，对于 Janus 纳米片而言，往往是以平躺吸附的方式组装在油-水界面上，且亲水表面朝向水相，而疏水表面朝向油相。

Janus 纳米片在油-水界面上的组装行为在实验上也能够得到验证，Yang 等使用溶化的石蜡作为油相[12]，一边修饰苯基一边修饰氨丙基的氧化硅纳米片作为固体乳化剂，待形成油包水乳液后迅速冷却固化，将氧化硅纳米片在界面上的组装方式固定，再使用扫描电子显微镜观察固化后的乳滴，作者发现纳米片平躺在固化后的乳滴表面。同时，作者将亲水性的氧化硅纳米颗粒标记在纳米片的亲水表面，在固化后的乳滴表面可以清楚地观察到氧化硅纳米颗粒，这一实验结果也验证了 Bon 等的理论计算结果。

Janus 胶体颗粒间的强相互作用对颗粒的界面组装行为有重大的影响，Janus 纳米片之间具有强的相互作用，这可能会引起纳米片在界面上的进一步组装。Cheng 等研究了 Janus 纳米片在油-水界面上的界面阻滞效应[13]，如图 9-10 所示，他们使用高岭石纳米片作为固体乳化剂，该纳米片一个表面修饰带正电的阳离子聚合物，另一个表面修饰疏水的高分子化合物 PLMA，在酸性条件下纳米片带正电，在强碱性条件纳米片带负电，在弱碱条件下纳米片带有两性离子，这种 pH 的变化引起颗粒表面电荷的变化，可能会引起纳米片界面组装行为的变化。作者发现，在 pH 为 3 和 12 时，所得到的 Pickering 乳液都呈球形，而当 pH 为 7 时，所得到的 Pickering 乳液为椭圆形，同时，当将球形乳液的 pH 从 3 调到 7 时，经振荡后，乳液由球形变为椭圆形，同样，当将球形乳液的 pH 从 12 调到 7 时，经振荡后，乳液也由球形变为椭圆形，乳液形状上的变化说明纳米片在界面上的堆积方式产生了变化。作者使用苯乙烯作为油相，将乳液聚合固化后，发现在球形乳滴的表面，纳米片以比较松散的方式堆积，而在椭圆形乳滴的表面，纳米片以密堆积的方式堆积，这是因为当 pH 为 7 时，纳米片带有两性离子，这使得纳米片之间具有强的静电相互作用，因此纳米片以密堆积的方式组装在油-水界面上，而当 pH 为 3 和 12 时，纳米片带正电或负电，这时静电排斥相互作用占据主导作用，因此纳米片以松散的方式组装在油-水界面上。这在实验上进一步论证了，Janus 胶体颗粒间的强相互作用也可以导向颗粒的界面组装行为。

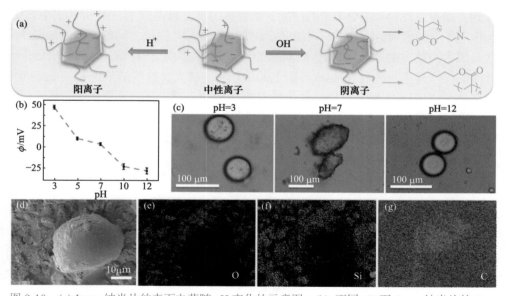

图 9-10　(a) Janus 纳米片的表面电荷随 pH 变化的示意图；(b) 不同 pH 下 Janus 纳米片的 Zeta 电位；(c) 不同 pH 下 Janus 纳米片稳定的 Pickering 乳液的显微镜照片；(d) Janus 纳米片稳定的聚苯乙烯微球的 SEM 照片；(e～g) Janus 纳米片稳定的聚苯乙烯微球的 EDX 元素分析[13]

9.3 构筑微胶囊功能材料

Pickering 乳液是一种良好的模板，其用于构筑微胶囊功能材料，待固体颗粒组装在乳滴油-水界面后，缓慢挥发乳滴的分散相，即可得到微米级别的中空结构，这种微胶囊材料在物质的封装和运输等方面有望在实际应用中发挥重要作用。Janus 胶体颗粒具有更好的界面活性，所得到的 Pickering 乳液更加稳定，这使得可以在更高的反应温度下构筑微胶囊材料，有利于提高微胶囊的机械强度和结构稳定性。同时，Janus 胶体颗粒具有更好的界面组装行为，所得到的结构有序度更高，Janus 胶体颗粒的多重组分可以同时携带多个功能基元，这使其在结构调控和功能性调控等方面具有明显的优势。

Honciuc 等利用哑铃形 Janus 颗粒 PTSPM&PANI 在油-水界面的有序组装制备了一系列导电微胶囊材料[14]，其制备过程如图 9-11(a)所示，当 PTSPM&PANI 以垂直方式组装在油-水界面上后，使导电聚合物单体 3,4-乙烯二氧噻吩(EDOT)在界面发生聚合，待缓慢挥发溶剂后，即得到相应的微胶囊材料。图 9-11(b)是使用不同量 PTSPM&PANI 所得到的微胶囊材料的扫描电子显微镜照片，可以清楚地观察到，随着 PTSPM&PANI 量的增加，微胶囊的尺寸逐渐减小，图 9-11(c)中高倍扫描电子显微镜照片可以进一步观察到 PTSPM&PANI 颗粒之间的距离逐渐减小，这是因为当越多的 PTSPM&PANI 颗粒组装在油-水界面上时，所得到的 Pickering 乳液的尺寸越小，颗粒在油-水界面上的堆积密度越大，这些结果证明，Janus 颗粒在油-水界面上的组装直接导向了微胶囊结构的形成。更为重要的是，Janus 颗粒 PTSPM&PANI 高度有序地定向排布在界面层，亲水的 PTSPM 区域暴露在表面，疏水的 PANI 区域朝向导电聚合物层，导电聚合物层则完全填充于颗粒间的缝隙，这种高度有序的取向排布大幅提升了微胶囊材料的导电性。

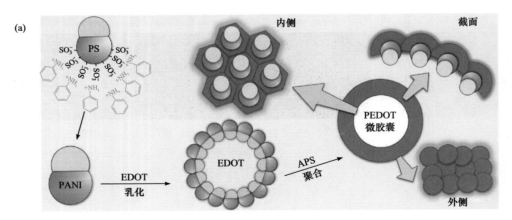

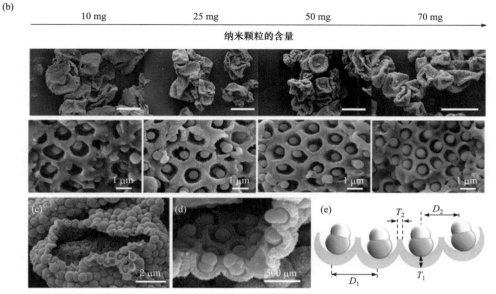

图 9-11　(a)哑铃形 Janus 颗粒 PTSPM&PANI 导向导电微胶囊材料的形成示意图；
(b) 具有不同结构导电微胶囊材料的 SEM 照片，标尺为 25 μm; (c, d)导电微胶囊材料壳层区域
的 SEM 照片; (e)哑铃状 Janus 型 PTSPM&PANI 颗粒在微胶囊材料壳层组装的结构示意图，其
中 D_1 和 D_2 为组装颗粒之间的距离，T_1 和 T_2 为微胶囊材料壳层的厚度[14]

9.4　催 化 应 用

9.4.1　调控反应活性

　　油-水双相催化反应在学术上和工业上受到了科学家们广泛的关注，并因其内
在固有的优势，包括兼容水溶性和油溶性反应物、催化剂的回收循环使用等，从
而在基础研究和化学品工业生产等方面发挥着重要的作用。然而，油相/水相的高
界面能常常导致宏观的相分离，大幅降低水/油溶性反应物的传质速率，使得双相
反应的速率极其缓慢。近年来，使用固体颗粒构筑 Pickering 乳液不仅可以急剧增
加油-水界面面积，而且可以克服表面活性剂分子难以分离的难题，从而明显改善
反应物在油-水界面的传质速率，在大幅提升双相反应的反应速率的同时实现回收
循环重复利用。利用 Pickering 乳滴良好的限域能力甚至可以实现不相容催化位点
的兼容，实现高效的一锅串联反应。更为重要的是，Pickering 乳滴优良的稳定性
为发展新的催化方法学也提供了无限可能，例如，Yang 等首次提出了 Pickering
乳滴固定床概念[15]，实现了双相催化反应的流动连续化，大幅提高了酶的催化效

率。与传统的固体纳米颗粒相比，Janus 胶体颗粒具有连续可调的亲/疏水性，得到的 Pickering 乳液在动力学上和热力学上具有较高的稳定性，这不仅可以进一步改善双相反应的催化效率，而且对于高温反应也具有一定的应用前景。另外，Janus 胶体颗粒的多重组分也为催化活性中心落位的精准控制提供了一种有效的手段，可以实现催化活性中心微环境的连续调控，这非常有利于高效调控催化性能以及理解反应机理等。

　　Yang 与 Liu 等通过一步区分生长法成功制备出哑铃状的介孔 C&PMO[16]，PMO 是亲水的而介孔碳是疏水的，因此该材料具有良好的乳化能力，可以得到稳定的油包水 Pickering 乳液。作者将具有催化活性的金属 Pt 纳米颗粒选择性地负载在疏水的介孔碳一端(Pt/C&PMO)或者亲水的 PMO 一端(C&Pt/PMO)，将这些催化剂应用于双相硝基苯还原反应中[图 9-12(a)]，发现在一定的反应时间内(6 h)，只有 Pt/C&PMO 的转化率达到了 99.9%，远远高于 C&Pt/PMO(8%)以及商业化的 Pt/C (15%)催化剂，这一结果说明金属 Pt 纳米颗粒所处的微环境对反应具有决定性的影响。作者指出当使用 Pt/C&PMO 作为催化剂时，疏水端 Pt/C 在乳液界面偏油相里，疏水性反应物硝基苯溶解在油相(连续相)，而亲水性反应物 $NaBH_4$ 溶解在水相里(分散相)，在这种情况之下，两个反应物的扩散距离是最短的，因此呈现出最好的催化效率。同时，C&PMO 优良的乳化能力能够提供较大的油-水界面面积，使得 Pt/C&PMO 和 C&Pt/PMO 的催化性能都要好于商业化的 Pt/C 催化剂。

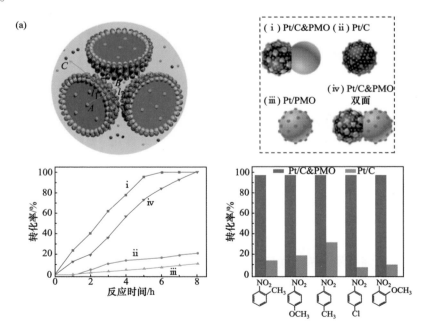

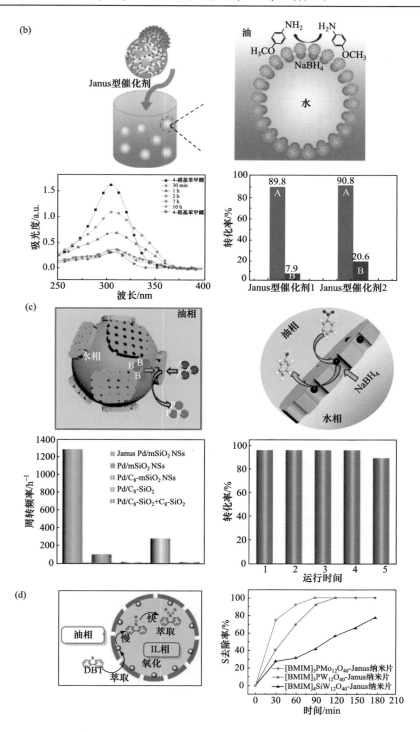

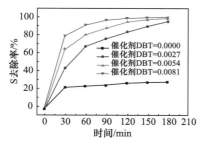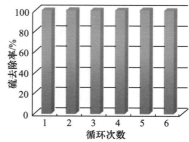

图 9-12　(a)四种不同的负载 Pt 的催化剂在无搅拌条件下对硝基苯的还原以及 Pt/C&PMO 和 Pt/C 对五种不同的底物的还原[16]；(b)雪人状 PDVB/PS-SiO₂ Janus 颗粒的乳液界面催化原理图，以及通过乳液界面催化和双相界面催化对 4-硝基苯甲醚的转化率[17]；(c)不同的负载 Pt 纳米片在无搅拌条件下对硝基苯的还原以及 Janus 纳米片的循环活性[18]；(d)杂多酸的种类 以及 Janus 纳米片的添加量对硫化物脱硫效果的对比[19]

　　Liu 等将哑铃形 PDVB/PS-SiO₂ Janus 纳米颗粒应用于 Pickering 界面催化中 [图 9-12(b)][17]，金属纳米颗粒被选择性地担载在亲水端、疏水端或两端，在对甲氧基硝基苯的双相催化反应中，作者也发现金属纳米颗粒处于疏水端时，催化活性最高。

　　在不同的 Janus 纳米结构中，Janus 纳米片具有两个完全不同的表面以及超薄的厚度，独特的各向异性赋予其更好的界面活性，使得所得到的 Pickering 乳液往往具有更高的稳定性。更为重要的是，其两个表面之间超薄的厚度可以为疏水性和亲水性反应物提供极短的扩散距离，这对于改善双相催化反应的效率是非常有利的。Zou 和 Yang 等设计制备了一种 Janus 介孔氧化硅纳米片[图 9-12(c)][18]，这种纳米片一面是完全亲水的(Si—OH)，而另一面则是完全疏水的(Si—C₈H₁₇)，与此同时，其有序的介孔孔道是垂直于纳米片表面。作者发现这种纳米片具有极好的界面活性，能够乳化不同的油水双相体系，得到热力学稳定的油包水乳液，在高温下(80℃)能够稳定存在。将金属 Pd 纳米颗粒固载在纳米片的介孔孔道后，所得到的 Janus 催化剂在双相硝基苯还原反应中表现出了优良的催化性能，是其他传统纳米催化剂的 13 倍。通过分析 Janus 纳米片在油-水界面的排布，发现纳米片是平躺着吸附在油-水界面，在这种情况下，纳米片超短的垂直发散式介孔孔道能够同时为水溶性反应物和油溶性反应物提供快速的传质通道，作者指出这是活性得到提升的根本原因。

　　Vafaeezadeh 等制备了具有 Brønsted 酸性质的 IL-SiO₂-SO₃H Janus 纳米片[19]，该催化剂可作为均相酸性转移催化剂的绿色替代品。作者将该 Janus 纳米片与钨酸钠联用，得到了选择性氧化环己烯合成己二酸的高活性混合物。此外，环戊烯、环己醇、环己酮和反-1,2-环己二醇等底物也能被有效氧化。该反应经扩大后，仍具有高效的催化活性，只需经过简单的过滤即可回收。高效固体表面活性剂的完全和简单回收是迈向更环保协议的重要一步，因此对化学合成和催化具有普遍的重要性。且具有两个不同共价固定化基团的二氧化硅表面将成为合理设计非混相液-液反应混合物催化剂的通用工具，该课题组还研究了 Janus 型碱催化剂在 Knoevenagel 缩合反应中的活性，可以在短时间内获得高产率。

离子液体是一种优良的绿色溶剂，常用于各种有机反应中。利用 Janus 纳米片 IL-SiO$_2$-Ph 稳定油相和不相容的离子液体构筑油包离子液体 Pickering 乳液，并将该乳液体系应用于硫化物催化脱硫，取得了良好的反应结果[图 9-12(d)][20]。该催化过程可以分为两步进行：硫化物首先从油相扩散至界面处，并被萃取至离子液体一侧；在界面处靠近离子液体一侧的活性组分杂多酸的催化下，硫化物氧化形成对应的亚砜或砜，进而达到硫化物去除的目的。通过离子交换，将 Janus 纳米片上亲水一侧 IL 中阴离子用杂多酸离子交换，得到亲水一侧含有杂多酸离子的多功能 Janus 纳米片。杂多酸基团的还原电势越高，Janus 纳米片添加量越多，S 的去除率越高。其中，磷钼酸功能化的两亲性 Janus 纳米片则表现出了极好的 S 去除率，高达 98.5%，高的催化活性可能是由于乳液体系中大幅增加的界面面积，促进了萃取过程以及催化过程的快速进行。该催化剂对不同的硫化物均有出色的催化效果，且具有极佳的稳定性，循环 6 次后未见活性的显著下降。

9.4.2　调控反应选择性

Janus 胶体颗粒对催化活性中心落位的精准控制，以及对催化活性中心微环境的连续调控，是改善 Pickering 界面催化效率的根本原因。除了对反应活性的调控外，反应物和反应中间体在乳液连续相和分散相的分布，以及在油-水界面的转移，使得调控反应选择性成为可能。更值得深入思考的是，疏水性有机分子在液-液界面和气-液界面往往具有一定的分子取向性，这为发展高选择性的多相催化体系提供了理论依据。

Crossley 等使用杂化结构的氧氧化硅和碳纳米管作为固体乳化剂[21]，并选择性地将金属 Pd 纳米颗粒负载在亲水的氧氧化硅上或疏水的碳纳米管上，从而控制加氢反应和羟醛缩合反应所发生的微观区域，进而有效地调控生物燃油升级反应的催化选择性[图 9-13(a)]。作者将金属 Pd 纳米颗粒选择性地沉积在亲水的氧化硅上，在生物质平台分子香草醛的加氢反应中，获得了优良的催化活性以及催化选择性。在反应温度为 100℃时，仅仅获得了醛加氢产物香草醇，并 80%溶解在水相中，反应温度为 200℃时，获得了 90%的氢解产物 2-甲氧基-4-甲基苯酚，并完全溶解在油相中，反应温度为 250℃时，获得了 90%以上的醛脱碳产物 2-甲氧

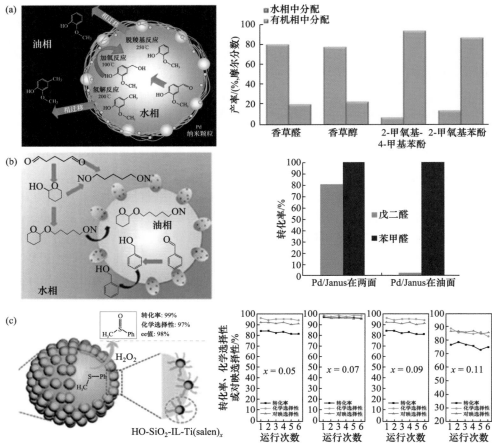

图 9-13　(a)在 Pd/SiO₂ 稳定的 Pickering 乳液界面上进行反应的示意图以及在单独水相和油相中不同产物的产率[21]；(b)Pd/SiO₂ 纳米颗粒在油-水界面的加氢反应及在半间歇式反应器中的醛转化反应[22]；(c)不同 Ti 负载量的 HO-SiO₂-IL-Ti(salen)ₓ 稳定的 Pickering 乳液在芳基硫醚氧化中的循环效率[23]

基苯酚，并完全溶解在油相中，这一结果充分地说明在 Pickering 界面催化过程中，油-水界面存在分子的迁移现象，这种即时将产物分子转移，避免了在金属纳米颗粒表面被进一步消耗，成为调控催化选择性的关键。

　　随后，作者将金属 Pd 纳米颗粒选择性地沉积在疏水的碳纳米管上，控制加氢反应发生在乳液的油相中，使得油溶性的反应物可以快速扩散到位于油相中的 Pd 纳米颗粒表面，而水溶性的反应物很难接触到催化活性位点，从而表现出优良的催化选择性。为了论证这一乳液体系中相选择性催化概念，作者使用苯甲醛和戊二醛分别作为油溶性和水溶性的反应物，结果表明苯甲醛的转化率能达到 100%，而戊二醛的转化率仅为 2%，当使用氧化硅和碳纳米管上都沉积有 Pd 纳米颗粒作为乳化剂和催化剂时，苯甲醛和戊二醛的转化率分别为 100%和 80%，这说明催化活性位点在油-水界面的微观区域控制可以有效地调控催化选择性。作者进一步发现[22]，当将 Pd 纳米颗粒选择性地沉积在亲水的氧化硅上，用于戊二醛的加氢时，高选择性地获得了5-(四氢-2H-吡喃-2-基氧基)戊-1-醇，并且大部分溶解在油相中，其具体的反应过程如图 9-13(b)所示；首先戊二醛加氢得到戊二醇，同时脱水环合得到四氢-2H-吡喃-2-醇，最后再经脱水醚化得到 5-(四氢-2H-吡喃-2-基氧基)戊-1-醇，并扩散到油相中。

　　Tan 等将两亲性 Janus 催化剂 HO-SiO$_2$-IL-Ti(salen)用于芳基硫化物选择性氧化制备芳基亚砜[图 9-13(c)][23]，实现了对手性选择性的调控。该催化剂可以稳定芳基硫化物与水的混合体系形成热力学稳定的水包油乳液，在该乳液中，催化剂的活性组分(疏水一侧)位于油相中，亲水一侧位于水相中。随着氧化剂 H$_2$O$_2$ 的加入，底物在界面处被选择性氧化形成 R-芳基亚砜，底物转化率最高可达 99%，产物选择性为 97%，产物 ee 值为 98%，转化数 TOF 为 79.2 h^{-1}。当催化剂中的活性组分 Ti 含量不同时，形成的乳液尺寸不同，稳定性不同，导致催化效果不同。在Ti 的含量为 0.07 mmol/g 时可得到最好的催化结果，这是因为此时形成的 Pickering乳液尺寸最小，界面面积最大，有利于界面处反应物种的传质。若使用各向同性催化剂，则转化率、产率以及 ee 值等均出现不同程度的下降，导致了较差的催化效果，这可能是界面处的活性物种浓度下降所引发的。当简单混合没有界面活性的催化剂时，则得到非常差的催化效果，这是由于体系中反应界面面积有限。若用硅烷代替催化剂中的 IL 组分所形成的 Janus 催化剂，则可得到适中的反应效果，证明了含有离子液体催化剂的优势。该现象可能是因为柔性的 IL 连接基团使得反应过程中底物远离 Si 骨架，赋予了催化剂活性组分一定的自由度，使其处于更优的构象；离子液微区的存在增强了油性底物的兼容性，利于其在界面处传质，也有利于稳定活性金属 salen 中间体。HO-SiO$_2$-IL-Ti(salen)催化多种不同的芳基硫醚得到对应的芳基亚砜，底物转化率为 69%～99%，产物选择性为 86%～99%，产物 ee 值为 88%～98%。不同 Ti 含量的催化剂均表现出良好的稳定性，经过 6 次循环后，催化性能均未表现出显著下降，即表现出良好的稳定性。

9.4.3　串联催化

　　串联催化是将两个不同的反应耦合在一个反应器中进行，在此过程中不需要中间体的提纯分离，其被认为是一种先进的高效催化技术，近年来受到了催化领域科学家的广泛关注。显然，反应中间体的转移与扩散直接决定了串联催化反应的速率，而决定反应中间体转移的是催化活性中心之间的距离以及它们所处的微环境。Janus 胶体颗粒具有物理化学性质截然不同的多重组分，这为实现同时担载多个催化活性中心提供了一种有效的手段，并可以调控催化活性中心之间的距离以及它们各自所处的微环境，这些特性使得 Janus 胶体颗粒在串联催化方面具有非常可观的前景。

Zhao 等通过表面电荷调制的选择性封装的方法[24]，制备了一种 Fe$_3$O$_4$@mC&mSiO$_2$ Janus 纳米颗粒，这种结构与表面活性剂的分子结构类似，一侧为疏水性介孔碳球，另一侧为亲水性介孔 SiO$_2$ 棒，这些独特的结构赋予该材料优良的界面活性，可以得到稳定的 Pickering 乳液，且其界面活性可以通过改变亲疏水两侧的相对大小进行调节。更为重要的是，作者选择性地将碱性位点氨基嫁接在亲水的 mSiO$_2$ 一端，将金属 Pt 纳米颗粒负载在疏水的介孔碳一端，当形成 Pickering 乳液后，这种独特的 Janus 纳米颗粒组装在油-水界面上，其亲水的 mSiO$_2$ 处于油-水界面靠近水相一侧，而疏水的 Fe$_3$O$_4$@mC 处于油-水界面靠近油相一侧，这使得碱性位点氨基和金属 Pt 纳米颗粒分别处于亲水区域和疏水区域，这种截然不同的反应微环境在很大程度上促进了串联反应和分步反应的高效耦合。作者使用苯甲醛作为原料，通过羟醛缩合-氧化一步反应制备出肉桂酸，其 TOF 高达 700 h^{-1}，远高于其他单或双催化活性中心的催化剂。其具体催化过程如图 9-14 所示：在氨基的催化下，苯甲醛和乙醛在界面靠近水相的一侧经由羟醛缩合反应生成反式肉桂醛，肉桂醛在水中溶性较差，促使其通过界面向油相扩散，并在界面处催化剂 Pt 的催化下发生氧化反应得到产物肉桂酸。

9.4.4　光催化

Pickering 乳液光催化近年来被认为是一种高效的光催化体系，将纳米光催化剂组装在油-水界面上，不仅可以提供较大的活性面积，而且可以通过破乳的方式，实现纳米光催化剂的分离与循环使用等。然而，光催化反应是发生在纳米光催化剂表面，修饰在光催化剂表面的疏水有机基团使得反应物并不能完全接触到光催化剂表面，同时，在光辐射的作用下，光催化剂表面的疏水有机基团容易流失甚至分解，导致 Pickering 乳液的稳定性不佳，这些在一定程度上限制了 Pickering 乳液光催化体系的发展。Janus 胶体颗粒连续可调的界面活性源自其不同组分间的大小、体积比等，并不依赖于其表面性质，因此，使用 Janus 胶体颗粒构建光催化体系有望进一步提升光催化效率。

Chen 等设计制备了一种 Janus 型 TiO$_2$-SiO$_2$ 纳米颗粒[25]，该材料由亲水的 TiO$_2$球和甲基修饰的 SiO$_2$ 纳米棒组成，如图 9-15(a)所示，截然不同的表面性质赋予了材料良好的界面活性。更为重要的是，这种 Janus 纳米颗粒组装在油-水界面上后，其亲水的光催化活性组分 TiO$_2$ 球位于油-水界面靠近水相一侧，清洁表面使得反应物非常容易扩散到活性位点，这在很大程度上改善了光降解有机污染物的催化效率。同时，这种 Janus 纳米颗粒的界面活性源自其独特的不对称结构，因此具

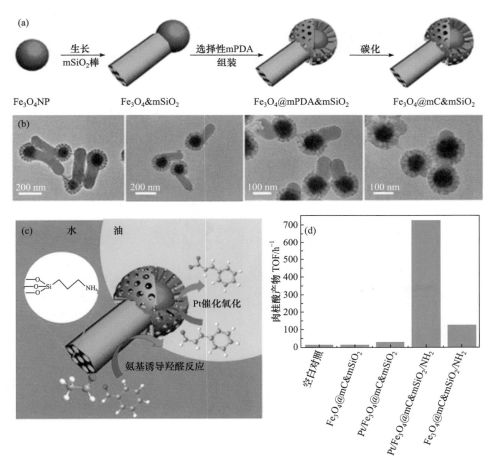

图 9-14　(a)制备 Janus 型 Fe$_3$O$_4$@mC&mSiO$_2$ 纳米颗粒的示意图；(b)mSiO$_2$ 棒长度不同的 Janus 型 Fe$_3$O$_4$@mC&mSiO$_2$ 纳米颗粒的 SEM 照片(从左至右 mSiO$_2$ 棒长度分别为 400 nm、200 nm、100 nm 和 50 nm)；(c)Janus 型 Pt/Fe$_3$O$_4$@mC&mSiO$_2$/NH$_2$ 催化剂在 Pickering 乳液界面进行串联反应的示意图；(d)Janus 型 Pt/Fe$_3$O$_4$@mC&mSiO$_2$/NH$_2$ 催化剂及相关催化剂在相应串联反应中的催化活性对比[24]

有非常稳定的界面活性，在连续操作 5 次后，依然能够得到稳定的 Pickering 乳液，表现出较好的光催化稳定性。

　　Mao 等报道了一种磷酸银(Ag$_3$PO$_4$)与多壁碳纳米管(MW CNTs)的杂化结构 Ag$_3$PO$_4$/MWCNTs[26]，并将其成功用于 Pickering 乳液光解水产氧反应，如图 9-15(b) 所示。疏水的 MWCNTs 不仅与 Ag$_3$PO$_4$ 发生强烈的相互作用，而且可以改变其表面浸润性，能够形成稳定的 Pickering 乳液，将 Ag$_3$PO$_4$/MWCNTs 组装在油-水界面上，可以提供较大的光催化活性面积，同时，MWCNTs 具有良好的捕获光生电

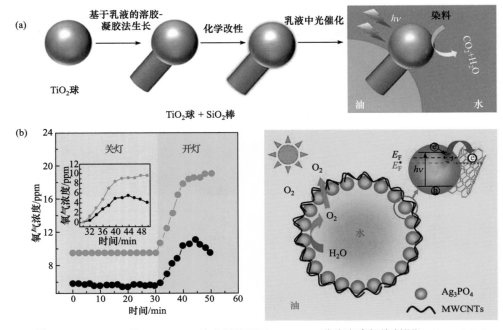

图 9-15　(a)Janus 型 TiO₂&SiO₂ 纳米颗粒用于 Pickering 乳液光降解染料[25]；(b)Ag₃PO₄/
MW CNTs 杂化结构用于 Pickering 乳液光解水产氧[26]

子能力，从而加速 Ag_3PO_4 表面的电荷分离，这些因素使得基于 Ag_3PO_4/MWCNTs 的乳液光催化体系表现出优良的产氧效率，明显优于纯水相体系，值得一提的是，作者指出光解水产生的氧气可以很容易从水相迁移到油相，反应平衡的推动进一步加速了光分解水的反应速率。

9.4.5　其他应用

1. 超疏水涂层

层级构造为胶体涂层的应用增加了额外的优点，如润湿性的增强。具有不同的物理化学性质的 Janus 胶体具有与表面活性剂类似的性质，可在基质表面发生自组装形成单层结构。

Yang 等设计了一种基于 Pickering 乳液界面合成调整 Janus 胶体微观结构的方法[27]，Pickering 效应促使胶体颗粒倾向于向界面处移动，通过控制界面张力的不匹配度，可以轻松地调整 Janus 胶体的形状。例如，锥形 Janus 胶体的合成[28]，即可变形的 PS 胶体颗粒组成的盖子在界面处被挤压。在这种情况下，使用吐温-80与原有的单一表面活性剂 HSMA(苯乙烯和马来酸酐的水解共聚物)混合，使可变形的 PS 胶体在聚合过程中从乳液界面的分离域中暴露出来，界面张力的不匹配促使球帽被挤压后演变成圆锥形，而胶体的平面部分仍嵌入在蜡相中，可以优先通过溶胶-凝胶过程在暴露的尖端表面生长二氧化钛，通过二次接枝引入胺基团。干燥后，锥状 Janus 颗粒可形成坚固的超疏水单涂层，该涂料抗溶剂和高速水冲洗能力强，经测量，水接触角可达 151°±2°。将具有不同尖端长度的锥形双面胶混合，可以获得具有小滑动角的超疏水涂层。在乳液界面的分离域中，将正硅酸四乙酯(TEOS)、氨丙基三甲氧基硅烷和苯基三乙氧基硅烷的混合物分散在油相中，可得到草莓状半球形杂化二氧化硅胶体颗粒[29]。吐温-80 胶束在帽表面的吸附溶解使得半球形胶体具有纳米级的粗糙度。将疏水性聚合物(如 PS)与咪唑基团接枝在胶体颗粒上，当咪唑基团与环氧树脂直接接触时，室温下发生阳离子聚合，可形成坚固的单层涂层。该复合涂层具有纳米级微凸起，其具有超疏水特效，可模拟荷叶独特的微观结构。通过 Janus 胶体形成涂层这一方法具有广阔的适用范围。

Ma 等通过在 Pickering 乳液界面处进行硫醇-烯点击反应成功地制备了 Janus 氧化硅空心球[30]，常温下通过喷涂技术将该 Janus 氧化硅空心球涂覆在皮革表面制备得到超疏水性涂层，测得接触角为 162.2°。皮革涂层在使用砂纸进行 140 次磨擦后仍保持其超疏水性，这得益于 Janus 氧化硅空心球颗粒的不对称结构。该方法不仅可以方便地生产具有 Janus 结构和两亲性特征的胶体颗粒，而且也有利于耐久性疏水涂层的开发。

2. 油水分离

由于实际含油废水的复杂性和多样性，迫切需要开发具有多功能和可切换分离性能的高效分离材料。

陈涛团队将两亲性 Janus 薄膜 PS-CNT-PDMAEMA 应用于油水分离[31]，取得了良好的效果。将该 Janus 薄膜作为滤膜固定于过滤装置上，当亲水一侧向上时，将水包油型乳液转移到该过滤装置上，水将会顺着滤膜流下来，油则由于不能浸润滤膜表面而不能穿过滤膜，因此达到了油水两相有效分离的目的。通过对比过滤前后乳液和滤液的显微镜照片，初步证实了油水分离的效果。进一步用动态光散射(DLS)分析乳液和滤液，发现乳液的平均粒径为 3～10 μm，但滤液中液滴的直径仅为 8～20 nm，即仅仅有极细小的油滴可以穿过该滤膜。如果将油包水乳液加入到过滤装置中(疏水一侧向上)，油将会润湿并穿过滤膜，而水因为不能在滤网表面润湿铺展而停留在上方，即滤液中仅有油存在，达到了油水分离的理想效果。显微镜观察结果以及 DLS 分析结果的效果与水包油乳液类似，同样很理想。

Hu 等结合单边等离子刻蚀、原位化学气相沉积法制备了 Janus 亲水性 $Co(CO_3)_{0.5}OH \cdot 0.11H_2O$ 纳米针/棉纤维侧/疏水性棉纤维侧复合织物[32]。将预润湿

Janus 复合织物置于过滤装置中，在重力作用下对轻、重油-水混合物均能进行有效分离。值得注意的一点是，当将该 Janus 膜应用于轻油-水混合物时，预先润湿的亲水面应朝下放置，这有利于提高水通量，加快分离效率；当将该 Janus 膜应用于重油-水混合物时，预先润湿的亲水面应朝上，这样可以避免疏水面朝上，使得在织物与水相之间形成一层隔离层，防止水渗透，阻止油水分离。这一有效制备一维纳米结构的油水分离 Janus 复合织物物质的方法也适用于扩展到其他基质，如三聚氰胺海绵、镍泡沫和纤维素纸等。

9.5　小结与展望

Janus 胶体颗粒兼具表面活性剂优良的双亲性和胶体颗粒的强界面黏附力，使其成为最为理想的固体表面活性剂。Janus 胶体颗粒的界面性质和界面行为与传统的纳米颗粒截然不同，其直接取决于颗粒的几何结构、体积比、表面性质以及颗粒间的相互作用等。在大部分情况下，Janus 胶体颗粒在液-液界面上的排布是颗粒的 Janus 界面与液-液界面完全重合，亲水部分完全位于水相，而疏水部分完全位于油相，但是当颗粒的粗糙表面使得颗粒间具有强烈的偶极相互作用时，会使得 Janus 胶体颗粒任意排布在油-水界面，液-液界面的曲率对颗粒在界面上的排布也有一定的影响。Janus 胶体颗粒的几何结构也会影响其界面排布，哑铃形的 Janus 胶体颗粒因为具有各向异性的结构和各向异性的表面性质，因此，其界面行为往往比较复杂，总的来说，当颗粒的各向异性的表面性质起到主要作用时，Janus 界面与液-液界面是完全重合的，相反，颗粒的 Janus 界面以一定的倾转角排布在液-液界面。显然，Janus 胶体颗粒这些独特的界面行为使其界面脱附能急剧上升，大幅改善其界面活性，从而得到热力学、动力学稳定的乳液或泡沫，深入地理解颗粒的界面组装行为为拓展 Pickering 乳液的应用奠定了基础。

尽管目前对 Janus 胶体颗粒的界面组装行为的理论研究和实验研究已经取得了长足的进步，但是依然还存在一些问题。例如，目前从实验上直接观察颗粒的界面组装行为依然比较困难，尽管冷冻电镜可以为我们提供一些信息，但是原位观察颗粒的界面组装行为依然很难实现，因此，发展一些原位表征手段和技术是非常必要的。而最为突出的问题是，Janus 胶体颗粒与表面活性剂具有类似的结构，然而却表现出截然不同的界面组装行为，理解并揭示这些不同之处的根本原因是非常有必要的，因此，发展先进的实验和理论方法研究颗粒在界面上的动态行为应该是该领域下一个该解决的卡脖子问题。另外，为了更好地定性定量地分析 Janus 胶体颗粒的界面组装行为，发展新的方法设计制备完美并可连续调控的

Janus 纳米结构是必不可少的。

　　Janus 胶体颗粒在液-液界面上独特的排布, 使其可以应用于各个领域。例如, 根据 Janus 胶体颗粒在油-水界面的有序组装, 可以制备 Janus 高分子膜, 应用于油水分离。利用 Janus 颗粒稳定的 Pickering 乳液作为模板, 可以制备各种微胶囊功能材料, 由于 Janus 颗粒的界面有序组装及其结构的高度可控, 所得到的微胶囊功能材料在有序度以及结构调控等方面具有明显的优势, 在物质的封装与运输等方面表现出良好的应用前景。将 Janus 胶体颗粒组装在亲水的基底上, 因为高度有序的组装行为, Janus 胶体颗粒仅仅只有疏水部分暴露出来, 从而使得基底变得超疏水, 同样, 可以将基底的疏水表面改变为超亲水表面, 这种改性涂层技术有望应用于自清洁等领域。将催化活性组分担载在 Janus 胶体颗粒上, 其独特的界面组装行为为调控催化活性以及选择性也提供了新的方法。尽管基于 Janus 胶体颗粒在液-液界面上组装的新应用被陆续报道出来, 但是这些应用都只是处于萌芽阶段, 对 Janus 胶体颗粒的结构及其组装行为与性能的构效关系的认识依然不够, 对其内在原子/分子层次的机理依然不清楚。因此, 发展新的方法实现对 Janus 胶体颗粒结构的连续调控, 对其界面组装行为的连续调控是必不可少的。同时, 为了实现 Janus 胶体颗粒的实际应用, 发展规模化制备方法以及大规模的组装方法是非常有必要的。另外, 根据 Janus 胶体颗粒独特的界面组装行为, 发展新的应用也是一个新的研究方向, 例如, 将 Janus 胶体颗粒组装在电极表面, 其有序的组装行为可以改变电极表面的电势、调控电子的运输、反应物的扩散等, 这对于电化学反应是非常有利的。

　　综上所述, Janus 胶体颗粒的快速发展不仅促进了对 Pickering 乳液进一步的认识和理解, 而且拓展了 Pickering 乳液新的应用, 如多相催化、光催化等, 我们相信这将成为胶体与界面化学学科和催化化学学科的重要研究方向。

参 考 文 献

[1] Gennes P G D . Soft matter. Rev. Modern Phys[J]. Review of Modern Physics, 1992, 64, 645.

[2] Binks B P, Fletcher P D I. Particles adsorbed at the oil-water interface: a theoretical comparison between spheres of uniform wettability and Janus particles[J]. Langmuir, 2001, 17(16): 4708-4710.

[3] Casagrande C, Fabre P, Raphael E, et al. Janus beads: realization and behaviour at water/oil interfaces[J]. EPL (Europhysics Letters), 1989, 9(3): 251-255.

[4] Ondarçuhu T, Fabre P, Raphaël E, et al. Specific properties of amphiphilic particles at fluid interfaces[J]. Journal de Physique, 1990, 51(14): 1527-1536.

[5] Hirose Y, Komura S, Nonomura Y. Adsorption of Janus particles to curved interfaces[J]. The

Journal of Chemical Physics, 2007, 127(5):54707.

[6] Park B J, Brugarolas T, Lee D. Janus particles at an oil-water interface[J]. Soft Matter, 2011, 7(14): 6413-6417.

[7] Adams D J, Adams S, Melrose J, et al. Influence of particle surface roughness on the behaviour of Janus particles at interfaces[J]. Colloids and Surfaces A: Physicochemical and Engineering Aspects, 2008, 317(1-3): 360-365.

[8] Park B J, Lee D. Equilibrium orientation of nonspherical Janus particles at fluid-fluid interfaces[J]. ACS Nano, 2012, 6(1): 782-790.

[9] Park B J, Choi C H, Kang S M, et al. Geometrically and chemically anisotropic particles at an oil-water interface[J]. Soft Matter, 2013, 9(12): 3383-3388.

[10] Ruhland T M, Gröschel A H, Ballard N, et al. Influence of Janus particle shape on their interfacial behavior at liquid-liquid interfaces[J]. Langmuir, 2013, 29(5): 1388-1394.

[11] Thickett S C, Zetterlund P B. Graphene oxide(GO)nanosheets as oil-in-water emulsion stabilizers: Influence of oil phase polarity[J]. Journal of Colloid and Interface Science, 2015, 442: 67-74.

[12] Liang F, Shen K, Qu X, et al. Inorganic Janus nanosheets[J]. Angewandte Chemie International Edition, 2011, 123(10): 2427-2430.

[13] Luo J, Zeng M, Peng B, et al. Electrostatic-driven dynamic jamming of 2D nanoparticles at interfaces for controlled molecular diffusion[J]. Angewandte Chemie International Edition, 2018, 130(36): 11926-11931.

[14] Mihali V, Honciuc A. Evolution of self-organized microcapsules with variable conductivities from self-assembled nanoparticles at interfaces[J]. ACS Nano, 2019, 13(3): 3483-3491.

[15] Zhang M, Wei L, Chen H, et al. Compartmentalized droplets for continuous flow liquid-liquid interface catalysis[J]. Journal of the American Chemical Society, 2016, 138(32): 10173-10183.

[16] Yang T, Wei L, Jing L, et al. Dumbbell-shaped bi-component mesoporous Janus solid nanoparticles for biphasic interface catalysis[J]. Angewandte Chemie International Edition, 2017, 56(29): 8459-8463.

[17] Liu Y, Hu J, Yu X, et al. Preparation of Janus-type catalysts and their catalytic performance at emulsion interface[J]. Journal of Colloid and Interface Science, 2017, 490: 357-364.

[18] Yan S, Zou H, Chen S, et al. Janus mesoporous silica nanosheets with perpendicular mesochannels: affording highly accessible reaction interfaces for enhanced biphasic catalysis[J]. Chemical Communications, 2018, 54(74): 10455-10458.

[19] Vafaeezadeh M, Wilhelm C, Breuninger P, et al. A Janus-type heterogeneous surfactant for adipic acid synthesis[J]. ChemCatChem, 2020, 12(10): 2695-2701.

[20] Xia L, Zhang H, Wei Z, et al. Catalytic emulsion based on Janus nanosheets for ultra-deep desulfurization[J]. Chemistry-A European Journal, 2017, 23(8): 1920-1929.

[21] Crossley S, Faria J, Shen M, et al. Solid nanoparticles that catalyze biofuel upgrade reactions at the water/oil interface[J]. Science, 2010, 327(5961): 68-72.

[22] Faria J, Ruiz M P, Resasco D E. Phase-selective catalysis in emulsions stabilized by Janus silica-nanoparticles[J]. Advanced Synthesis & Catalysis, 2010, 352(14-15): 2359-2364.

[23] Zhang M, Tang Z, Fu W, et al. An ionic liquid-functionalized amphiphilic Janus material as a Pickering interfacial catalyst for asymmetric sulfoxidation in water[J]. Chemical Communications, 2019, 55(5): 592-595.

[24] Zhao T, Zhu X, Hung C T, et al. Spatial isolation of carbon and silica in a single Janus mesoporous nanoparticle with tunable amphiphilicity[J]. Journal of the American Chemical Society, 2018, 140(31): 10009-10015.

[25] Zhou Y, Shen F, Zhang S, et al. Synthesis of methyl-capped TiO_2-SiO_2 Janus Pickering emulsifiers for selective photodegradation of water-soluble dyes[J]. ACS Applied Materials & Interfaces, 2020, 12(26): 29876-29882.

[26] Zhai W, Li G, Yu P, et al. Silver phosphate/carbon nanotube-stabilized pickering emulsion for highly efficient photocatalysis[J]. The Journal of Physical Chemistry C, 2013, 117(29): 15183-15191.

[27] Wang Y, Zhang C, Tang C, et al. Emulsion interfacial synthesis of asymmetric Janus particles[J]. Macromolecules, 2011, 44(10): 3787-3794.

[28] Zhao H, Liang F, Qu X, et al. Conelike Janus composite particles[J]. Macromolecules, 2015, 48(3): 700-706.

[29] Yang H, Liang F, Chen Y, et al. Lotus leaf inspired robust superhydrophobic coating from strawberry-like Janus particles[J]. NPG Asia Materials, 2015, 7(4): e176.

[30] Bao Y, Zhang Y, Ma J. Reactive amphiphilic hollow SiO_2 Janus nanoparticles for durable superhydrophobic coating[J]. Nanoscale, 2020, 12(31): 16443-16450.

[31] Gu J, Xiao P, Chen J, et al. Janus polymer/carbon nanotube hybrid membranes for oil/water separation[J]. ACS Appl Mater Interfaces, 2014, 6(18): 16204-16209.

[32] Hu L, Liu Y, Wang Z, et al. A general *in situ* deposition strategy for synthesis of Janus composite fabrics with $Co(CO_3)_{0.5}OH \cdot 0.11H_2O$ nanoneedles for oil-water separation[J]. ACS Applied Nano Materials, 2020, 3(4): 3779-3786.

(邹后兵，李　珂，杨恒权)

第 10 章 Janus 胶体马达

10.1 引　　言

　　1959 年，Feynman 在美国物理学会上的学术报告 《在底部还有很大空间》 (*There's plenty of room at the bottom*)拉开了微纳米技术的序幕，人们探究事物的尺度越来越小，从米、厘米、毫米，以及到目前研究热门的微纳胶体尺度。1966 年上映的科幻电影《奇异的旅程》(*Fantastic Voyage*)激发了人们探索胶体颗粒在特殊复杂环境中为人类完成更多的工作的可能。人类逐渐发现胶体颗粒在液体环境中存在许多类似于细菌生物运动的行为，继而引发了研究人员关注这种既能够因环境的刺激而做出相应的变化，同时又能在生物体内完成特定的任务的自驱动微纳米机器——胶体马达。2016 年的诺贝尔化学奖授予了让-皮埃尔·绍瓦热(Jean-Pierre Sauvage)、弗雷泽·斯托达特爵士(Sir J. Fraser Stoddart)、伯纳德·L. 费林加(Bernard L. Feringa)，以表彰他们在 "发明行动可控、给予能源后可执行任务的分子机器" 方面的贡献，这再次激发科研工作者对胶体马达研究的热情。

　　什么是胶体马达(colloidal motor)？胶体马达指在分散介质中能够将周围环境中的化学能或其他形式的能量如光、磁、超声或电能等转化为自身机械运动来执行一定任务或者功能的微纳米尺度颗粒，也称微纳米马达或游动纳米机器人。胶体马达的大小通常是在微纳米尺度，处于低雷诺数区 (假设直径 $d = 1$ μm，$Re = \rho v d / \mu \approx 10^{-5} \ll 1$)，运动受黏滞效应支配而维持宏观物体运动的惯性力失效，由于需要克服黏滞阻力和布朗运动，给驱动和运动控制带来重大挑战。自从美国哈佛大学的 Whiteside 的科研团队在 2002 年首次提出自驱动马达的概念[1]，报道了利用铂(Pt)催化过氧化氢(H_2O_2)产生氧气气泡驱动厘米尺度的物体后，Paxton 等在 2004 年证明了利用化学反应推动微米尺度物体运动的可能性。胶体马达具有尺寸小、推重比大、效率高等特点，能深入人体或复杂环境内狭小空间，完成可控操作。但是当马达的尺寸降低到胶体尺度时，其运动特性与宏观物体的运动有着非常大的区别。在低雷诺数下黏性力和布朗运动对于物体运动的影响变得显著。因此设计和建立新的胶体马达以及其推进机制是纳米技术领域面临的最激动人心的挑战之一。在过去的十几年间，胶体马达的研究经历了从概念的提出，到各形各色制备方法和机理的探索。源于自然界生物马达的灵感，科研人员对人工合成胶体马达具有更为深度和广度的探索与发展。随着对胶体马达的深入研究，研究者们已成功制备出多种微纳米马达。如制备依靠化学反应、光、磁、超声以及叠加外场源驱动的胶体马达，且能通过外场源对胶体马达进行方向和速度控制，并完成诸如捕获、运输、释放和分离等复杂任务。相较于常规的胶体颗粒或纳米载体，胶体马达由于其在复杂的微观条件下具有额外的自推进力、自主导航等独特优势，展现出了非同寻常的潜在应用前景，如生物医学领域(药物运载控释、癌细胞识别捕捉、RNA 运输和 DNA 检测等)和环境领域(水污染处理、油污染治理、重金属离子去除等)。

胶体马达的工作前提是构筑不对称结构以打破马达的受力平衡形成净驱动力，Janus 胶体颗粒由于其自身结构或者化学组成及性能的不对称性，如表面亲/疏水性、磁学性能、光学性能等，能够在颗粒周围构建非对称场驱动颗粒运动。基于这种各向异性结构的 Janus 胶体马达是未来胶体马达的主要研究方向。典型的 Janus 型胶体马达表面或内部组成具有不同的化学和物理纳米/微观结构，一侧可以利用环境中的"燃料"或外场刺激进行非对称的化学或物理反应，从而在颗粒两侧形成物理量的梯度场，如浓度、电场或光强等，利用该梯度形成的非对称动量分布提供推动力，使得 Janus 颗粒自驱动用于作为微型马达服务于特定的应用[2]，如图 10-1 所示。常见的自驱动方式包括气泡驱动、自扩散泳动、自电泳动、自热泳动、光/磁/超声驱动等。胶体马达由于能够进行自驱动运动，其在生物诊断、环境修复等方向具有潜在的应用价值，因此，开发新型 Janus 胶体马达以实现对胶体马达高效驱动及控制以探索在更多领域应用的可能仍然是一个巨大的挑

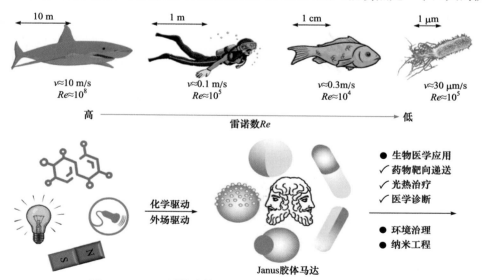

图 10-1　Janus 活性胶体马达的结构、驱动方式和应用概述

战。本章将对 Janus 胶体马达的制备方法、驱动机理、运动调控及应用进行全面的综述。

10.2　Janus 胶体马达的制备方法

从 2002 年到现在的十多年间，不论是受到生命体仿生学的启发，还是受到科幻小说的启发，不同形貌的胶体马达不断被制备出来。随着纳米技术的迅速发展，微纳米材料的制备方法越来越多，如何有效地制备出大量形貌和化学物理性质可控的 Janus 型胶体马达是当前马达研究的热点。本小结将就 Janus 胶体马达微纳米结构的制备方法进行一个基本的介绍。对于 Janus 胶体马达而言，主要分为两大类：第一类是颗粒的表面包覆一半特定的薄膜，使之与未包覆的颗粒表面有着不同的物理或化学性质；第二类是颗粒表面本身就是不对称的，不是 50∶50 的比例或由两种不同材料构成，通过结构或者性质的不对称性可以对其自身进行推动。具有不同微纳米结构、不同功能的 Janus 胶体马达需要不同的制备方法和技术，目前主要的制备方法包括自组装技术(self-assembly)、物理气相沉积(physical vapor deposition，PVD)、电化学沉积技术(electrochemical deposition)、微流控技术(microfluidics)等。

10.2.1　自组装

自组装技术在纳米加工中占有重要地位。这是一种将微型元素结合起来以制备所需结构的策略，可以将无序的组件系统形成有组织的结构，该过程是可逆的，形成的结构通过非共价相互作用保持在一起。装配方法的组件不限于原子和分子，而是涵盖各种不同组成的微纳米功能体。在当前微纳米制造技术中，"自下而上"的可控化学分子自组装能够模拟生命体组装过程，以天然或合成聚合物、小分子、磷脂、酶、纳米颗粒等生物相容和可降解的组分为构筑基元自发地形成具有特定结构和功能的组装体。

贺强团队发展了基于层层自组装(layer by layer self-assembly)技术的 Janus 胶体马达化学可控构筑新方法，进行了零维 Janus 微胶囊马达、一维 Janus 管状马达、二维 Janus 多层片状马达的制备研究。通过将"自上而下"的微接触印刷技术(microcontact printing)与"自下而上"的层层自组装结合进行集自驱动运动和智能载体等多种功能于一身的 Janus 微胶囊马达的批量制备[图 10-2(a)][3]。首先，通过颗粒模板辅助的层层组装技术在二氧化硅(SiO₂)球表面组装不同电解质多层膜，成功修饰聚电解质多层膜的 SiO₂ 球在玻璃、硅片等多种基底上通过单分子层技术形成二维平面自组装的颗粒单层排列。待其稳定后通过聚二甲基硅氧烷

(polydimethylsiloxane，PDMS)制备的弹性微接触印章蘸上用于制备 Janus 胶体马达的功能材料(如铂纳米颗粒)，轻轻压印在二维平面自组装微纳米颗粒上，随后将压印好的微纳米颗粒从基底上剥离下来，即能够得到具有 Janus 结构的胶体马达。由于 PDMS 成本比较低、使用简便，对于操作人员的技术要求不高，同时 PDMS 具有可修饰的表面且易图案化，并具有良好的化学稳定性等特点，开始逐渐被众多的科研人员所采用，以大量地制备 Janus 胶体马达。该团队采用层层自组装与微接触印刷相结合的方法制备了二维盘状聚电解质多层膜Janus胶体马达。基于不同形状的硅基板制备相应形状的 PDMS 印章，通过静电力在 PDMS 印章表面层层自组装聚电解质多层膜及功能材料，然后通过微接触印刷技术将聚电解质多层膜转移到制备的牺牲层上，完成转印后采用相应的溶剂将牺牲层溶解完成马达的释放[图 10-2(c)]。通过这种方法设计不同图案的 PDMS 印章，可制备圆盘形、条形、方形等不同形状的二维 Janus 片状马达[4]。此外，利用模板结合层层自组装法制备具有两端不对称结构的一维 Janus 管状马达，制备过程如图 10-2 所示。以具有锥形不对称孔径的聚碳酸酯过滤膜作为模板，将模板在两种天然多糖分子(带正电的壳聚糖和带负电的海藻酸钠作为马达骨架组装成分)溶液中交替组装。最后，用二氯甲烷溶解模板后获得具有高分散性的 Janus 聚合物多层膜胶体马达[图 10-2(b)][5]。

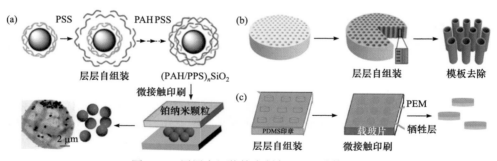

图 10-2　层层自组装技术制备 Janus 胶体马达

(a) 零维 Janus 微胶囊马达的制备[3]；(b) 一维 Janus 管状马达的制备[4]；(c) 二维 Janus 多层片状马达的制备[5]

此外，荷兰科学家 D. A. Wilson 和 J. C. M. van Hest 教授等报道了采用自组装技术制备的带有可控开口的 Janus 型聚合物囊泡马达[6](图 10-3)。该方法在利用球形聚合物囊泡转化为口腔细胞结构过程中，向溶剂溶胀的聚合物囊泡中添加 Pt 纳米颗粒来实现 Pt 纳米颗粒的包覆，从而得到囊泡状 Janus 马达。这种超分子聚合物胶体马达可以通过准确稳定地控制微腔开口的开启和关闭来截留具有催化活性的 Pt 纳米颗粒，从而形成纳米反应器。随后通过催化反应分解过氧化氢产生氧气以作为动力，产生的氧气泡从开口处喷射并形成反冲作用力驱动马达的运动。Ji 等采用种子生长法、真空溅射技术与表面原子转移自由基聚合相结合的方法制备了高分子刷修饰的 Janus 温度响应型胶体马达[7]。首先采用种子生长法在 SiO₂ 模板上构筑金纳米壳,然后采用自组装技术将引发剂 DTBU 修饰在金纳米壳表面,再使用真空溅射技术制备具有 Janus 结构的 Br@Au-Pt 胶体马达,最后采用表面原子转移自由基聚合的方法将温度响应高分子刷聚 N-异丙基丙烯酰胺[poly(N-isopropylacrylamide),PNIPAM]修饰于 Au-Pt 马达表面,获得 Janus 胶体马达 PNIPAM@Au-Pt。按照上述步骤,通过改变引发剂的密度能够制备出具有不同 PNIPAM 接枝密度的 Janus 马达。

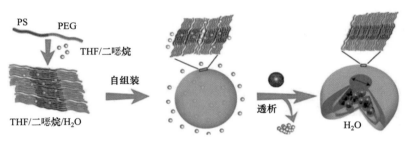

图 10-3　　自组装法制备口腔细胞形 Janus 胶体马达[6]

10.2.2　物理气相沉积

物理气相沉积(PVD)是一种将目标材料通过物理方法(真空溅射、电子束蒸发)进行气化,并将气化产物(气态分子、电离离子)转移沉积至基底上形成薄膜的过程。固体金属靶的蒸发由高温真空或气态等离子体辅助形成。两种最常见的 PVD 方法是真空溅射和电子束蒸发。真空溅射是通过电离气体(通常是氩气)轰击靶产生蒸气的技术,而电子束蒸发依靠电子束将原子从靶中蒸发到气相中。这两种技术随后都是将所得的气相分子、离子沉积在基材的表面上。PVD 法制备 Janus 胶体马达最简单的形式是先将胶体颗粒铺展在基底上,再运用 PVD 技术在胶体颗粒的表面沉积一侧功能性薄膜层以引入不对称性,如催化功能层、磁性功能层等,通过这些功能薄膜层的沉积,将微纳米结构加工制备成具有一定功能的 Janus 结构马达。由于这种马达的两侧分布不同的材料成分,从而使 Janus 结构的两侧能够产生不对称反应以推动马达运动。

通过金属真空溅射的 PVD 方法可将具有催化功能或光热转化效应的金属材料沉积在胶体颗粒的一侧,从而形成 Janus 型胶体马达。利用该方法在纳米介孔二氧化硅纳米颗粒的表面沉积金属铂,首次成功制备出直径小于 100 nm 的 Janus 胶体马达,突破了纳米尺度对人工合成马达的制约[图 10-4(a～c)][8]。将 PVD 与层层自组装技术结合可用于金属半壳包覆的 Janus 微胶囊马达的设计与构筑[9]。首先通过颗粒模板辅助的层层自组装在二氧化硅球表面组装不同电解质多层膜,成功修饰聚电解质多层膜的 SiO₂ 球表面分别溅射沉积铂和磁性镍(Ni),去除 SiO₂

模板后获得的铂镍壳半包覆的 Janus 中空微胶囊马达可以在 H_2O_2 溶液中、外部磁场作用下产生定向运动。在 Janus 聚合物微胶囊马达的制备过程中，将具有光热转化效应的金属材料替代催化材料溅射涂覆在颗粒的一侧，可制备具有光响应性的 Janus 光驱动胶体马达，该马达可以通过光照刺激在溶液中进行定向运动。通过在半导体光敏材料二氧化钛(TiO_2)球的表面溅射一层贵金属金(Au)纳米层，获得的 Janus 胶体马达可在紫外光照射下进行光驱动运动。此外，赵一平课题组结合传统物理气相沉积和湿化学蚀刻方法，制备 Au/Pt/Ag 三层半壳状胶体马达[10]。此 Janus 胶体马达的驱动方式为金属铂催化分解过氧化氢，这种半敞开式的胶体马达的运动速度明显大于全封闭不对称结构胶体马达的运动速度，这与催化反应释放气泡的频率有关。

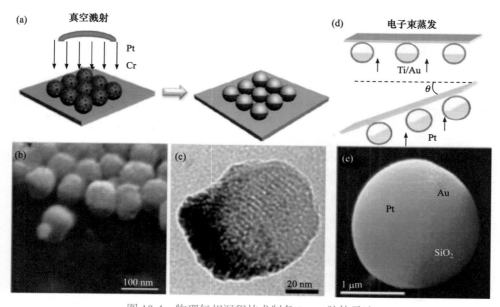

图 10-4　物理气相沉积技术制备 Janus 胶体马达
(a～c)真空溅射法在单层纳米介孔硅球顶部沉积金属膜制备 Janus 纳米介孔硅马达[8]；(d，e)电子束蒸发法在单层二氧化硅微球一侧蒸镀金属膜制备的 Janus 双金属微球马达[11]

除了以上驱动性功能材料通过 PVD 技术在胶体上的不对称修饰外，众多科研学者随后还研究了如何在对称功能体上制造不对称结构以提高马达运动效率。Wang 的团队通过在活泼金属(Al、Mg 等)的一侧通过 PVD 技术沉积阻隔层(如钛)阻隔活泼金属的反应，使活泼金属仅在其中一侧产生反应，从而推动水中马达运动。PVD 技术通过影蔽效应和入射蒸气沉积时进行基底旋转可制备复杂多金属 Janus 胶体马达。例如,利用电子束蒸发技术制备 Pt-Au 不对称双金属马达的研究[11]。如图 10-4(d，e)所示，在二氧化硅基底颗粒上沉积 Ti 层和 Au 层，然后旋转喷射角度，Pt 层沉积在 Au 层上侧偏左并且暴露出一部分 Au 层。通过影蔽效应和入射蒸气沉积时进行基底旋转，能很简单地得到不对称结构。该马达可以通过调节 Au 层暴露的区域来调节马达运动行为。

10.2.3　电化学沉积

对于电化学沉积，所需材料(通常是金属)可通过氧化还原反应沉积到模板上。为了制备 Janus 棒状马达，通常使用的模板包括聚碳酸酯膜(PC)和氧化铝膜(AAO)的圆柱形孔[12,13]。模板辅助电化学沉积制备胶体马达的一般过程是，多孔膜模板在一侧预先沉积导电金属以充当工作电极，然后将模板放置在电镀室中进行沉积，沉积过程发生在孔内。例如，Wu 等通过单金属电化学沉积与自组装技术相结合制备了红细胞膜伪装的内外阴阳型纳米棒马达[图 10-5(a)][14]。首先通过模板辅助电沉积法制备金纳米棒，获得的金纳米棒放置于柠檬酸溶液中进行过夜培养，从而将带有负电的柠檬酸基团覆盖于金纳米棒表面。由于表面覆盖柠檬酸基团而显示负电的金纳米棒同 50～100 nm 的红细胞膜囊泡在外源超声场下进行共培养。具

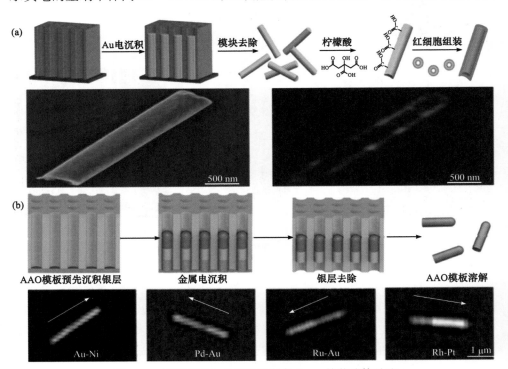

图 10-5　模板辅助电化学沉积制备 Janus 棒状胶体马达

(a) 内外不对称型红细胞膜伪装棒状 Janus 胶体马达的制备及扫描电镜、激光共聚焦表征[14]；(b) 两端不对称型双金属棒状 Janus 胶体马达的制备及不同组合的双金属棒胶体马达的举例，在 H_2O_2 中自电泳运动的方向用箭头表示[15,16]

有高表面张力的红细胞膜囊泡不稳定，易于同金表面融合来实现自由能最小化。外源的超声处理可以加速红细胞膜囊泡同金纳米棒融合的过程，融合过程不但保持了红细胞膜的双层膜结构，而且可紧贴金纳米棒表面定向排列，从而得到具有内外不对称结构的 Janus 型红细胞膜伪装棒状胶体马达。

除了单金属沉积之外，多种金属的顺序沉积也是可行的，在膜模板溶解之后，可以获得双金属或者多金属棒。该方法可以制备具有良好产量和高均匀性的刚性棒形两端不对称型胶体马达[图 10-5(b)][15,16]。通过调节孔直径和外部电荷，棒的直径和长度都可以变化。除棒状 Janus 胶体外，Janus 球形马达也可通过电化学沉积制备。不使用静电膜作为模板，当导电珠放置在两个电极之间时，导电珠可以在球体的一个半球处发生极化电化学沉积，产生 Janus 颗粒[17]。金属或半导体材料都可以用这种方式沉积制备 Janus 胶体马达。

10.2.4　其他 Janus 胶体马达制备技术

除了以上熟知的几种方法外，湿化学刻蚀法同样可以用来大量地制备 Janus 胶体马达。首先，在基底上形成平面二维自组装单层排列的微球，用一层薄石蜡膜进行固定。随后不再采用金属化学气相沉积和微接触印刷的方法，而是将带有单层颗粒排列的基底放入等离子体刻蚀机中，对颗粒裸露上层进行表面刻蚀，使裸露半球表面性质变为亲水，再进行一系列的生物和化学修饰，最后将用于固定的石蜡溶解，将阴阳颗粒从基底上释放，可获得带有特定生化功能的 Janus 胶体马达。此外，以高分子聚合物为原材料利用微流控加工技术可制备具有不对称形貌的微小液滴 Janus 颗粒马达。在微流控制通道中将两种成分的聚合物进行分流组装，同时进行光照等固化处理即可批量制备 Janus 球形马达。微流控加工技术对制备和操作的水平要求比较高，不易于大范围的应用，但其制备 Janus 胶体马达的效果比较好，尺寸分布和外部形貌比较均一。

10.3　Janus 胶体马达的驱动方式

Janus 胶体马达的大小通常是在微纳米尺度，处于低雷诺数区(假设直径 $d = 1$ μm，$Re = \rho v d/\mu \approx 10^{-5} \ll 1$)，运动受黏滞效应支配而维持宏观物体运动的惯性力失效，由于需要克服黏滞阻力和布朗运动，给驱动和运动控制带来重大挑战。马达在不同情况下进行应用时需要结合不同驱动方式，如在生物体环境中进行应用时，不宜使用对生物有害的气泡驱动马达。因此，为了满足不同应用场景的需求，科研工作者们对马达的不同驱动方式进行了广泛的研究。目前，Janus 胶体马达的驱动方式主要分为两种，一种就是通过将化学能(水、过氧化氢、酸或碱、尿素、葡萄糖等)转化为驱动力的化学驱动；另一种则是利用外加的刺激(光源、磁场、超声和电场等外场源)而引起的运动。此外，对于同一种马达运动体系，其运动行为及运动机理有可能会随着马达形状、环境因素等的变化而改变，同时还能将外场源与化学反应相结合制备出能够被多重方式进行驱动的胶体马达。本小节将就几种主要驱动方式进行简明扼要的归纳总结。

10.3.1　化学驱动

化学能是一种最普遍的活性物质系统的能量来源。自然界中存在的生物马达(生命体)能够从周围环境获取能量驱动自身运动，如肌动蛋白、细菌等。受此启发，研究者们设计了能够从周围溶液环境中获取化学"燃料"，通过催化剂或活泼金属进行原位化学反应将体系中的化学能转化为机械能以驱使自身进行运动的微纳米马达。在迄今报道的用于驱动 Janus 胶体马达的各种燃料中，使用最多的化学燃料是 H_2O_2。此外，具有生物相容性好、毒性低等优点的水、酸、碱、尿素和葡萄糖等也用来取代过氧化氢作为化学燃料。根据所涉及的反应，运动可以由气泡的产生(即所谓的气泡反冲机制的诱导)或通过建立浓度梯度、自建电场等实现自泳驱动机理来驱动，如图 10-6 所示。化学驱动型 Janus 胶体马达因尺寸小、运动灵活、多功能和原位摄取能量等特性，具有驱动力强、驱动机理明确等优点，使其在生物传感、主动给药以及环境监测等领域具有良好的应用前景。

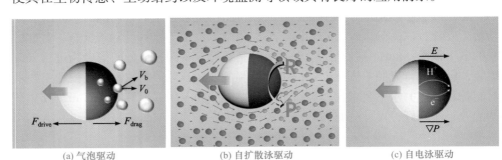

(a) 气泡驱动　　　　　　　　　(b) 自扩散泳驱动　　　　　　　　(c) 自电泳驱动

图 10-6　Janus 胶体马达的三种典型的化学驱动方式

1. 气泡驱动

气泡驱动型 Janus 胶体马达通常依据的驱动原理就是通过 Janus 马达一侧与溶液化学燃料发生催化反应产生连续性气泡，气泡的产生和释放会给马达一个持续反向的推动，从而依靠喷射的气泡的反作用力来驱动自身向前运动。气泡驱动的马达因其大的推动力以及低能耗而备受人们关注，是最常见的化学驱动方式，也是最先被报道的胶体马达运动机理。

目前报道最广泛的气泡驱动胶体马达是利用 H_2O_2 作为燃料的 Janus 胶体马

达。H_2O_2 作为气泡驱动胶体马达的主要驱动力,通过催化剂催化分解过氧化氢产生氧气推动胶体马达运动。如图 10-7 所示,基于 Pt 催化剂分解 H_2O_2 产生氧气气泡推动胶体马达进行运动。在一个不导电的微球上涂覆一半催化剂 Pt,在 H_2O_2 存在的条件下会发生:$2H_2O_2 \xrightarrow{Pt} 2H_2O + O_2(g)$。与没有催化剂的表面相比,覆有催化剂的表面会产生很多氧气,高浓度的氧气会在有催化剂的表面聚合形成具有临界成核半径 R_0 的气泡。气泡周围的溶解氧继续扩散到气泡中,使其生长,同时所受的浮力和表面附着力相互竞争,气泡继续膨胀,直到到达脱离半径 R_d 并从表面释放出来,气泡的脱离会导致一个动量的变化,引起脱离催化剂表面的驱动力 F_{drive}。在气泡脱离的过程中,气泡的形状发生畸变,初始的脱离速度非零且有一个水平分量(垂直的分量会被重力抵消)。因为催化剂在反应中不会被消耗,所以气泡脱离表面后,只要有 H_2O_2 就又会产生新的气泡并释放,引起连续的动量的变化,这就使得马达能够在溶液中被不断地推动。依照动量守恒定律,当化学反应产生的气泡在胶体马达表面释放后,必然会对胶体马达产生作用力,因此可以反向推动胶体马达运动。这种驱动方式使用催化剂的种类多数为金属 Pt、过氧化氢酶和过氧化物酶等。虽然过氧化氢分解后产生水和氧气,但是根据气泡生成的大小判断其运动机理,因此可以说明气泡驱动是自扩散泳运动的极致表现。贺强课题组构筑的结构可控、金属铂催化的气泡驱动 Janus 聚合物微胶囊马达具有突出的药物负载功能,同时能在溶液中自主运动,集载体功能和马达功能于一体[3]。该团队报道了以金属铂催化过氧化氢产生氧气为驱动力的介孔硅 Janus 纳米马达。这也是首个在 100 nm 以下的进行气泡驱动的胶体马达,且其最大速度为 20.2 μm/s[8]。众所周知,过氧化氢酶的催化速率远远高于 Pt,并且是使用最广泛的一种酶。该团队在以上工作的基础上设计制备了使用过氧化氢酶作为动力的 Janus 气泡驱动马达[9]。

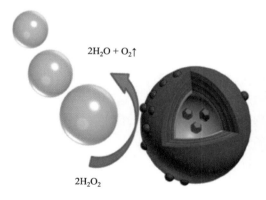 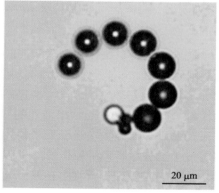

$2H_2O + O_2\uparrow$

$2H_2O_2$

20 μm

图 10-7　H_2O_2 作为燃料的铂基 Janus 气泡驱动马达[3]

　　虽然基于催化双氧水反应的气泡驱动 Janus 胶体马达的运动速度快，并且可以在高离子浓度和高黏度介质中运动，但是在体内 H_2O_2 存在的区域少并且高浓度的 H_2O_2 具有强氧化作用，生物相容性差，这限制了 H_2O_2 为燃料驱动的微纳米马达在生物体内的实际应用。除了经典的双氧水催化之外，还有许多其他材料和化学燃料被用于产生气泡进行马达驱动。水是一种生命必需的液体，广泛存在于生物环境中，因此水驱动微纳米马达为生物应用方面提供了很大的可能性。活性金属与水的反应可以产生 H_2 气泡，从而推动胶体马达。Gao 等报道了第一个使用水作为燃料的 Janus 胶体马达(图 10-8)[18]。它是基于部分涂覆的 Al/Ga 合金微球，它的不对称结构能够自发产生氢气泡推动马达以高达 3 mm/s 的速度前进。Al 和水的反应是众所周知的，虽然在这种情况下能够产生气泡，但 Al 表面会快速钝化。使用液态金属脆化产生的二元合金可以有效缓解这个问题。这种胶体马达的寿命很短(从几秒钟到几分钟不等)，并且 Al 对生物体有一定的毒性。Guan 等开发了以水或人体体液(如血浆)为燃料的生物相容型镁基(Mg/Pt)Janus 胶体马达。在运动环境中该镁基胶体马达可以完全降解，它们的可控降解性能依赖于 Janus 马达的两种组分在运动环境中的不同腐蚀速率。

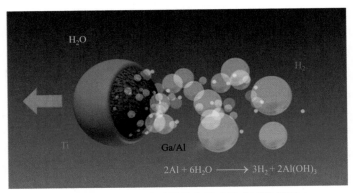

图 10-8　H_2O 驱动型微纳米马达的典型实例[18]

　　此外，生物系统存在一些酸性或碱性的环境，如胃酸，活性金属可以与酸或碱反应产生 H_2 气泡进行驱动，使用酸或碱作为燃料的胶体马达是非常有前景的。Avila 等展示了一种由 H_2 气泡推进的镁基 Janus 球形马达，这种胶体马达在模拟胃液环境(pH = 1.3)中显示出强烈的气泡推进能力。除了使用酸性或碱性燃料的微纳米马达外，研究人员还开发了使用多种燃料驱动的马达。例如，Wang 及其同事开发了部分涂有钯的铝微球——多燃料 Janus 胶体马达，能够在酸性或碱性介质中通过 H_2 气泡推动和在 H_2O_2 中通过 O_2 气泡反向推动。在极端酸性或碱性条件下，外部 Al 氧化物层消散(Al 和 Al 氧化物的两性特征)，使 Al 层暴露出来并与介质反应自发地产生 H_2 气泡。或者在 H_2O_2 存在下，H_2O_2 被外侧 Pd 涂层催化降解，产生 O_2 气泡。这种微米马达的通用性强，可以根据周围环境使用一种或多种燃料驱动，并且在生理温度下运动速度更快。虽然 H_2O、酸和碱等燃料的生物相容性好，并且大量存在于生物体中，但是基于活性金属的微纳米马达是消耗性的马达，具有短寿命和反应条件苛刻等问题，因此该种马达的应用领域有限。此外，由于贵金属催化剂价格昂贵，不利于实际应用时的批量生产。为了降低成本，研究者们开发出了一种新的气泡推进马达，主要使用廉价的二氧化锰(MnO_2)催化剂来分解 H_2O_2 进行气泡驱动。

现在对于胶体马达在生物体相容的环境中应用的要求也越来越高。而在这一类具备一定生物良性的胶体马达之中，又以生物相容性良好的葡萄糖溶液作为反应环境的胶体马达研究最广。葡萄糖在人体生物液体中的浓度为 $4\sim8$ mmol/L，能够被葡萄糖氧化酶分解产生 H_2O_2(葡萄糖 $+ O_2 + H_2O \longrightarrow$ 葡萄糖酸 $+ H_2O_2$)。这一类葡萄糖体系的胶体马达，尤其以负载葡萄糖氧化酶的 Janus 胶体马达(酶系马达)作为其中的代表。Wilson 的研究团队制备了一种酶驱动的聚合物囊泡超分子纳米马达，它能够在葡萄糖等化学燃料的存在下进行酶驱动运动[19]。近年来基于其他酶的生物化学催化反应也被用于自驱动马达的制备，如 Ma 等利用戊二醛(GA)直接将酶负载在 SiO_2 球上制备了生物相容性酶动力 Janus 胶体马达[20]。这类胶体马达可由过氧化氢酶/H_2O_2、脲酶/尿素等不同酶/燃料组合的生物催化反应提供动力驱动马达运动(图 10-9)。Sen 等使用生物素-霉抗生物素蛋白连接方法，将脲酶和过氧化氢酶与聚苯乙烯微粒相结合，制备出在不同的基质中可进行运动的酶驱动微马达[21]。Philipp Schattling 等则制备了利用酶催化葡萄糖产生的溶液梯度差作为驱动力的 Janus 胶体马达[22]。

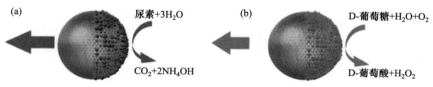

图 10-9　尿素/葡萄糖驱动型 Janus 酶基马达的典型实例[20]

(a)尿素驱动；(b)葡萄糖驱动

由于特定化合物可以同时是反应产物和不同基质的底物，因此一些课题组将两种或者多种酶组合到一起，并且将其催化反应串联起来得到复杂的系统。其中最突出的例子是葡萄糖氧化酶与过氧化氢酶的结合，在这个体系中葡萄糖氧化酶可以将葡萄糖和氧转化为葡萄糖酸和 H_2O_2，而其中产物 H_2O_2 可以被过氧化氢酶分解(葡萄糖 $+ O_2 + H_2O \longrightarrow$ 葡萄糖酸 $+ H_2O_2$；$2H_2O_2 \longrightarrow 2H_2O + O_2$)[19,23,24]。Städler 等使用 800 nm 的 Janus 颗粒将葡萄糖氧化酶和过氧化氢酶偶联到 Janus 颗粒的同一侧得到的酶驱动马达，在葡萄糖溶液中可以观察到能够增强扩散[25]。

　　然而，葡萄糖体系的胶体马达仍然有诸多缺陷，如在速度上存在极大的限制，一方面是由生物酶本身有限的催化反应能力带来的，另一方面则是这类胶体马达反应条件的苛刻性所引起的。因此，制备一种具有优良的稳定性和生物相容性，并且可以在葡萄糖溶液中高效率运动的胶体马达，对于推进其在生物相容性环境中的实际应用具有十分重要的意义。除了上述通过产生气泡进行运动的化学驱动马达之外，还有不产生气泡的化学驱动马达，这类马达的运动主要基于自电泳、扩散电泳等机理。

　　2. 自扩散泳驱动

　　自扩散泳机理的实质是利用不对称的浓度梯度场进行驱动，主要是指 Janus 胶体马达在化学介质中由于马达自身的不对称性导致在各个方向上催化分解化学燃料的能力不均一，因此燃料分子或产物以扩散的形式向马达消耗快的一侧进行补充，化学反应后在胶体马达表面能够形成不同的浓度梯度驱动马达运动的现象。例如，过氧化氢反应物的浓度梯度或者产物的浓度梯度，通过浓度梯度产生流体的扩散运动，从而带动胶体马达进行运动。根据溶质的性质，自扩散泳可分为两类：由电解质产物浓度梯度引起的离子型扩散泳和非电解质产物浓度梯度引起的非离子型扩散泳。

　　非离子自扩散泳通过化学反应推动颗粒产生局部溶质梯度。Ebbens 等制备出球形 Janus 胶体马达，利用荧光微球上溅射一层 Pt 得到 Pt/荧光微米马达，其运动是由于球体表面催化反应不对称分布而产生的非离子型自扩散泳驱动的[图 10-10(a)][26]。Howse 和 Zhao 两课题组报道了具有 Janus 结构的聚苯乙烯球 PS 和真空溅射喷 Pt 的 PS-Pt 胶体马达[27]。其自扩散泳运动机理可以归结为 Pt 层催化分解溶液中的过氧化氢生成水和氧气，其表面形成过氧化氢的浓度梯度。在金属 Pt 一侧过氧化氢浓度小，而在聚苯乙烯球一侧过氧化氢浓度大，因此形成一个从金属 Pt 向聚苯乙烯球扩散的流体，进而推进胶体马达进行运动。值得注意的是，过氧化氢分解产生的氧气少且马上溶于水溶液中，因此观察不到气泡的形成。Ayusman Sen 课题组报道了在二氧化硅-金表面修饰 Grubbs ROMP 催化剂后，设计出一种能够利用催化合成反应产生浓度梯度增加胶体马达扩散的体系[28]。该胶体马达展现出沿着单体浓度梯度方向进行运动，这为以后实现特殊靶向运动奠定了基础。研究者对自扩散泳的另一种解释为在胶体马达表面发生化学反应后，根据反应物和生成物的分子个数来判断其运动机理和运动方向。当化学反应生成物的分子个数大于反应物的分子个数时，在胶体马达表面形成渗透流(梯度)推动胶体马达进行运动。因此，以上过氧化氢分解能够认定为：经过催化反应，能够将反应物过氧化氢变为产物水和氧气，生成物的分子个数明显大于反应物的个数，在 PS-Pt 胶体马达表面形成渗透流推动胶体马达运动。

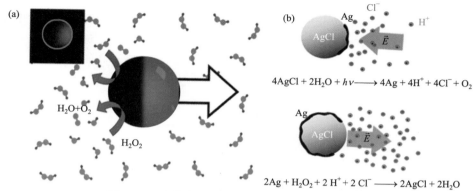

$$4AgCl + 2H_2O + h\nu \longrightarrow 4Ag + 4H^+ + 4Cl^- + O_2$$

$$2Ag + H_2O_2 + 2H^+ + 2Cl^- \longrightarrow 2AgCl + 2H_2O$$

图 10-10　自扩散泳驱动的 Janus 胶体马达运动机制

(a) 非离子型自扩散泳[26]; (b) 离子型自扩散泳[29]

离子型自扩散泳机制是通过化学反应产生局部离子梯度以推动颗粒。Sen 课题组利用 AgCl/UV 系统中已经证明了活性系统中的动态转变[图 10-10(b)][29]。当 H_2O_2 加入系统时会发生集体行为的转变，两个体系相互竞争使得马达产生周期性振荡行为。如图 10-10 所示，通过紫外光将 AgCl 还原为 Ag 同时产生 HCl，而 H_2O_2 能消耗产生的 HCl 并将 Ag 氧化回 AgCl，这导致离子梯度的周期性逆转。结果，AgCl 马达表现出周期性振荡运动。

由于电解质对离子型扩散泳驱动微纳米马达的运动性能影响较大，因此其难以应用于生物医药领域。对于非离子型扩散泳驱动的微纳米马达，虽然能在含有一定电解质的溶液中运动，但是其驱动力较弱。

3. 自电泳驱动

这种驱动机制通常会出现在合金微纳米马达中。众所周知，带电颗粒可以在电场内进行电泳运动。由于合金马达中两种金属组分在运动溶液中如同两个电极，马达则变成一个小型原电池。当带电的胶体马达催化分解化学燃料时，发生在两个不同金属端之间的氧化还原反应产生电子转移，进而产生氧化还原电势驱动马达运动。自电泳驱动胶体马达的运动机理依旧是依靠浓度梯度推动运动，但是其与自扩散泳的不同之处在于，进行自电泳运动的胶体马达必须自身带电且在发生化学反应后能够产生电场。典型的例子为 2006 年宾夕法尼亚州立大学 Paxton 等制备的一端是铂另一端是金的双金属 Janus 棒状胶体马达在稀释的 H_2O_2 中自主运动(图 10-11)[30]。在金-铂双金属棒表面，铂端发生双氧水的电化学氧化半反应(阳极)，而金端发生双氧水的电化学还原半反应(阴极)。由于在金属棒表面发生不对称化学反应，铂端产生的电子会在马达表面流向另一端金层。与此同时，溶液中

携带 H^+ 的一部分流体被马达表面流动的电子所吸引，从而会向金端移动以达到整个体系的电荷平衡。因此在 Au-Pt 胶体马达上产生一个由 Pt 朝向 Au 的自电场。为了电荷平衡和化学反应的进行，溶液中则形成由 Pt 朝向 Au 的离子电流且由于质子的扩散形成同向的流体。马达周围的流体与马达本身产生相对位移，这种反作用力驱动马达朝金属铂的方向进行自电泳运动。同时，该研究证明 Janus 棒状胶体马达的运动速度不仅与过氧化氢浓度有关，还与马达的表面电荷有关。

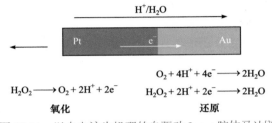

图 10-11　以自电泳为机理的自驱动 Janus 胶体马达[30]

　　由同样的自电泳驱动机理出发，多个课题组又制备了一系列具有相似机制的 Janus 胶体马达，但是这些马达由不同的材料制备成，并且可以在不同的溶液环境中运动。例如，Liu 等制备的 Pt/Cu 双金属棒状微纳马达，以碘或溴溶液作为驱动燃料，利用 Pt 催化产生的自电泳机理驱动马达运动[31]。经过近几年的发展，以自电泳机理驱动的胶体马达不仅仅为单一的棒状结构，同时也出现了双金属球形胶体马达，如 Au-Pt 胶体马达、Au-Pt-Pt 胶体马达等。Ji 等制作出了具有重叠 Pt 和 Au 区域的 Au/Pt 双金属球，通过巧妙地改变暴露的 Au 表面积来控制微马达的运动。无论是棒状还是球形的胶体马达均可能由于电场的存在而使胶体马达在运动时出现集群行为。除 H_2O_2 之外的其他燃料也被发展可以用来驱动基于自电泳机理的微纳马达。例如，使用肼(N_2H_4)及其衍生物 N,N-二甲基肼作为燃料[32]。另外，为了提高这一机理的生物相容性，使用葡萄糖作为燃料的自电泳微马达也在稍后被开发出来[33]。自电泳对稳定的电渗透机制的贡献，可能为未来胶体马达的设计提供了新的思路[34]。

　　化学驱动的 Janus 胶体马达中，气泡推动的胶体马达运动速度最快，并且不受体系中离子浓度的影响，但是因为气泡释放产生强大的推动力，(速度极快的)胶体马达不易通过显微镜观察。通过自电泳和扩散泳机理推动的胶体马达，其运动速度受离子强度和介质黏度的影响严重并且速度较慢，因而对溶液的洁净程度有极高要求，这就限制了其在环境、生物等领域的应用。需要强调的是，大多数化学驱动胶体马达的运动严重依赖一些与生物相容性较差的燃料，难以满足马达在生物环境中的应用。而能够在模拟体液、血浆和血液等环境中运动的自驱动马达多属于反应消耗型，运动寿命短的问题极大地限制了它们的应用。因此，发展新的驱动机理或马达，制备能够在较低 H_2O_2 浓度下或生物相容性燃料中快速运动的 Janus 胶体马达就成了未来的研究重点。

10.3.2　光驱动

由于传统的化学驱动型微纳马达所作用的溶液环境往往都具有一定的毒性，因此其实际应用受到了极大的限制。而光作为一种清洁能源具有简单易得、对人体伤害小等特点，被研究者们广泛研究作为胶体马达的一种理想驱动方式。光本身携带能量，在其照射下，能够诱导光敏物质进入激发态，同时通过特殊的光学手段可以某一个特定波长的光进行特定的区域应用。目前主要利用近红外光和紫外光来驱动胶体马达。

光热驱动作为光驱动胶体马达的主要驱动方式，其机理是指通过在胶体马达一侧修饰具有光响应的材料，如金、铂、钛等，在外部光源照射下胶体马达一侧表面能够发生光热转换，在马达周围产生不对称的热梯度，通过自热泳的方式推动胶体马达进行运动。这一类的光驱动以 Xuan 等制备的 Au-SiO$_2$ Janus 纳米马达为代表(图 10-12)。近红外光具有较高的能量，激光照射于这种不对称的金-二氧化硅胶体马达表面，金侧吸收近红外光会有显著的热效应，致使在其周围的流体产生一定的温度梯度，以此来推动胶体马达进行运动。这种热驱动型胶体马达的运动速率可以达到惊人的 950 体长/秒[35]。此外还可在金一侧修饰化学反应的催化剂，通过催化化学反应后放出的热量推动胶体马达。因此，外加光源或者原位化学反应放热产生热梯度的方式可以有效驱动胶体马达运动。Dong 等则制备了另一种紫外光驱动型 Janus 胶体马达[36]，利用一种常见的光催化剂 TiO$_2$ 作为材料，通

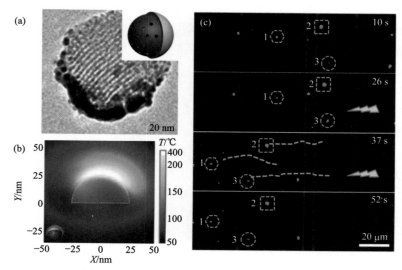

图 10-12　近红外光驱动的 Janus 介孔硅马达[35]

(a) TEM 照片；(b) 理论模拟的温度分布；(c) 开关运动的视频截图

过紫外光照射，能隙较低的 TiO$_2$ 产生电子跃迁，由价带跃迁至导带上，从而流向马达表面溅射的金层，周围的流体由于带有正价 H$^+$，同向流动以维持整体的电荷平衡，因此产生一个反作用力驱动马达运动。这种利用光来驱动和控制运动的微纳马达，解决了化学驱动型胶体马达一直以来的缺陷——毒性燃料，而且由于具有即时的光响应的特点，可以有效地利用光源的开闭状态以及更改光源的强度，从而达到对马达运动的控制。这一类的控制方式高效、绿色、迅捷，是胶体马达领域一个极为重要的发展方向。自热泳驱动方式使得胶体马达能够在光照条件下进行运动，为胶体马达的应用开辟了新的道路。

10.3.3　磁场驱动

磁场具备远程遥控、无生物毒性、易于操作、机理简单和破坏性小等优点，能够精确地控制胶体马达的速度、运动方向等，因此磁场驱动的马达因其具备远程驱动方式和精准导航能力而备受关注。研究者们主要是将磁性材料组合到胶体马达后，马达的铁磁部分或层将沿其最长尺寸被磁化，这将反过来影响作用在胶体马达上的磁力的方向，通过外源磁性来驱使或控制马达的运动。常用的磁性材料主要是铁、钴、镍、铁氧体及其合金等。在胶体马达领域使用较多的是镍及 Fe$_3$O$_4$ 纳米颗粒，镍可以通过 PVD 真空溅射获得，而 Fe$_3$O$_4$ 颗粒可以通过静电吸附等方式组装到胶体马达上，常见于层层自组装技术制备的 Janus 球体马达中。

磁驱胶体马达研究初期主要是仿照大肠杆菌利用变形的尾翼摆动形成推力而设计的螺旋摆动型胶体马达。基于这种设计思想，最早制备出的胶体马达是利用红细胞作为马达的头部，DNA 作为灵活摆动的鞭毛，长度 24 μm 的 Janus 结构微马达。该马达在频率 10 Hz 的振荡磁场驱动下，其速度达到 22 μm/s[37]。随后，人们逐渐发展利用电化学沉积多段不同金属的纳米线作为胶体马达，通过磁性尾部旋转推动头部运动，如 Gao 等利用 AAO 氧化铝膜板首次成功地制备出金属材质纳米线状的微纳米马达[12]。该马达由一端为 Au，作为马达头部；另一端为 Ni，作为马达的尾部；中间部分为 Ag，作为马达的连接部分，三部分组成总长为 6.5 μm 的马达。在旋转磁场驱动下 Ni 段感受磁场的变化并发生摆动以推动马达运动。Pak 等在 Gao 设计的基础上，继续优化了马达的结构，制备出了只有两端的 Janus 线状胶体马达[38]。该马达一端是 Ni 纳米线，另一端是 Ag 纳米线，利用旋转磁场将旋转扭矩转化为向前运动的动力以实现自驱动且速度高达 21 μm/s，但此种螺旋摆动型 Janus 线状胶体马达的长度较短，且均为长轴型，运载能力较弱。

另一类是 Janus 球形胶体马达。带磁性金属钴半壳的胶体马达由于球状极好的对称性，在外源磁场作用下能够通过自身旋转与表面发生相互作用以诱导产生的流场来推动自身快速移动，如图 10-13 所示[39]。研究表明这种依靠表面作用驱动的 Janus 球形胶体马达具有很好的运载和越障能力。此外，将图像识别技术与自动磁控制技术相结合，可实现胶体马达在单一障碍、多路径障碍、多目的地障碍、简单迷宫和复杂迷宫中的自主导航控制。自主导航控制系统主要由工业相机、自主导航控制系统、磁场控制系统和电磁铁组四部分构成，可用于对胶体马达的运动的实时控制[40]。通过图像识别可提取出马达在迷宫中运动的位置信息，利用模糊推理算法可以对马达的运动方向进行控制。马达会沿特定路径进行运动到达迷宫中心位置，并且在运动过程中未发生与障碍壁碰撞的现象。这种基于磁驱动的 Janus 胶体马达有望用于简单的细胞操控、靶向运输和微创手术等生物应用[41]。

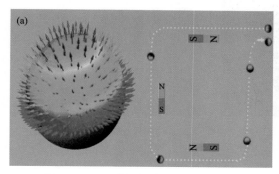
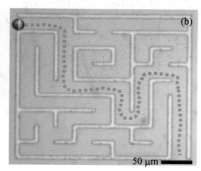

图 10-13　(a)磁场驱动 Janus 胶体马达[39]；(b)马达在复杂迷宫中的自主导航[40]

10.3.4　超声场驱动

超声驱动型微纳马达是利用超声波在胶体马达的不对称表面产生的不均等波压，从而形成一定的作用力驱动马达运动。这种驱动原理类似于射电望远镜的设计，利用凹面来聚焦周围环境的电信号，从而达到放大和增强的目的。而对于这一类胶体马达，在其表面的凹面端会使溶液环境中的超声波产生微聚焦的效应，从而放大这种作用力，汇集成具有一定方向的驱动力。超声作为一种外场源能够有效地驱动胶体马达运动，因其具有良好的生物相容性和破坏性小等特点，其在生物医学体系具有潜在的应用价值。Mallouk 课题组在 2012 年首次制备了能够依靠超声场驱动的双金属棒胶体马达。该课题组提出通过改变超声场的兆赫兹频率能够对胶体马达的运动造成影响。此外，该课题组发现通过调节频率达兆赫兹还能够使胶体马达具有不同的运动行为，如旋转或呈直线运动。

超声波(ultrasound，US)在特定波段范围内($2\times10^4 \sim 5\times10^6$ Hz)短时间使用时对生物体几乎没有伤害，因而在临床医学中被广泛使用。因此，面向生物医学诊疗的超声推进式胶体马达引起了研究人员的极大关注。Wu 等展示了以天然红细胞(red blood cells，RBCs)为主体，内部负载不对称分布四氧化铁纳米颗粒的功能性仿生 Janus 细胞马达[42]。在外源超声场作用下，红细胞马达的不对称结构和磁性颗粒的不均匀分布产生压力梯度来驱动红细胞马达运动。此外，该马达还能在磁力引导下定向移动，如图 10-14 所示。该天然红细胞 Janus 马达具有良好的生物兼容性，在生物体血液中运动时不会被巨噬细胞吞噬，能够在未稀释的血液中进行超声自驱动运动。

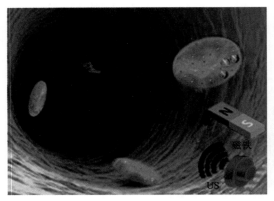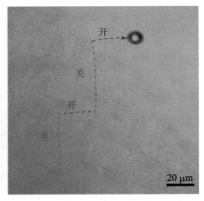

图 10-14　Janus 红细胞马达的运动超声驱动示意图和在超声作用下的运动轨迹[42]

10.3.5　混合场驱动

混合场驱动胶体马达是目前研究杂化胶体马达运动的重点，单一驱动方式的胶体马达不能满足胶体马达在应用方面的问题。混合场驱动胶体马达集合多种驱动方式为一体，能够利用一种驱动方式驱动胶体马达进行运动，采用另一种驱动方式对胶体马达的运动速度、运动方向或运动启停状态进行调控。为了能够制备出多重驱动方式的胶体马达，研究者们设计并研发出具有特殊结构或者将能感应不同外场源的组分分别修饰于胶体马达表面，使得胶体马达能够适应多重且复杂的应用。最近许多研究报道混合驱动胶体马达，如将化学反应驱动与外场驱动进行结合、超声场和磁场结合、光源和磁场叠加等。例如，Joserph Wang 课题组得到一种化学反应和磁场叠加控制的 Pt-Au-Agflex-Ni 纳米线马达，该纳米线马达是通过模板电沉积和化学腐蚀方法获得。这种纳米线能够在催化分解过氧化氢的同时依然能够受磁场对其运动方向的控制。

10.4　Janus 胶体马达的运动控制策略

运动控制是胶体马达在各种应用中的关键环节，大部分情况下这些胶体马达必须能够先到达指定部位才能执行预定的各种任务。目前，对于胶体马达的运动控制主要体现在三个方面：运动速度控制、运动方向控制以及启动/停止状态。以化学驱动方式为例，化学燃料的浓度是决定胶体马达运动速度大小的关键因素，因此能够通过改变溶液中化学燃料的浓度对胶体马达的运动行为进行控制。同样，外物理场驱动胶体马达的运动速度、启停状态主要是由外场源远程操控的距离以及外场源的开关状态所决定的。目前，多数采用化学驱动方式控制胶体马达的运动速度，而采用外物理场驱动方式调控胶体马达的运动状态。

10.4.1　运动速度控制

速度是评价胶体马达运动行为的一项重要指标。更快的速度意味着更大的推动力、更短的运动时间、更长的运动距离以及更低的燃料阈值。胶体马达的运动速度主要依赖于化学反应放出的能量或者外场源提供的能量。由于其尺寸较小，因此具有高能量、高速度和高效率的运动，能够实现胶体马达在多种重要的应用领域都有可观的前景。

目前，对于化学反应驱动的胶体马达，通过添加特殊组分或者改变反应环境如燃料浓度、温度等来实现胶体马达的运动控制。在一定燃料浓度范围内，化学驱动胶体马达的运动速度通常随着燃料浓度的增加而增加。例如，基于铂催化分解过氧化氢释放氧气驱动的 Janus 微胶囊马达，当 H_2O_2 浓度从 1%增加至 15%时，Janus 微胶囊马达的运动速度可增加 14 倍。这种运动速度的提高是与氧气泡释放频率的增加紧密相关的。研究发现，在同样的 H_2O_2 浓度范围内，氧气泡的释放频率由 2 Hz 增加到了 30 Hz。同时也发现升高溶液温度可以急剧加速马达的运动，这是由于温度的升高加速了催化反应速率，并提高了传质速率。

对于外场驱动的胶体马达，通过调控其外场能量的强弱可调控其运动速度。例如，对于光驱动的胶体马达，调控 NIR 激光的辐照强度是控制其运动速度的有效途径。NIR 驱动微胶囊马达的平均运动速度可随着辐照激光强度的增加而从 1.3 μm/s 增加至 23.27 μm/s。而对于超声驱动的胶体马达，可以通过调控超声换能器的电压来方便地控制超声场的强度，进而控制胶体马达的运动速度。红细胞膜修饰的 Au 纳米马达的平均运动速度可随超声换能器电压从 1 V 增至 6 V 而从 5 μm/s 增加至 43 μm/s。

10.4.2　运动方向控制

运动方向的控制是实现胶体马达应用的重要前提。通过外加磁场的引导来实现纳米马达的定向运动是目前最为常用的方向控制方法。采用磁场控制胶体马达的运动方向能够更好地应用在靶向运输、分离和货物运输等方面，并且在作用处将马达聚集可提高胶体马达的效率。通过制备过程中在胶体马达上修饰铁、钴和镍等磁性材料或者直接制备磁性胶体马达，使其能够对外界诱导的磁场做出响应。例如，利用微接触印刷制备 Janus 微胶囊胶体马达的过程中可以将柠檬酸稳定的 Fe_3O_4 纳米颗粒组装进入聚电解质多层壳中，可实现在外加磁场下对马达运动方向的控制。需要指出的是，对磁场强度可以进行一定的控制，使其仅可以改变马达的运动方向，而基本不会对马达自身的运动速度产生影响。除了引入磁性纳米颗粒外，也可以利用真空溅射的方法在马达表面部分覆盖具有磁性的 Ni 金属层来实现对胶体马达运动方向的控制。研究还发现，当外加磁场强度处于一定范围内时可以导致马达阴阳型结构取向的变化，而不会改变其位置，即可实现马达可控的旋转。Wu 等制备的 Janus 红细胞马达，由于引入了不对称分布的磁性 Fe_3O_4 纳米颗粒，该胶体马达在外加磁场条件下可产生净磁场，在溶液中通过超声场的驱动运动的同时能够通过磁场控制其运动方向，进而通过外加磁场的开关可以实现对马达运动方向的周期性控制(图 10-15)[42]。而在外加磁场关闭的条件下，天然红细胞的运动方向几乎无变化。该 Janus 红细胞马达在各种生物环境下显示出有效的引导和持久的推进力，并且表面覆有多种抗原，具有良好的运输和机械性能，因此在生物医学领域具有广阔的应用前景[43]。

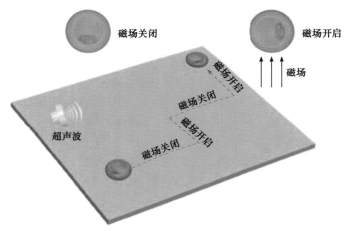

图 10-15　基于红细胞的超声驱动胶体马达在外加磁场条件下的运动方向控制[42]

　　虽然磁调控具有操控方便以及在低磁场强度下就能够进行驱动的优点，但是其容易在环境中消磁以及被腐蚀等缺点限制了其在极端环境下的应用。Ji 等利用高分子刷的温度响应性实现了温度对 PNIPAM@Au-Pt 马达运动方向的调控[7]。PNIPAM 高分子刷在低于和高于相转变温度 32℃时会有不同的高分子链的构象和不同的表面润湿性。将温度响应 PNIPAM 高分子刷修饰于 Au-Pt 马达表面，不同温度下高分子刷表面润湿性改变将导致马达的运动机理的改变，进而表现为马达在速度和方向的改变(图 10-16)。在 25℃时，Janus 马达 Pt 侧分解过氧化氢产生氧气、电子和质子，Au 侧消耗质子和电子生成水，因此 Au-Pt 两侧分别进行氧化还原反应以自电泳方式驱动马达沿 Au-Pt 方向运动。然而在 35℃时，PNIPAM 高分子刷为疏水状态, 疏水高分子刷在水中收缩完全覆盖于马达的 Au 表面, 阻碍质子在马达表面的扩散。因此使 Au 侧还原反应停止, 同时, Pt 侧分解过氧化氢为氧气和水, 在马达表面形成由 Au 朝向 Pt 方向的渗透流(梯度)。为了维持动量守恒, 推动马达背向 Pt 侧运动。所以, 温度响应高分子刷对马达运动的调控是对马达运动机理的调控, 通过对不同温度下 PNIPAM@Au-Pt 马达的运动方向的判断能够推断 PNIPAM@Au-Pt 马达的运动机理。这种温度响应型 Janus 胶体马达能够通过感知外在环境变化对其运动行为作出应对变化, 从而使马达更加智能化。

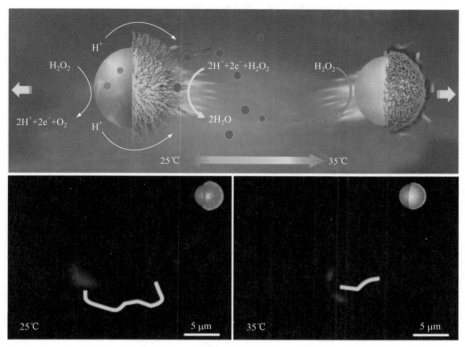

图 10-16　热敏聚合物刷修饰 Janus 马达在环境温度改变下实现运动方向的自主控制[7]

此外, 通过墙壁也可限制马达的运动方向, 从而达到马达的定向运动。例如, Das 等[44]发现化学驱动的 Janus 小球在几何边界限制下, 出现以固定的方向旋转和一定方向运动的现象。

10.4.3　运动启动/停止控制

近几年对胶体马达的启停状态主要集中在利用外场控制, 如光、超声和磁场。简单来说就是控制外场的开关从而调控胶体马达运动的启停状态。对胶体马达启停状态的控制对其在生物医学、靶向运输和药物释放等方面有重大的影响。贺强课题组[9a]描述了近红外激光控制气泡驱动胶体马达运动的启停行为。激光照射前，阴阳型胶体马达在 0.1%的低浓度 H_2O_2 溶液中不能实现自驱动运动，处于静止状态。用波长为 808 nm、能量密度为 3 mW/μm^2 的聚焦近红外激光照射后，胶体马达被激活，在 0.3 s 内完成加速，达到最大速度 220 $\mu m/s$(图 10-17)。通过调节激光光源可以实现胶体马达可逆的启停运动。

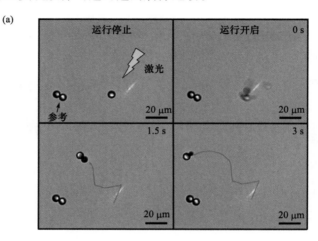

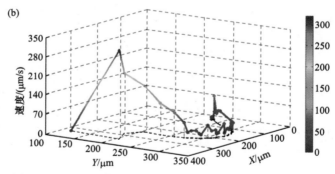

图 10-17　NIR 调控的 Janus 微胶囊马达运动的开启和停止[9a]
(a) 光学显微镜观察视频的截图；(b) 相应的运动速度与运动轨迹的对应关系

　　目前，除了光、磁、声等外场控制胶体马达的启停状态外，研究者还报道了利用加入抑制剂和活性剂的方法来调控胶体马达表面化学反应，从而调控胶体马达的运动状态。马星课题组报道了化学反应驱动的二氧化硅胶体马达，其动力来自尿素在生理浓度下的生物催化分解，即尿素酶分解尿素产生的二氧化碳。通过化学抑制和重新激活脲酶的酶活性来控制胶体马达的速度和启停状态。并且在 Janus 结构中加入磁性材料，可以对运动方向进行远程磁控。此外，介孔/中空结构可以负载小分子和大颗粒，可达数百纳米，使混合胶体马达成为一个主动和可控的药物输送微系统。

除此之外，Wilson 课题组提出利用高分子刷的响应性调控胶体马达的启停运动(图 10-18)[45]。将温度响应型高分子刷修饰到自组装的胃袋状的胶体马达表面，并且将 Pt 纳米颗粒装载到胶体马达内部。该胶体马达能够催化分解过氧化氢，产生的气体可推动其运动。当温度为 25℃时，该胶体马达上修饰的高分子刷伸展，但是当温度升高到 35℃时，纳米马达表面的高分子刷收缩从而阻碍催化反应的进行，使得胶体马达的速度下降到接近于停止的状态。因此能够通过调节高分子刷的温度响应性控制胶体马达的运动启停状态。

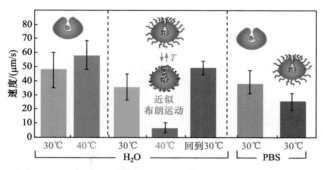

图 10-18　高分子刷控制 Janus 胶体马达运动启停状态[45]

10.4.4　集群行为控制

除了探索胶体马达个体运动行为控制之外，科学界还对胶体的相互作用与群体行为十分感兴趣，并做了大量的研究工作。借助胶体马达个体局域梯度场之间的有效碰撞而动态自组装形成各种马达集群，通过调控马达个体局域梯度场之间及马达集群周围梯度场与环境间的相互作用，可实现对胶体马达集群协同运动的有效调控。

2013 年 Palacci 等首次提出"活性晶体"(living crystal)的概念，他们利用 3-(甲基丙烯酰氧)丙基三甲氧基硅烷微球包覆大部分赤铁矿立方体，仅保留立方体的一角暴露在外。这种 Janus 微球分散在 H_2O_2、四甲基氢氧化铵和 SDS 混合溶液中，通过赤铁矿在蓝光下催化 H_2O_2 分解引发电渗流，从而使微球自组装形成不断破碎又不断重组的"活性晶体"，从而实现 Janus 胶体的群体动态自组装(图 10-19)[46]。在没有蓝光的平衡状态下，粒子扩散并处于无序状态[图 10-19(a)内插图]。在蓝光照射下，光激活胶体，开始出现协同行为。光照 350 s 时样品开始形成晶体[图 10-19(a)]。在蓝光熄灭后，由于热扩散，晶体立即开始"溶解"[图 10-19(b)]。100 s 后，完全没有结晶的痕迹[图 10-19(b)插图]。这种胶体马达利用化学反应所产生的长程浓度梯度和电场实现了群体行为，然而作用范围在颗粒尺寸量级的短程作用力也能够引发强烈的颗粒相互作用，特别是当颗粒密度较大时。这些短程

作用力包括静电力、范德瓦耳斯力、流体力学作用、取向力等基于熵的相互作用
力等。而在这种情况下颗粒相互之间的作用，以及它们与环境的相互作用常常受
到颗粒尺寸、成分、形状、表面电荷等的影响。这些短程作用力对于不发生化学
反应的活性胶体尤为重要，如受到电磁场驱动，或者发生自热泳的胶体颗粒。
即便对于通过化学反应驱动的活性胶体来说，这些短程作用力也往往对颗粒的
组装起到至关重要的作用，也可以用来解释一些单纯通过自扩散泳难以解释的
现象。

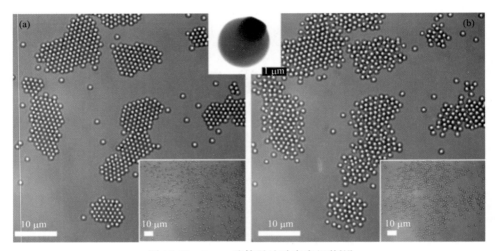

图 10-19　Janus 胶体马达动态自组装[46]

　　短程作用力往往用于解释活性胶体的成对相互作用(pair-wise interaction)。在
H_2O_2 溶液中自发运动的双金属微米棒之间的自组装现象应用的就是短程作用力。
两个靠近的 Au-Pt 微米棒会相互吸引并且交错组装，这种组装是动态的，大约持
续数秒后二聚体就会解离。运动的金铂双金属棒由于两端的不对称化学反应，铂
端附近的空间电荷主要为正，而金端为负。当 2 个这样运动的微米棒靠近时，类
似于 2 个电偶极子接近，会由于电场力的作用发生吸引和排斥[47,48]。在对 TiO_2-Pt
Janus 小球的研究中，也发现了其相互作用与动态组装现象。TiO_2 中的电子与空
穴分离，电子富集于 Pt 表面，与水发生化学反应，空穴则在 TiO_2 表面将水氧化。
该反应产生的带电颗粒在 Janus 小球附近分布不对称，所产生的电场驱动带电的
Janus 小球，该机理类似于双金属棒在 H_2O_2 中的运动[49]。

　　此外，化学能驱动的活性物质系统，其化学能常常来源于系统本身，因此常
与外场驱动的活性物质系统相区分。外场驱动的一种策略是利用电场和磁场。2016
年 Granick 等利用 SiO_2/Pt Janus 微球两侧在交变电场中的介电响应不同，导致不
同大小的偶极矩，从而建立两端的静电不平衡态，利用不同的交变频率展示了随

机运动、定向运动、自发成链、聚集成团等形式的自组织现象，成功地使同一种颗粒展现出多种行为模式[50]，见图 10-20。除了利用电场和磁场外，光热效应或超声场同样是外场驱动活性物质系统的热门选择。具有光热效应的 Janus 颗粒分散在水中，通过光照使局部区域的温度上升，形成对流从而聚集以实现集群行为。利用超声在介质中传播形成驻波，也可使颗粒聚集在波节或波腹的位置形成集群团聚体。

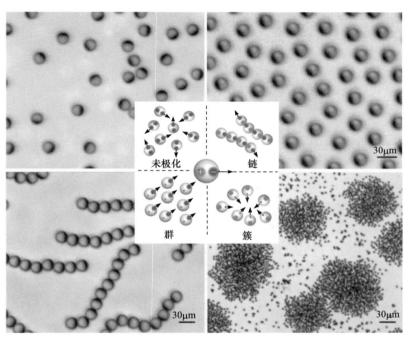

图 10-20　SiO$_2$/Pt Janus 微球在不同交变电场频率下的多种群体行为控制[50]

外场驱动活性物质系统具有极佳的普适性，通常不需要复杂或苛刻的化学环境。另外，研究者们很容易通过控制外场，精确地控制群体的行为。此外，多场结合的驱动方式也开始为研究者们所探究，以相互弥补不同外场各自的不足、完善系统的控制、拓展相应的应用空间。然而，外场驱动的活性物质系统中，个体的行为几乎是完全受迫的，难以具备智能化的潜力。

胶体马达构建活性物质系统为我们提供了洞察生命群体和相变现象的良好模型，这种在微纳米尺度上对胶体颗粒群体行为的编程与操控，也提供了一种非常规的原位合成材料和器件的途径，在生物治疗、局部修复、生物成像、微纳加工等领域展现了诱人的前景。目前，已有大量基于本征非对称性的微纳米马达群体研究，然而受限于本征非对称性的不变性，群体的行为往往比较单一，而研究者们对诱导非对称的胶体马达的群体知之甚少。可以推测的是，诱导非对称性由于具有可变或可调的性质，在研究具备多种行为模式的活性物质系统方面将具有很大优势。

10.5　Janus 胶体马达的应用

在过去十年里，在建造 Janus 胶体马达方面取得了重大进展，这些具有快速运输和高效货物牵引能力的人工合成马达系统有望为各种领域的应用带来新思路。

10.5.1　Janus 胶体马达在生物医学上的应用

1. 药物靶向递送

靶向运输是胶体马达应用的主要设想之一。常规的纳米颗粒作为药物运输穿透能力较差，严重限制了其药物运输的效果。为了实现对药物颗粒进行高效快速的定向运输，新一代的药物载体要求具有更大的负载、更快的运输和更精确的控制能力。Janus 胶体马达有望将药物等有效载荷直接运送到病变组织，这对于提高治疗效果和减少毒性药物的副作用而言具有重要的意义。

目前，基于层层自组装技术的中空微胶囊自身具有空腔结构，而且构成这些空腔结构的多层膜壁都具有良好的渗透性。当把这些微胶囊功能化转变为 Janus 胶体马达时，又赋予了其可控的自驱动运动性能。这些优点使得基于 Janus 微胶囊马达成为了理想的智能载体，可用于药物的可控装载、运输与释放。贺强团队制备的 Janus 微胶囊马达保持了微胶囊自身所具有的囊壁渗透性的响应性变化能力。当向微胶囊水溶液中加入乙醇时，微胶囊的囊壁可以从一种"关闭"的状态转变为一种具有良好渗透性的状态，从而允许抗癌模型药物阿霉素(DOX)进入囊泡的内腔而被包载。由于其具有磁性的 Ni 金属层，该微胶囊马达可在外加磁场引导下靶向运动至目标 HeLa 癌细胞附近。进一步，由于其具有 Au 纳米壳层，在较强的 NIR 激光照射下，Au 纳米壳层的光热效应可诱导局部温度的陡然升高，进而导致微胶囊的破损，使所包载的 DOX 能够以可控的方式释放到目标 HeLa 细胞附近并实现对癌细胞的杀伤(图 10-21)[9b]。除了空腔内部外，对于非空腔型 Janus 胶体马达，药物或者货物可通过静电相互作用或化学键合的方法修饰到胶体马达表面，然后到达指定位置后再通过特性条件使装载的物品脱落，即达到靶向运输的目的。

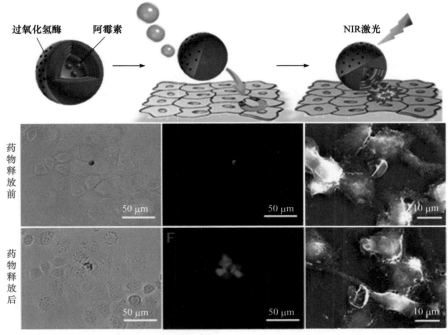

图 10-21　Janus 生物杂化胶体马达的癌细胞靶向运输和激光诱导控释[9b]

2. 光热治疗

除了充当治疗分子的递送载体之外，胶体马达本身也可以作为治疗剂。基于金纳米层在 NIR 激光照射下具有良好的光热效应，因而，修饰了 Au 纳米层的胶体马达因其所具有的自驱动运动可以用于靶向光热治疗。Wu 等在微胶囊马达表面半包覆修饰 Au 纳米壳层可以实现 NIR 调控的马达光驱动运动[51]。通过组装白细胞膜，对光热驱动马达进行了进一步功能化修饰，实现了其作为智能型系统对癌症的靶向定位治疗。在光驱动作用下靶向贴近细胞，在 200 mW/cm² 激光的照射下马达瞬间温度高达 140℃，在接触细胞表面产生高温损伤点，根据热力学定律，损伤点的高温迅速在细胞中进行热传导，不考虑对流损失的影响，细胞温度可达 80℃，当细胞温度升高到大于 65℃时，即可导致细胞死亡。通过加入荧光染料碘化丙啶(propidium iodide，PI)可以观察 HeLa 细胞的凋亡情况。结果如图 10-22所示，Janus 马达能够通过光热治疗杀死癌细胞。需要指出的是，周围的其他细胞并没有显现红色荧光，只有与马达接触的肿瘤细胞出现凋亡现象。这表明 Janus马达附近细胞的凋亡并不是强激光照射直接造成的，而是胶体马达光热效应的结果。

3. 医学诊断

Janus 胶体马达对于不同的医学诊断应用具有相当的前景。这种生物分析应用特别具有吸引力的是新型受体功能化的人造纳米马达，能够捕获和分离生物媒介中的生物靶标。例如，通过使用不同生物受体改性的催化马达，人们可以从原始生物环境中选择性地实时分离生物靶标，这些生物靶标可以是核酸，甚至是循环肿瘤细胞。例如，基于红细胞膜的超声驱动胶体马达可用于细胞膜损伤毒素的清除，从而减缓和避免毒素对正常红细胞的损伤。胶体马达的自驱动运动可以显著提高胶体马达与毒素的相互作用，实现毒素清除过程的加速。研究表明，基于红细胞膜的超声驱动胶体马达对蜂毒肽(melittin)具有较好的中和与清除能力。这种基于 Janus 胶体马达运动的分离方法为以后精准疾病治疗提供了研究基础。

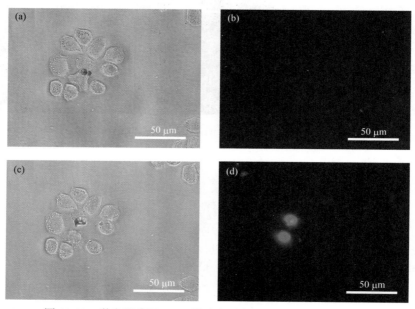

图 10-22　激光驱动下 Janus 微马达对癌细胞的光热治疗应用[51]

10.5.2　Janus 胶体马达在环境治理领域的应用

环境污染是全人类目前共同面临的重大挑战，人们迫切需要新技术和创新解决方案来应对持续的环境恶化，胶体马达的最新进展为环境治理领域提供了初步的概念-验证应用。胶体马达在环境中的应用多指在马达表面复合上具有特定功能的材料以完成对微环境中污染物的检测和去除(图 10-23)[52-56]。

在水环境监测方面，用自驱动胶体马达作为传感单元，将具有很高的灵敏度，有效减少样品的使用量，并为监测设备的微型化与便携式提供可能，从而实现原位的实时监测，消除实验室分析中待测样品不连续带来的局限性。以自驱动 Janus 颗粒为例，当环境溶液存在一定浓度梯度分布时，Janus 颗粒会表现出趋向性，定向朝向高浓度的反应物溶液运动。而当有毒化学物质存在时，Janus 胶体马达的运动状态还会发生相应的改变，这一变化可直观形象地用于描述有毒化学物质的浓度及分布。所以，自驱动 Janus 胶体马达对于宏观监测手段无法到达的狭小空间或有毒场所具有潜在的应用价值。例如，Kagan 等[57]基于 Au-Pt Janus 微马达自驱运动制备出 Ag^+ 的痕量浓度感应器。Au-Pt 双金属马达在含有 Ag^+ 溶液中会加速自驱运动，这是由于 Ag^+ 在 Au-Pt 马达上具有欠电位沉积作用，加速电催化反应产生更强的自电泳。通过在显微镜下观察并分析 Au-Pt 胶体马达运动速度的变化，可以间接得出 Ag^+ 浓度的分布。通过这种高选择性的定向运动可以定量地分析目标物的浓度分布信息，为快速定量检测环境中的重金属污染物提供了理论基础。Gao 等[58]观测到 $Ir-SiO_2$ Janus 颗粒可以在极低浓度(可低至 1ppb)的 N_2H_4 溶液中进行自扩散泳驱动。他们观测到 $Ir-SiO_2$ Janus 颗粒的自驱动速度与 N_2H_4 溶液的浓度有着良好的对应关系，为监测 N_2H_4 浓度以及追踪 N_2H_4 提供了新的方法。类似地，利用 $Pt-SiO_2$ 型 Janus 颗粒还可以对环境中痕量的 H_2O_2 进行定性和定量检测。

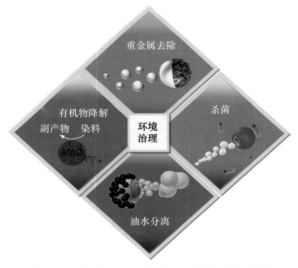

图 10-23　各种 Janus 胶体马达的潜在环境应用

　　在胶体马达表面修饰功能材料即可吸附溶液中的重金属、有机物质、油等以进行污染物分离。在 Janus 马达金表面修饰巯基醇即可对溶液中的油滴进行吸附、收集和运输，从而能够有效地进行油水分离[54]。不仅如此，还可以用其他功能团代替其表面修饰的巯基醇，从而实现对有机溶剂等材料的选择性吸附和运输。胶体马达由于化学传感功能还可以用作环境监测工具。当环境中存在重金属离子时，酶驱动 Janus 胶体马达所携带的酶会因重金属离子的存在而失活，从而可以根据马达的速度来判断马达所处环境中的重金属离子的含量。此外，具有捕获细菌和杀死细菌的双重能力的抗菌 Janus 胶体马达还可以进行污水中细菌清除[56,59]。以上所提出的 Janus 胶体马达为水的快速消毒杀菌提供了一种令人鼓舞的方法。

10.5.3　纳米工程

　　除了在生物和环境两个方面外，Janus 胶体马达也可以在纳米工程方面产生重要的应用。例如，具有自主修复受损电子元件的 Au/Pt 双金属 Janus 球形马达。这些双金属马达具有良好的运动性能和导电性，能够自主在受损区域内形成导电"贴片"来恢复严重受损的电路(图 10-24)[60]。这种利用胶体马达来修复电路的概念可以扩展到其他纳米马达-裂纹相互作用(如带电颗粒和表面之间的相互作用)，并且应用于不同尺寸的表面裂纹。更重要的是，自驱动胶体马达对电路的修复不会影响电气元件的固有特性。此外，基于 Janus 胶体马达可发展新型光刻技术[61]。Janus 球形胶体马达相当于凸透镜对紫外光具有汇聚作用，经微球会聚后的紫外光可对马达底部光刻胶进行刻蚀。通过外源磁场可对具有镍纳米层的 Janus 马达的运动轨迹进行实时的精确控制，可在光刻胶表面加工制备刻蚀出研究所需的特定图案。与传统的光刻技术相比，基于胶体马达的光刻技术具有加工成本低、效率高和适应性好的特点，为微纳制造技术的发展提供了一种新的思路。

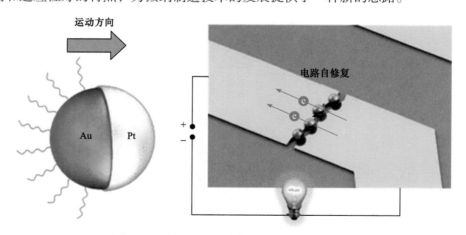

图 10-24　基于 Janus 胶体马达的电路自修复[60]

10.6　小结与展望

　　近十几年人工胶体马达得到飞速发展，研究者对基于各向异性颗粒结构的 Janus 胶体马达在合成路线以及设计方案上开展了深入研究，自驱动 Janus 胶体马达的高效自主运动能力和多功能性为其执行各种任务提供了无限可能。本章节我们描述了 Janus 胶体马达的构筑方法和典型例子，并介绍了对马达运动控制的关键策略和应用总结。目前，对于 Janus 胶体马达的驱动方式的研究主要为化学驱动方式以及外物理场驱动方式。其中化学驱动主要指利用化学燃料或者化学反应释放的能量驱动胶体马达进行运动，主要可以归结为气泡驱动、自扩散泳驱动和自电泳驱动几种方式。化学反应驱动胶体马达具有化学反应简单、运动速度快等优点，同时，能够依靠化学燃料的多少对胶体马达的运动速度进行调控。但是由于化学燃料不能持续补给胶体马达能量而使其运动保持稳定，并且某些化学副产物的毒性限制了化学驱动胶体马达在生物医学等领域的应用。利用外场源驱动胶体马达不仅能够源源不断地对胶体马达提供能量，并且还能利用外场源的特点扩大胶体马达的应用范围。但是由于外场源容易受到距离以及外界自然环境的影响，胶体马达在特殊环境(酸、碱等具有腐蚀性等)的应用受到阻碍。Janus 胶体马达的结构设计在逐渐简化，功能也在不断完善。通过外加磁场、光、电场等手段进行远程精确运动控制，实现了药物运输、环境的检测与修复、蛋白质、癌细胞等的快速分离等一系列非常有意义的功能。目前的微纳米马达需要借助外场等来引导运动方向，在实际应用时会带来一些困难。当需要操作的范围远大于外场所能施加的范围时，马达就会失去引导，变成"无头苍蝇"。因此，未来的胶体马达需要实现"自寻"的功能。通过马达自身"感知"外界环境，得到反馈后做出反应，根据环境引导马达的运动和执行任务以达到智能化的标准。

尽管在 Janus 胶体马达个体的可控制备、运动控制及其驱动机理研究等方面已取得许多重要进展，在马达集群行为研究中也已发现一些重要现象，但是从总体上看，目前所取得的成果还远满足不了实现胶体马达实际应用的要求。重要原因是：为了光学显微镜直接观察运动轨迹的方便，大多数胶体马达的尺寸基本都在 1~5 μm 范围，但是小尺度特别是直径 500 nm 下纳米马达是主动靶向递送等生物医学应用的前提。发展可完全生物相容、生物降解与智能化的纳米级小尺度 Janus 胶体马达是未来胶体马达的制备目标。且从理论上看，随着胶体马达尺度的下降，介质分子热运动引起的旋转扩散对运动行为的影响显著增强($D_{转动} = kT/8\pi\mu d^3$)，导致小尺度胶体马达的驱动和运动控制成为巨大挑战。此外，在进行生物医学应用时，胶体马达被注射进体内必须满足穿越各种生物屏障的需求。提高个体驱动和集群控制能力将有望实现马达在血液中集群协同运动并穿越生物屏障，完成药物高效靶向递送。随着胶体马达的新功能的进一步发展和 Janus 物质制造技术的日益增强，Janus 胶体马达预计将执行更多样化和复杂的任务。我们希望从这些角度出发，激发研究者们在这一领域进行更多探索，如同机器制造改变宏观世界，Janus 胶体马达的技术突破也将会对各相关领域产生深远的影响。

参 考 文 献

[1] Ismagilov R F, Schwartz A, Bowden N, et al. Autonomous movement and self-assembly[J]. Angewandte Chemie International Edition, 2002, 41(4): 652-654.

[2] Pourrahimi A M, Pumera M. Multifunctional and self-propelled spherical Janus nano/micromotors: recent advances[J]. Nanoscale, 2018, 10(35): 16398-16415.

[3] Wu Y, Wu Z, Lin X, et al. Autonomous movement of controllable assembled Janus capsule motors[J]. ACS Nano, 2012, 6(12): 10910-10916.

[4] Gai M, Frueh J, Hu N, et al. Self-propelled two dimensional polymer multilayer plate micromotors[J]. Physical Chemistry Chemical Physics, 2016, 18(5): 3397-3401.

[5] Wu Z, Wu Y, He W, et al. Self-propelled polymer-based multilayer nanorockets for transportation and drug release[J]. Angewandte Chemie International Edition, 2013, 52(27): 7000-7003.

[6] Wilson D A, Nolte R J M, Van Hest J C M. Autonomous movement of platinum-loaded stomatocytes[J]. Nature Chemistry, 2012, 4(4): 268-274.

[7] Ji Y, Lin X, Zhang H, et al. Thermoresponsive polymer brush modulation on the direction of motion of phoretically driven janus micromotors[J]. Angewandte Chemie International Edition, 2019, 131(13): 4228-4232.

[8] Xuan M, Shao J, Lin X, et al. Self-propelled Janus mesoporous silica nanomotors with sub-100 nm diameters for drug encapsulation and delivery[J]. ChemPhysChem, 2014, 15(11): 2255-2260.

[9] (a) Wu Y, Si T, Lin X, et al. Near infrared-modulated propulsion of catalytic Janus polymer multilayer capsule motors[J]. Chemical Communications, 2015, 51(3): 511-514; (b) Wu Y, Lin X, Wu Z, et al. Self-propelled polymer multilayer Janus capsules for effective drug delivery and light-triggered release. ACS Applied Materials & Interfaces, 2014, 6: 10476-10481.

[10] Huang W, Manjare M, Zhao Y. Catalytic nanoshell micromotors[J]. The Journal of Physical Chemistry C, 2013, 117(41): 21590-21596.

[11] Gibbs J G, Fragnito N A, Zhao Y. Asymmetric Pt/Au coated catalytic micromotors fabricated by dynamic shadowing growth[J]. Applied Physics Letters, 2010, 97(25): 253107.

[12] Gao W, Sattayasamitsathit S, Manesh K M, et al. Magnetically powered flexible metal nanowire motors[J]. Journal of the American Chemical Society, 2010, 132(41): 14403-14405.

[13] Wang W, Castro L A, Hoyos M, et al. Autonomous motion of metallic microrods propelled by ultrasound[J]. ACS Nano, 2012, 6(7): 6122-6132.

[14] Wu Z, Li T, Gao W, et al. Cell-membrane-coated synthetic nanomotors for effective biodetoxification[J]. Advanced Functional Materials, 2015, 25(25): 3881-3887.

[15] Wang W, Duan W, Ahmed S, et al. Small power: autonomous nano-and micromotors propelled by self-generated gradients[J]. Nano Today, 2013, 8(5): 531-554.

[16] Wang Y, Hernandez R M, Bartlett D J, et al. Bipolar electrochemical mechanism for the propulsion of catalytic nanomotors in hydrogen peroxide solutions[J]. Langmuir, 2006, 22(25): 10451-10456.

[17] Loget G, Roche J, Kuhn A. True bulk synthesis of Janus objects by bipolar electrochemistry[J]. Advanced Materials, 2012, 24(37): 5111-5116.

[18] Gao W, Pei A, Wang J. Water-driven micromotors[J]. ACS Nano, 2012, 6(9): 8432-8438.

[19] Abdelmohsen L K E A, Nijemeisland M, Pawar G M, et al. Dynamic loading and unloading of proteins in polymeric stomatocytes: formation of an enzyme-loaded supramolecular nanomotor[J]. ACS Nano, 2016, 10(2): 2652-2660.

[20] Ma X, Jannasch A, Albrecht U R, et al. Enzyme-powered hollow mesoporous Janus nanomotors[J]. Nano letters, 2015, 15(10): 7043-7050.

[21] Dey K K, Zhao X, Tansi B M, et al. Micromotors powered by enzyme catalysis[J]. Nano letters, 2015, 15(12): 8311-8315.

[22] Schattling P S, Ramos-Docampo M A, Salgueiriño V, et al. Double-fueled janus swimmers with magnetotactic behavior[J]. ACS Nano, 2017, 11(4): 3973-3983.

[23] Joseph A, Contini C, Cecchin D, et al. Chemotactic synthetic vesicles: design and applications in blood-brain barrier crossing[J]. Science Advances, 2017, 3(8): e1700362.

[24] Pantarotto D, Browne W R, Feringa B L. Autonomous propulsion of carbon nanotubes powered by a multienzyme ensemble[J]. Chemical Communications, 2008 (13): 1533-1535.

[25] Schattling P, Thingholm B, Stadler B. Enhanced diffusion of glucose-fueled Janus particles[J]. Chemistry of Materials, 2015, 27(21): 7412-7418.

[26] Ebbens S J, Howse J R. Direct observation of the direction of motion for spherical catalytic swimmers[J]. Langmuir, 2011, 27(20): 12293-12296.

[27] Yang F, Qian S, Zhao Y, et al. Self-diffusiophoresis of Janus catalytic micromotors in confined geometries[J]. Langmuir, 2016, 32(22): 5580-5592.

[28] Pavlick R A, Sengupta S, McFadden T, et al. A polymerization-powered motor[J]. Angewandte Chemie International Edition, 2011, 50(40): 9374-9377.

[29] Ibele M E, Lammert P E, Crespi V H, et al. Emergent, collective oscillations of self-mobile particles and patterned surfaces under redox conditions[J]. ACS Nano, 2010, 4(8): 4845-4851.

[30] Paxton W F, Kistler K C, Olmeda C C, et al. Catalytic nanomotors: autonomous movement of striped nanorods[J]. Journal of the American Chemical Society, 2004, 126(41): 13424-13431.

[31] Liu R, Sen A. Autonomous nanomotor based on copper-platinum segmented nanobattery[J]. Journal of the American Chemical Society, 2011, 133(50): 20064-20067.

[32] Ibele M E, Wang Y, Kline T R, et al. Hydrazine fuels for bimetallic catalytic microfluidic pumping[J]. Journal of the American Chemical Society, 2007, 129(25): 7762-7763.

[33] Kumar A, Takatsuki H, Choi C K, et al. Glucose driven catalytic nanomotor to create motion at micro scale[J]. Journal of Biotech Research, 2013, 5: 35-39.

[34] Nourhani A, Crespi V H, Lammert P E, et al. Self-electrophoresis of spheroidal electrocatalytic swimmers[J]. Physics of Fluids, 2015, 27(9): 092002.

[35] Xuan M, Wu Z, Shao J, et al. Near infrared light-powered Janus mesoporous silica nanoparticle motors[J]. Journal of the American Chemical Society, 2016, 138(20): 6492-6497.

[36] Hong Y, Diaz M, Córdova-Figueroa U M, et al. Light-driven titanium-dioxide-based reversible microfireworks and micromotor/micropump systems[J]. Advanced Functional Materials, 2010, 20(10): 1568-1576.

[37] Dreyfus R, Baudry J, Roper M L, et al. Microscopic artificial swimmers[J]. Nature, 2005, 437(7060): 862-865.

[38] Pak O S, Gao W, Wang J, et al. High-speed propulsion of flexible nanowire motors: theory and experiments[J]. Soft Matter, 2011, 7(18): 8169-8181.

[39] Baraban L, Makarov D, Streubel R, et al. Catalytic Janus motors on microfluidic chip: deterministic motion for targeted cargo delivery[J]. ACS Nano, 2012, 6(4): 3383-3389.

[40] Li T, Chang X, Wu Z, et al. Autonomous collision-free navigation of microvehicles in complex and dynamically changing environments[J]. ACS Nano, 2017, 11(9): 9268-9275.

[41] Tierno P, Golestanian R, Pagonabarraga I, et al. Magnetically actuated colloidal microswimmers[J]. The Journal of Physical Chemistry B, 2008, 112(51): 16525-16528.

[42] Wu Z, Martín A, Christianson C, et al. RBC micromotors carrying multiple cargos towards potential theranostic applications[J]. Nanoscale, 2015, 7 (32): 13680-13686.

[43] Chen C, Mou F, Xu L, et al. Light-steered isotropic semiconductor micromotors[J]. Advanced Materials, 2017, 29(3): 1603374.

[44] Das S, Garg A, Campbell A I, et al. Boundaries can steer active Janus spheres[J]. Nature Communications, 2015, 6(1): 1-10.

[45] Tu Y, Peng F, Sui X, et al. Self-propelled supramolecular nanomotors with temperature-responsive speed regulation[J]. Nature Chemistry, 2017, 9(5): 480-486.

[46] Palacci J, Sacanna S, Steinberg A P, et al. Living crystals of light-activated colloidal surfers[J]. Science, 2013, 339(6122): 936-940.

[47] Jewell E L, Wang W, Mallouk T E. Catalytically driven assembly of trisegmented metallic nanorods and polystyrene tracer particles[J]. Soft Matter, 2016, 12(9): 2501-2504.

[48] Wykes M S D, Palacci J, Adachi T, et al. Dynamic self-assembly of microscale rotors and swimmers[J]. Soft Matter, 2016, 12 (20): 4584-4589.

[49] Mou F, Kong L, Chen C, et al. Light-controlled propulsion, aggregation and separation of water-fuelled TiO_2/Pt Janus submicromotors and their "on-the-fly" photocatalytic activities[J]. Nanoscale, 2016, 8(9): 4976-4983.

[50] Yan J, Han M, Zhang J, et al. Reconfiguring active particles by electrostatic imbalance[J]. Nature Materials, 2016, 15(10): 1095-1099.

[51] Wu Y, Si T, Shao J, et al. Near-infrared light-driven Janus capsule motors: fabrication, propulsion, and simulation[J]. Nano Research, 2016, 9(12): 3747-3756.

[52] Zhang Y, Yuan K, Zhang L. Micro/nanomachines: from functionalization to sensing and removal[J]. Advanced Materials Technologies, 2019, 4(4): 1800636.

[53] Jurado-Sánchez B, Sattayasamitsathit S, Gao W, et al. Self-propelled activated carbon Janus micromotors for efficient water purification[J]. Small, 2015, 11(4): 499-506.

[54] Gao W, Feng X, Pei A, et al. Seawater-driven magnesium based Janus micromotors for environmental remediation[J]. Nanoscale, 2013, 5(11): 4696-4700.

[55] Wani O M, Safdar M, Kinnunen N, et al. Dual effect of manganese oxide micromotors: catalytic degradation and adsorptive bubble separation of organic pollutants[J]. Chemistry-A European Journal, 2016, 22(4): 1244-1247.

[56] Delezuk J A M, Ramírez-Herrera D E, de Ávila B E F, et al. Chitosan-based water-propelled micromotors with strong antibacterial activity[J]. Nanoscale, 2017, 9(6): 2195-2200.

[57] Kagan D, Calvo-Marzal P, Balasubramanian S, et al. Chemical sensing based on catalytic nanomotors: motion-based detection of trace silver[J]. Journal of the American Chemical Society, 2009, 131(34): 12082-12083.

[58] Gao W, Pei A, Dong R, et al. Catalytic iridium-based Janus micromotors powered by ultralow levels of chemical fuels[J]. Journal of the American Chemical Society, 2014, 136(6): 2276-2279.

[59] Vilela D, Stanton M M, Parmar J, et al. Microbots decorated with silver nanoparticles kill bacteria in aqueous media[J]. ACS Applied Materials & Interfaces, 2017, 9(27): 22093-22100.

[60] Li J, Shklyaev O E, Li T, et al. Self-propelled nanomotors autonomously seek and repair cracks[J]. Nano Letters, 2015, 15(10): 7077-7085.

[61] Li J, Gao W, Dong R, et al. Nanomotor lithography[J]. Nature Communications, 2014, 5(1): 1-7.

(吴英杰，贺　强)